JN298327

中国変容論

食の基盤と環境

元木 靖

海青社

口絵 i

都市化がすすむ中国で深刻化する環境汚染。写真は2010年に開催された上海国際博覧会の会場に展示されたもので、林立するビル群と多様なゴミの山のモザイク。陸域の環境汚染は海洋の汚染にも深刻な影響を及ぼしている。

経済発展が中国でもっとも著しい上海市と周辺の景観。写真（上）は上海近郊の新しい農村住宅（左）と、近代化した上海の中心部の様子（右）。写真（下）は上海近郊の農村住宅と整備された農地景観（左）と長江デルタを特徴付けてきたクリークに架けられた新旧の橋（右）。

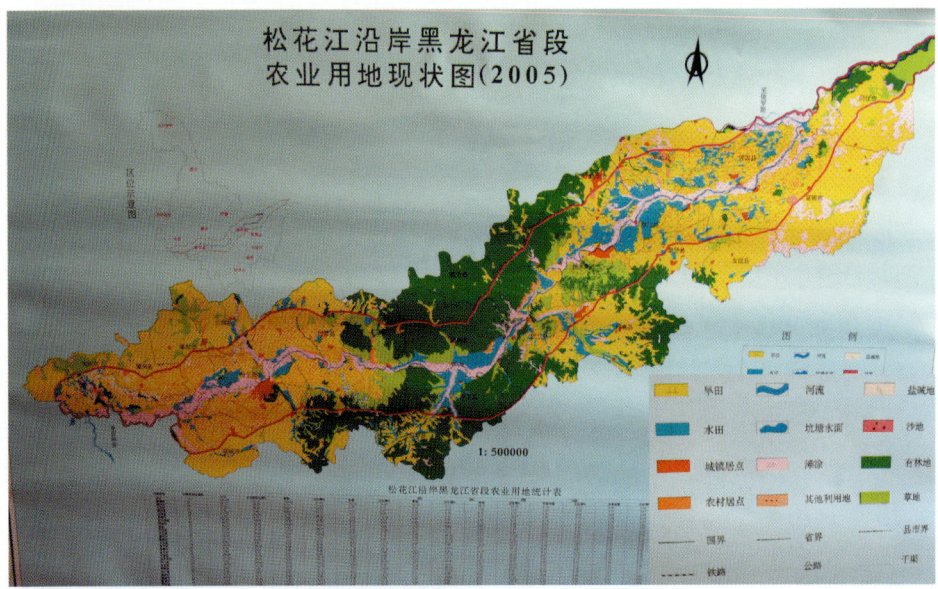

写真（上）は中国最北の食糧基地である黒龍江省松花江沿岸の土地利用図（東北農業大学提供）。広大な畑（旱田）地帯のなかで河川沿いには水田が分布する。三江平原の佳木斯市周辺の国営農場には大規模な水田が開かれている。写真（中）は内陸の大安市における伝統的土地利用（左）と新規開田地（右）。土地は平坦であるが、アルカリ性土壌が発達しており農地の開発が妨げられてきたが、1989年に中国科学院の長春地理研究所による水稲の試験栽培が開始されてから、水田化が進められてきた。写真（下）は中国南部の福建省の恵安県に建てられた耕地保護の看板。以前の国家主席の名前が記されている。海岸沿いの平野は狭く、都市化・工業化が進んでいるため耕地保全は厳しい状況下にある。

新疆ウイグル自治区は天山山脈によって北疆と南疆に大きく二分される。写真(上)は北のジュンガル盆地側から天山の東部を望んだ風景。中央の氷河を抱いた高位部が博格達峰(5,445m)。写真(下)は南のタリム盆地側からみた緑洲(オアシス)とその背後の植生のない丘陵地帯。灰白色の三角末端面の前面に緑洲が拡がっているのが分かる。

写真(上)は遊牧社会の様子。大量の家畜を少数の牧民が管理している(左、天山山中)。鷹匠を営む勇壮な人たちも暮らすが、近年高齢化が進んでいる(右、グルジャ県)。写真(下)は農耕社会の様子。灌漑水路に堆積した土砂(左)と共同で水路の泥上げ・改修に向かう農民たち(右、アクス地区)。

中国南部雲南省の高地に位置する紅河自治州元陽県の様子。写真(左)は元陽県の旧自治政府所在地の中心街。写真(右)は近年の土地利用変化の例で、棚田(中国語：梯田)に竹が植えられた様子である。

写真(左)はハニ族の衣装を着た女性。背後の図柄にはハニ族文化を象徴する太陽が描かれている(元陽県箐口村にできたハニ族の展示館)。ここには棚田の成立について絵図が展示されている。写真(右)はさまざまな漬物、コンニャク、紅米で作られた麺(元陽県南沙の市場)。ハニ族の伝統食には日本の伝統食と似たものが少なくない。

世界を理解するのに必要なのは細切れの知識ではない。
あらゆる分野が有機的につながって歴史を編むのだと
知ることである

―――――― クリストファー・ロイド
（Christopher Lloyd）

未来に対する健全な判断を形成する点で助けとなるのは、
予測技術よりも十分な現状理解である

―――――― シューマッハ
（E. F. Schmacher）

はしがき

　私が最初に中国の土を踏んだのは1985年であった。振りかえってみるともう28年になる。4つの現代(近代)化政策を掲げて出発した中国では、当時すでに人民公社はほとんど目にすることはなかったが、伝統の姿は随所に色濃く残っていた。私はそれ以来今日まで、中国の大地と人々の暮らしぶりに触れてきた。とはいえ、広大な中国のどこから手を付けてよいか試行錯誤の連続であった。ただ、私は農村出身であったためか、フィールドに出てみるとあまり違和感をもたずに社会に入り込むことができたように思う。社会主義の制度や、秘密主義の雰囲気には手こずったが、ちょうど日本が戦後の窮乏期を経て高度成長の時代とその後の状況を見続けてきたこともあって、中国の変化を予想することができたことも幸いした。そうして、中国の伝統と変化の方向性についておぼろげながら、自分なりの印象を持てるようになった。中国の人々が世の中が変わりゆくのをどのように見、それをどのような問題としてうけとめ、どのような事を期待しているのか、また人々の価値観や生活様式が実際どのように変わってきたか、それらは日本と比べてどのようなところに相異点があるのかについても気づかされ、意識するようになった。

　その成果の一端は日本の学会や研究会で報告し、また中国側との交流会などで意見交換をしてきた。こうした中で学んできたことをも踏まえ、ささやかであっても学術的な見地から世に問うてみることの責務と意義があるのでないかと思うようになった。次に掲げた地図は観光以外にこれまでに調査らしいことを行った場所を含む、一級行政区名と年月とを示したものである。そのうちからいくつかの柱を立てて作成したのが本書である。

　本書の内容は大きく4編で構成した。第Ⅰ編「水」は長江流域における都市の立地と水をベースとした、環境史的研究である。第Ⅱ編「土地」は人間活動の変化と土地(＝耕地)資源との関わり合いに関する研究である。第Ⅲ編「食糧」は経済改革以降の産業構造調整と食糧生産地域の構造変容に関する研究である。第Ⅳ編「環境」は急速な経済成長(都市化)の背後で引き起こされてきた地域環境の変化に関する研究である。

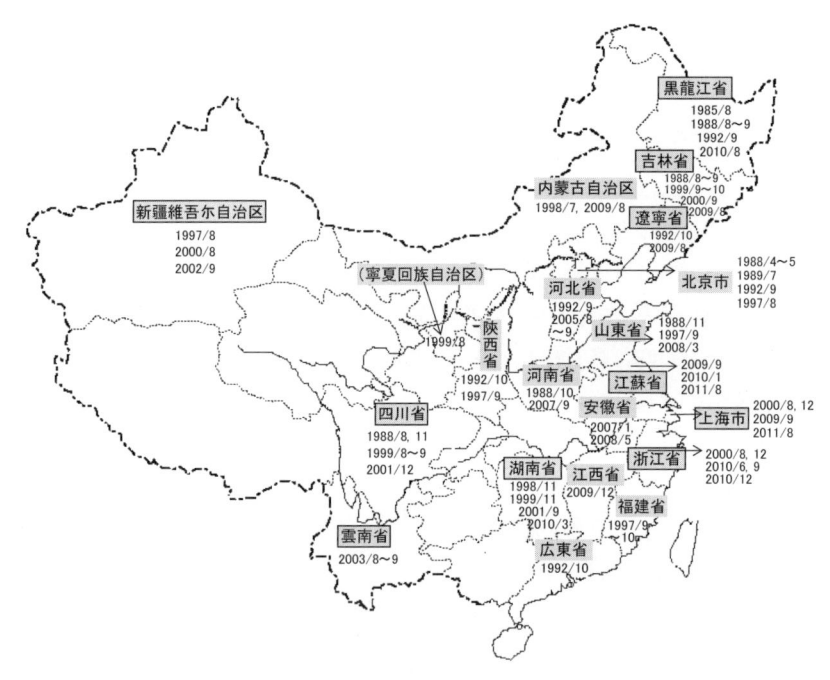

フィールドワークを実施した一級行政区と時期
(本書に収録した事例：枠線で囲んだ域内)

　本書は、各編の柱とした「水」「土地」「食糧」「環境」のキーワードから明らかなように、水と土地の上に成り立つ人間の生存基盤としての農業(食糧と環境)に関することを取り扱っている。しかし農業問題それ自体の追求を意図したのではない。現代の文明社会を特徴付ける根源としての「都市」の発生・発展ということを意識し、一貫して中国農業の過去および今日の流れを見通すことによって、変容する中国のイメージを浮きぼりにすることを心がけた。この点に本書の特徴がある。世界全体がいま、ますますグローバル化する中にあって、中国は私たちが日本で経験してきたときと比べてはるかに速いスピードと規模で変化してきた。中国のGDP(国内総生産)が日本を追い越し、アメリカに次いで世界第2位になったという最近のニュースは、初めて中国に行ったときには想像することもできなかった。こうした急激な変化が中国の人々のエネルギーや安い労働力に支えられてきたとしても、新しい近代化の手法(海外から

の直接投資と技術進歩)に大きく依存して実現し得たことは疑いのないところであろう。その意味で、中国の変わり方や問題の現れ方には、都市化に向かって邁進する現代社会の特質が色濃く映し出されているようにも思われる。日本が近代化の過程で失い背負ってきた諸問題が中国では解消される方向に変わっているのか、それともやはり繰り返されるのか。未来を展望する上で、中国は世界の実験場とみることができよう。その意味では本書は中国に関するものであるが、日本に向けた書でもある。

　私の中国研究では、これまでに文部科学省および日本学術振興会の科学研究費補助と海外派遣助成、環境省の研究助成を受けたこと、そして旧勤務先の埼玉大学と現在の立正大学の協力等を得て、何度も現地調査の機会を持つことができた。中国では各地の行政機関、大学、研究所、そして数え切れないくらい多くの人々にお世話になった。そのすべての機関や人々の名称を記すことはできないが、とくに以下の方々に対して感謝の意を表したい。まず、埼玉大学時代の在外研究の期間中にお世話になった北京大学地理系(現・城市与环境学院)の胡兆量先生にまず御礼申し上げねばならない。先生にはその後の調査の際にも各地の大学や研究所の紹介や文献収集等あらゆる面で協力していただいた。北京大学の林雅貞先生と当時学生であった劉継生氏(現・創価大学准教授)、中国から国費留学生として初めて埼玉大学にこられた岑云华氏から得た援助と友情も忘れがたい。

　また調査に同行いただいた東北農業大学の秦智偉教授(現・副学長)、中国科学院東北地理農業生態研究所の張柏所長(当時)、中国科学院地理科学資源研究所の欧陽竹教授、新疆師範大学のパルハティ(Parhat)氏(現・新疆旅游局副局長)、山東建築材料学院(現・山東大学)の劉金生氏、四川大学の郭声波教授、三星堆遺跡考古研究所の陳徳安所長、湖南師範大学の周宏偉教授、ビラルディン・ニザム氏(現・オーストラリア図書館勤務)、さらに中国科学院山地災害與環境研究所、哈爾濱師範大学、東北師範大学、延辺大学、新疆師範大学、山東師範大学、湖南大学、華東師範大学、蘇州科学技術大学、嘉興師範学院等の機関では特別にお世話になった。

　また日本の多くの中国研究者からも刺激を受けてきた。その中で長江文明の

探求に取り組んでこられた国際日本文化研究センターの安田喜憲(現・東北大学教授)、国際的な視点から土地利用・土地被覆研究を続けている氷見山幸夫(北海道教育大学教授)、大坪国順(上智大学教授)、(独)国立環境研究所の陸海域環境管理研究における木幡邦男(現・埼玉県環境科学国際センター長)、村上正吾、王勤学、越川　海の各氏とは現地において調査を共にし、貴重な示唆を受けた。また中国研究に多くの業績を残してきた石原　潤先生(京都大学名誉教授)からはさまざまな形で激励をいただいた。さらに資料整理では栗原一行氏(内外交易株式会社)にお世話になった。

　立正大学では中国をベースに世界資本主義論を展開されている五味久壽教授、および中国から世界に研究対象を広げ実証的な経済学研究を実践されている苑志佳教授のご研究から教えられることが多かった。立正大学大学院経済学研究科には中国からの留生が多く、彼らと学び合ったことも私の中国理解に役立った。

　最後に、本書は立正大学経済学部に付属する経済研究所の「研究叢書」として助成を受け刊行されることになった。日頃お世話になっている小野崎　保学部長、小畑二郎経済研究所所長はじめ経済学部のスタッフ一同に感謝申し上げたい。出版に当たっては海青社社長の宮内　久氏にご快諾いただき、編集部の福井将人氏にはやっかいな図版の調整などでたいへんお世話になった。深く御礼申し上げる次第である。

平成25(2013)年2月14日
著　　者

　本書を父(重夫)と義父(豊崎　卓)に捧げたい。
　2人ともすでに故人となったが、父は第二次世界大戦中2度大陸にわたり、当時の中国事情を私の幼少時に何度も語ってくれた。東洋史研究に情熱を傾け、古代中国の制度の影響が常陸国に現れていることを検証してきた義父(茨城大学名誉教授)との対話も思い出深い。休みには調査で外出することが多い中で、日頃家を守り、研究生活を支えてくれている妻敏子と母喜代、そして子供たちにもこの機会に謝意を表したい。

中国変容論

食の基盤と環境

目　次

本文中のルビは、各章に初出の省や自治区などの一級行政名称、およびその他最小限必要と思われる難解な人名および地名に付した。ルビの表記は原則として、一般的に日本の音読みが通用している文字には「ひらがな」を用い、それ以外の特殊なあるいは日本の音読みが一般化していない文字については、中国の拼音（pinyin）にしたがって「カタカナ」を用いた。

目次

口絵 i
はしがき 1
図・表・写真一覧 11

序 17
   1. 基本的視点 17
   2. 従来の研究 18
   3. 目的と方法 20
   4. 本書の構成 21

第Ⅰ編　水 ── 長江流域における早期都市の立地と水利の環境史 ── 25

第1章　長江上流域 ── 成都平原・三星堆遺跡周辺の灌漑水利変容 ── 29
   はじめに 29
   第1節　成都平原北部に発生した三星堆文明 30
   第2節　三星堆遺跡の立地環境と農村の現況 35
   第3節　三星堆遺跡周辺の伝統的農業水利の変容 42
   むすび 52

第2章　長江中流域 ── 澧陽平原・城頭山遺跡周辺の灌漑水利変容 ── 57
   はじめに 57
   第1節　城頭山遺跡周辺の原初的稲作をめぐる議論 60
   第2節　伝統的水利の特徴としての池沼の役割 64
   第3節　伝統的水利技術の成立と持続性 71
   第4節　澧陽平原における水利方式変革の方向 76
   むすび 79

第3章　長江下流域 ── 太湖平原・良渚遺跡周辺の灌漑水利変容 ── 83
   はじめに 83
   第1節　良渚文明の性格と生産的基盤 86

第2節　良渚遺跡の立地環境とクリーク方式萌芽の可能性..................91
　　第3節　長江デルタの造盆地構造と人間居住の関係..................100
　　第4節　太湖平原におけるクリークをめぐる諸論の検討..................103
　　むすび──クリークをめぐる新しい動き..................110

第Ⅱ編　土　地──人口圧と農地開発／都市化と土地資源問題──..................115

第4章　人口と農業・土地資源の関係..................117
　　はじめに..................117
　　第1節　人口と農業との関係..................117
　　第2節　人口増加と耕地の零細化..................120
　　第3節　農村改革と地域経済の不均等発展..................121
　　第4節　人口圧の背景となった地域間人口流動..................124
　　むすび..................126

第5章　経済改革初期段階の土地資源問題..................129
　　はじめに..................129
　　第1節　過去における土地（＝耕地）資源問題..................129
　　第2節　経済改革期における耕地面積の減少..................131
　　第3節　耕地減少を引き起こした要因..................132
　　第4節　特徴的な事例──レンガ製造による耕地の破壊──..................134
　　むすび..................136

第6章　経済成長期の都市化と土地資源問題..................139
　　はじめに..................139
　　第1節　農地減少の要因としての都市化..................140
　　第2節　東アジアにおける都市化と耕地減少..................144
　　第3節　中国における都市化が耕地に及ぼす影響..................148
　　第4節　土地保全政策の強化と土地資源の行方..................157
　　むすび..................160

第Ⅲ編　食　糧 ── 市場経済下の産業構造調整と食糧生産地域の変容 ── ..165

第7章　構造調整の概念と中国農業構造調整のプロセス ..167
　　はじめに ..167
　　第1節　農業構造調整の内容の多面性 ..167
　　第2節　中国農業の構造調整プロセスと食糧生産 ..169
　　第3節　農業構造調整の新局面 ..174
　　むすび ..177

第8章　中国における食糧生産構造変化の特徴 ..181
　　はじめに ..181
　　第1節　食糧生産の構造変化 ..181
　　第2節　三大穀物の「南方－北方」の比重の変化 ..184
　　むすび ..187

第9章　東北地区における食糧生産の地域的展開 ..189
　　はじめに ..189
　　第1節　食糧作物生産への傾斜 ..189
　　第2節　食糧作物生産における地域構造の変化 ..192
　　第3節　水稲作の北進 ..195
　　第4節　食糧生産における「新東北現象」 ..197
　　むすび ..198

第10章　吉林省におけるトウモロコシを主とした農業的土地利用形成の分析 ..201
　　はじめに ..201
　　第1節　トウモロコシを主とした土地利用形成の史的背景 ..202
　　第2節　トウモロコシを主とした土地利用展開の地域的特徴 ..205
　　第3節　複合的土地利用地域の変容──吉林省東部地区の実態── ..210
　　むすび ..216

第11章　黒龍江省における農業的土地利用の展開と水稲作発展の意義 219
　はじめに 219
　第1節　水稲作を基軸とした急速な農業発展 219
　第2節　農作物分布の地域構造の変化 222
　第3節　水稲作発展地域の実態分析 ── 松嫩平原の例 ── 226
　第4節　水稲栽培発展の諸相 228
　第5節　水稲作を促進した要因と制約要因 238
　むすび 240

第12章　WTO加盟前後の食糧生産地域の構造変化と課題 245
　はじめに 245
　第1節　WTO加盟前後における農作物配置の変動 246
　第2節　長江デルタと東北地区の対比 ── 産業構造変化 ── 249
　第3節　長江デルタと東北地区の対比 ── 農作物栽培面積の動向 ── 252
　第4節　両地区における農作物展開の地域的性格 253
　第5節　食糧生産の当面の目標 ── 水稲作地の景観 ── 256
　むすび 259

第Ⅳ編　環　境 ── 急速な経済成長に伴う社会の変容と地域環境問題 ── 261

第13章　経済成長と低地帯の水汚染問題の生成構造 ── 長江デルタ ── 263
　はじめに 263
　第1節　長江デルタの経済成長と農業・農村の変容 263
　第2節　長江デルタの水環境問題と検討すべき課題 266
　第3節　農業構造の変容と河川水質悪化の相互関係 267
　第4節　後進性の問題と水環境汚染の生成メカニズム 274
　むすび 277

第14章　乾燥世界の地域変容と水利競合 ── 新疆ウイグル自治区のオアシス ── 279
　はじめに 279

第1節　乾燥世界におけるオアシスの重要性 279
　　第2節　オアシスを左右する水と人口と経済 281
　　第3節　オアシス農業と社会変化への対応 —— 水稲作に注目して —— ..284
　　第4節　新疆農業の土地利用変化にみる、水－人間関係の変化 289
　　むすび 291

第15章　農耕社会の変容と牧畜社会の草原破壊
　　　　　　—— 新疆ウイグル自治区グルジャ県 —— 293
　　はじめに 293
　　第1節　グルジャ県の立地環境 293
　　第2節　農耕社会と牧畜社会の農牧業の変容過程 296
　　第3節　農耕社会と牧畜社会の関わり合いの緊密化 302
　　第4節　過度放牧と草原破壊の諸相 305
　　むすび 316

第16章　棚田世界の地域変容と貧困化問題 —— 雲南省紅河自治州元陽県 —— 319
　　はじめに 319
　　第1節　元陽県の立地環境 319
　　第2節　棚田の分布領域 323
　　第3節　棚田世界の維持機構と変容 328
　　第4節　棚田の世界のゆくえ 330
　　第5節　貧困化問題と観光化 332
　　むすび 338

終　　章 341
索　　引 345
初出一覧 359

図・表・写真一覧

序 17

第1章　長江上流域——成都平原・三星堆遺跡周辺の灌漑水利変容——..........29
- 図1-1　対象地域 30
- 図1-2　成都平原の地形と文明移動の概念図 33
- 写真1-1　三星堆遺跡外壁の断面(版築構造) 35
- 図1-3　三星堆遺跡周辺の表層地質と地下水分布状況(広漢市西南部) 36
- 図1-4　三星堆遺跡周辺の地形 37
- 写真1-2　三星堆遺跡周辺の様子 38
- 写真1-3　脱穀作業 41
- 写真1-4　稲籾の乾燥 41
- 図1-5　成都平原における1950年頃の灌漑水利の地域差 43
- 図1-6　成都平原の水利システム 44
- 表1-1　都江堰による灌漑面積の拡大 45
- 表1-2　都江堰受益地域における糧油生産量 45
- 写真1-5　成都平原における伝統的な水利(揚水)技術 47
- 写真1-6　筒車(広漢市水利局提供) 48
- 写真1-7　都江堰から末端水田までの用水システム 49
- 写真1-8　水田景観 50
- 表1-3　広漢市における食糧生産の動向 51

第2章　長江中流域——澧陽平原・城頭山遺跡周辺の灌漑水利変容——..........57
- 図2-1　中国大陸における気候変化と稲作文化 57
- 写真2-1　円形をした城頭山遺跡と環濠の景観 59
- 写真2-2　城頭山遺跡の展示館に掲げられた古代稲作の想像図 62
- 写真2-3　城頭山遺跡の城内から発見された水田、水坑(水溜)と水路、祭壇 ...63
- 図2-2　澧陽平原と城頭山遺跡の位置 64
- 図2-3　洞庭湖区県市の地形構成 65
- 写真2-4　ため池(長沙周辺) 66
- 図2-4　澧県における池沼の3類型 67
- 表2-1　澧県における池沼分布の地域性 68
- 図2-5　城頭山遺跡周辺の地形=等高線分布(上)と池沼分布(下) 69
- 写真2-5　城頭山遺跡周辺の池沼と農家生活景観——車渓郷宝寧村——....70
- 写真2-6　龍骨車の復元 73
- 図2-6　漢代と近代の龍骨車 73
- 写真2-7　澧陽平原に基幹的水利システム 76
- 図2-7　常徳市における水稲単収の変遷 78

第3章　長江下流域 ── 太湖平原・良渚遺跡周辺の灌漑水利変容 ── 83
　　図3-1　長江デルタの太湖平原..................84
　　図3-2　杭州湾両岸の新石器時代の遺跡分布..................87
　　写真3-1　良渚遺跡群の中心・大莫角山遺跡と神人獣面紋..................88
　　図3-3　良渚遺跡群周辺の地理的環境..................92
　　写真3-2　良渚遺跡周辺の農村景観(2000年)..................97
　　図3-4　良渚鎮周辺の水路網と集落配置..................98
　　図3-5　良渚鎮周辺農村の都市化..................99
　　図3-6　長江デルタの地形環境の模式..................101
　　図3-7　五代呉越時代の塘浦圩田概略図..................107
　　図3-8　長江デルタの開発と農業水利の変容過程(試案)..................110

第4章　人口と農業・土地資源の関係..................117
　　表4-1　中国における耕地面積と人口の変遷..................120
　　表4-2　主要国の一人当たり耕地面積の比較..................121
　　図4-1　中国における省間人口流動..................125

第5章　経済改革初期段階の土地資源問題..................129
　　表5-1　中国における北方と南方の人口比率の変化..................131
　　図5-1　中国における経済改革期の耕地動向と土地関連法令..................132
　　表5-2　中国の経済改革期における耕地面積の減少要因..................133
　　表5-3　中国における地域別都市内耕地面積率の比較..................134
　　写真5-1　レンガ製造のために潰廃される農地..................136
　　写真5-2　比較的大規模なレンガ工場..................136

第6章　経済成長期の都市化と土地資源問題..................139
　　図6-1　農地減少に影響する諸要因..................141
　　図6-2　米作における労力不足下の農業変化の経路..................142
　　表6-1　東アジアの都市化(都市人口率)..................145
　　図6-3　耕地面積の推移..................146
　　表6-2　最近35年間の耕地面積の増減傾向..................147
　　図6-4　中国の経済成長期における耕地面積の推移..................149
　　図6-5　中国の経済成長期における耕地の拡張..................150
　　図6-6　中国の経済成長期における耕地の潰廃..................150
　　写真6-1　退耕還林と退耕還草(河北省張家口市康保県)..................151
　　図6-7　2003年中の耕地面積の増加(上)と減少(下)..................153
　　図6-8　2008年中の耕地面積の増加(上)と減少(下)..................154
　　図6-9　都市化率と耕地率の相互関係..................155
　　図6-10　都市化率と人口一人当たり耕地面積の相互関係..................155
　　図6-11　都市化率と一次産業人口一人当たり耕地面積の相互関係..................157

写真6-2　土地管理法の制定後に作成されたポスター..159
　　写真6-3　基本農田(優良農地)保全のための掲示..159

第7章　構造調整の概念と中国農業構造調整のプロセス............................167
　　図7-1　中国における人口と食糧生産の推移..170
　　図7-2　中国の食料輸出と輸入の動向..171
　　表7-1　中国における食料の輸出入..172
　　図7-3　中国における穀物と食肉の消費量の推移..173
　　図7-4　中国における農村住民の収入と支出..175
　　図7-5　中国とインドの食糧の貿易構造——2001年——..177

第8章　中国における食糧生産構造変化の特徴............................181
　　表8-1　中国における農作物播種面積の推移(1978-2001年)..182
　　図8-1　中国における食糧作物生産構造の変化——播種面積と生産量の比較——..183
　　図8-2　中国における耕地の有効灌漑面積と化学肥料の使用量の推移..183
　　図8-3　三大穀物の分布変動(1985-2001年)..185
　　表8-2　主要穀物の構成比の変化——北方と南方の比較——..186

第9章　東北地区における食糧生産の地域的展開............................189
　　表9-1　東北農業の地位..190
　　表9-2　糧食作物に占める主要3穀物の比重の変化——東北3省と全国の比較....191
　　表9-3　稲とトウモロコシの生産動向からみた東北の地位..192
　　図9-1　東北における穀物生産の動向(1985年＝100)..193
　　図9-2　東北における各省別地域構成——稲とトウモロコシの比較——..194
　　図9-3　東北地区における水田の分布——1997年——..196
　　図9-4　東北3省における水稲生産量の変遷..197

第10章　吉林省におけるトウモロコシを主とした農業的土地利用形成の分析............................201
　　図10-1　吉林省における食糧作物の播種面積と生産量..201
　　表10-1　吉林省における主要農作物生産量の変遷..202
　　表10-2　吉林省における耕地利用の変遷..203
　　表10-3　吉林省における主要農作物の単収の変遷..204
　　図10-2　吉林省の地域区分..206
　　図10-3　吉林省の地区別一人平均耕地面積..208
　　図10-4　吉林省3地区別の食糧作物生産量構成の変化..209
　　図10-5　吉林省3地区別の主要食糧作物生産の変化(1987-1998年)..209
　　写真10-1　吉林省東部の土地利用景観..211

第11章　黒龍江省における農業的土地利用の展開と水稲作発展の意義............................219
　　図11-1　黒龍江省における主要作物の変動指数(1980年の播種面積＝100)..220

図 11-2　黒龍江省における食糧作物生産の推移 ... 220
図 11-3　黒龍江における主要作物の土地生産性の推移 ... 221
図 11-4　黒龍江省における農業機械化の動向 ... 221
図 11-5　黒龍江省における市区別の主要作物構成の分布(1999年) ... 223
図 11-6　黒龍江省における市区別の主要作物構成の分布(2008年) ... 223
図 11-7　黒龍江省における市区別の主要穀物構成の分布(1999年) ... 224
図 11-8　黒龍江省における市区別の主要穀物構成の分布(2008年) ... 224
図 11-9　調査地域──松嫩平原── ... 227
写真 11-1　海倫市東太村の景観 ... 230
写真 11-2　綏化市の農村景観 ... 232
写真 11-3　灌漑用水施設と開田地の稲作景観(前郭県) ... 235
写真 11-4　乾燥低湿地の伝統的土地利用(左)と新規開田地(右) ... 235
写真 11-5　アルカリ土壌地帯の養鴨(左)と土地整備(右) ... 236
表 11-4　稲作展開を左右する諸条件──松嫩平原── ... 238
表 11-5　アルカリ性土壌農地整備率 ... 239
図 11-10　農業機械化の動向(指数)──中国と黒龍江省の比較── ... 241

第12章　WTO加盟前後の食糧生産地域の構造変化と課題 ... 245
図 12-1　中国における農作目播種面積構成 ... 245
図 12-2　中国における主要農作目の栽培面積の変化 ... 246
図 12-3　中国における主要農作物分布の地域偏差(1995年) ... 247
図 12-4　中国における主要農作物分布の地域偏差(2010年) ... 247
図 12-5　対象地域の位置 ... 249
表 12-1　東北地区3省と長江デルタ3市省 ... 250
表 12-2　東北地区3省と長江デルタ3市省の比較 ... 251
表 12-3　主要農作目面積の変化──東北地区、長江デルタ、全国── ... 252
図 12-6　農作物播種面積構成の変化──東北地区── ... 254
図 12-7　農作物播種面積構成の変化──長江デルタ── ... 254
図 12-8　東北地区と長江デルタにおける穀物種類別播種面積の変化 ... 255
図 12-9　米生産量における東北と長江デルタの逆転 ... 255
図 12-10　東北地区と長江デルタにおける稲作の変化 ... 256
写真 12-1　黒龍江省の稲作景観 ... 257
写真 12-2　蘇南地区の稲作景観 ... 258

第13章　経済成長と低地帯の水汚染問題の生成構造──長江デルタ── ... 263
図 13-1　長江デルタにおける経済成長過程 ... 264
表 13-1　長江デルタにおける産業構造転換過程と農業・農村 ... 265
図 13-2　長江デルタの土地類型と調査対象地域 ... 268
図 13-4　耕地面積の推移 ... 269
図 13-3　長江デルタ3市の産業別生産額構成の推移 ... 269

図 13-5　化学肥料使用量 270
　図 13-6　水産品生産量 271
　図 13-7　肉類(豚、牛、羊)生産量 272
　図 13-8　上海・蘇州・嘉興3市の水質構成の推移 273
　図 13-9　嘉興市の産業構造の変化と農業・農村の変化過程 275
　図 13-10　全市水資源利用状況(2008年) 276
　図 13-11　嘉興市の農業変化(1990年＝100) 276

第14章　乾燥世界の地域変容と水利競合 ── 新疆ウイグル自治区のオアシス ── 279
　図 14-1　新疆ウイグル自治区の地形 280
　図 14-2　オアシス(緑洲)の概念図 280
　図 14-3　新疆ウイグル自治区における水稲播種面積の分布 285
　図 14-5　米泉県における穀物栽培面積の変遷 286
　図 14-4　米泉市の地域区分と土地利用 286
　写真 14-1　深井戸による地下水汲みあげ(灌漑)の様子 287
　図 14-6　米泉県における農業用水の変遷 287
　写真 14-2　「あきたこまち」を栽培する水田 288
　図 14-7　新疆における主要農作物播種面積構成の変化 290

第15章　農耕社会の変容と牧畜社会の草原破壊 ── 新疆ウイグル自治区グルジャ県 ── 293
　図 15-1　グルジャ県の位置 294
　図 15-2　グルジャ県の地形断面図(上)と南北縦断面(下) 295
　表 15-1　グルジャ県における農牧業(2001年) 295
　表 15-2　農耕社会と牧畜社会の比較(2001年) 297
　表 15-3　家畜飼養頭数の変化 299
　図 15-3　グルジャ県における商品作物の作付面積の推移 301
　図 15-4　グルジャ県における小麦とトウモロコシ生産量の推移 302
　図 15-5　グルジャ県における家畜の飼育形式 304
　表 15-4　グルジャ県における放牧可能家畜頭数の変化 305
　表 15-5　郷・鎮別の草地使用面積とと放牧可能家畜頭数 307
　図 15-6　グルジャ県における一部の郷・鎮の草地分布 308
　写真 15-1　自動車時代の草原破壊(2002.9.13) 312
　写真 15-2　山地牧畜民の生活拠点と家畜 313

第16章　棚田世界の地域変容と貧困化問題 ── 雲南省紅河自治州元陽県 ── 319
　図 16-1　元陽県の位置 320
　写真 16-1　元陽県の県庁所在地 321
　表 16-1　元陽県の気候 322
　表 16-2　紅河自治州と元陽県の概要(2000年) 322
　表 16-3　紅河自治州の農民一人当たり現金収入 323

図16-2	元陽県の標高と棚田の分布	324
図16-3	大瓦遮河上流部における集落分布(上)と断面図(下)	325
図16-4	者那河上流部における集落分布(上)と断面図(下)	326
写真16-2	棚田世界の景観	327
図16-5	ハニ族の棚田の世界	328
写真16-3	棚田に植えられた竹	334
表16-4	元陽県における農作物作付の動向	335
写真16-4	民族村の入り口と伝統的住居と棚田景観	336

序

1. 基本的視点

　本書は、第二次世界大戦後驚異的な経済成長を遂げた日本の立場から、日本以上のスピードと規模で経済発展を遂げている中国について眺めてみたいという、極めて素朴な問題意識に基づいている。戦後の社会主義国家・中国がその政治体制は維持したまま、1978年末から改革開放を旗印に現代化（近代化）政策をつづけ、2010年にはGDPで日本を追い越しアメリカに次ぐ世界第2位の経済大国に急成長した。恐らく、中国の人たちだけではなく世界の誰もが予測できなかったことではあるまいか。それほど今日の中国の変わりようは著しい。

　「中国は今日の世界でもっとも重要な国々の一つであるが、恐らく次の百年間ではいろいろな面で、その中でももっとも重要な国になるであろう」。「中国がうまくいけばアジアがうまくいくし、中国がうまくいかなければアジアがうまくいかない」。

　いまから65年前に、名著『中国―民族と土地と歴史―』（日本語訳：岩波新書、1950年）を出版したオーエン・ラティモア（小川訳1984）が、著書の冒頭で述べた言葉である。今日の姿を洞察しているだけではなく、21世紀のこれからの中国についてもそのまま当てはまりそうな印象を受ける。ただ、彼がこのように述べた背景は、世界史に大転換をもたらした第二次世界大戦後の中華人民共和国の成立に目を向けたものであった。日本語訳の監修をされた平野義太郎は、「アジアは数世紀の間、十数億の人民の政治的・経済的運命をアジアの外のものによって決定されてきた。しかるに、戦後では、アジア自身で形成される輿論、アジア自身でなされる決定が、世界に影響を及ぼしてゆく――中国がその典型である」、と述べた。

しかし、今日の中国の変化は急速な経済成長を背景としたものであって、状況認識の根底にあるものはまったく異なる。日本社会はアジアでいち早く近代化を遂げ文明化した社会を形成してきたが、その反面で頭だけが大きくなった都市型社会となり、さまざまなゆがみが多方面に出てきている。こうした状況の中でわれわれがいま立ち止まって考えなければならないこと、その本質は何か。このことを考えるためには、いま中国に目を向けその姿を客観的に眺めてみることが、意義のあることではないかと考えてきた。近代化とは工業化・都市化であり、それに伴う農業社会の縮小は人々が土地自然から離れて生きる道を選んできたということである。このプロセスは農業を通して土地自然と密接な関わりを持ってきた人々の世界観や自然観を変容させ、ますます人々の自然観を機械論的なものとし、あるいは単純なモデルとしてみることができるような錯覚を与えてきた。環境問題は誰も好んで発生させてきた訳ではない。しかし、そのような自然観や世界観が環境問題を生み出し、またその問題を目の当たりにしてもブレーキをしっかりとかけることができない人間を増幅させてしまっている。

2. 従来の研究

　中国に関するわれわれの知識や理解は、これまでの多くの研究成果によっていることは言うまでもない。しかし上述した視点からみた場合いくつかの基本的な問題点に触れておかねばならない。第1に、中国全体に視野を広げた研究が少ないことである。個別的には優れた成果が少なくないが、それらを通して中国の全体像が見通せるようなものが少ない。その意味では上掲のラティモア『中国』は文明の興亡史の上に新中国を位置づけて概説した大きな成果といえる。しかし、現代の中国についてそうした構想の下に書かれたものを著者は寡聞にして知らない。

　加地伸行(1997: iii)が今風の現代中国論について、「多くの事実を知ったところで、全体を把握しきれないとき、わけが分からず、あたかも暗闇の中を歩くようなことになるであろう。また逆に、諸現象を材料としないで、かつての社会主義中国論のようにただ観念的に願望としての中国像を描いても、中国の

実体とは似ても似つかわぬ見当違いの方向へ歩むことになるであろう。」(加地 1997：iii)と述べたことは正当な指摘であろう。

　第2は、中国を捉えるために近年「地域」に関心を向けることの必要性が指摘されながら、その扱い方に一定した視点がみられないことである。歴史学の立場から1980年代以降の研究の流れを総括した山本英史(山本 2000)が、江南デルタ地帯の商品経済の発展に着目して、中国全体をみる指標として発展段階論的にみてきた史観をとらえ、江南を特殊性・独自性をもつ「地域」としてみることの必要性を示唆したことは重要であろう。上記の加地氏が時間的・空間的視点から地域学的論考として『中国学』を提案していることも興味深い。ただ前者の場合「地域」をどのように扱うべきかの視点は明確にされてはいない。また後者についても同氏の論じた内容は別としても「地域学的論考」の意味合いが必ずしも明示され、一般的とはなっていない。

　「地域」の概念を踏まえ、その総体を明らかにしてきた中国研究としては地理学の成果を上げなければならない。そこで、多くの場合一致してとられてきた研究手法の特徴は、中国の国土の自然環境の枠組みと歴史的に国土の領域が内陸部から周辺に向けて同心円的に拡張されてきた事実を踏まえ、全体を地域区分してそれぞれの地域における自然と人間との関係を描き、それらを地理的個性として紹介してきた。その成果は正確な事実に裏づけられており貴重である。ただ、変容する中国像を本格的に解明しようとした成果は極めて少ない。

　第3は、著者が最も重視したい点であるが、今日の中国を文明史的な視点から捉えようとした研究が少ないことである。もちろん、個別事例的な研究ではいくつかの優れた成果があるが、それらを通して中国全体を理解できるように

---

1) 『世界地理第三巻　支那I　北支』河出書房(石田龍次郎他編 1940)、『概観東亜地理　中華民国篇』柁谷書院(山本熊太郎 1941)、『リヒトホーフェン支那(V)―西南支那』岩波書店(東亜研究叢書第18巻)(能登志雄訳 1944)、『歴史地理講座第2巻　アジア・新大陸』朝倉書店(森 鹿三・織田武雄編 1958)、『現代地理学体系　第三巻　世界地理　第三巻　アジア(1)』古今書院(石田龍次郎・矢沢大二・入江敏夫編 1959)、『新世界地理第3巻　中国とその周辺』朝倉書店(冨田芳郎編 1961)、『世界地誌ゼミナールI　東アジア』大明堂(河野通博編 1971)、『世界地理2　東アジア』朝倉書店(木内信蔵編 1984)、『図説大百科世界の地理20　中国・台湾・香港』朝倉書店(田辺裕監修・諏訪哲郎訳 1996)。
2) その中にあって石原 潤による一連の編著(2003、2010、2011)は、必ずしも中国全体を視野には入れていないものの、内陸の主要な3地域の動態を解明した水準の高い成果である。

工夫されたものは見当たらない。鳥居一康は歴史学の立場から「古い中国社会の、何が、どのように否定され、新しい中国は、どのようなやり方で、何を求めようとしているのか、近現代・前近代を問わず、われわれにつきつけられたこの課題は、いまなお中国史研究の核心を形づくっている。」(中国史研究会編 1983: 1)と述べているが、著者はその際、今日の社会が急速に都市型社会に向かっていることを踏まえた理解が極めて必要なことではないかと考える。

3. 目的と方法

　本書の目的は以上に確認した問題点に留意して、変容する中国像について実証研究の成果を示すことにある。従来の知見によれば、中国社会は、人口分布にみられるように南と北に大きく二分される自然の構造、および統一の過程で培われてきた歴史の同心円的な構造を基礎として成り立っている。しかし今日では沿海部と内陸部(あるいは東西)の間の経済の構造が伝統の枠組みをかえ、従ってそれぞれの地域の人々と自然との関係にも大きな影響をもたらしてきているとみられる。すなわち、今日中国に現れている地域象はこれまでの固定した姿としてではなく変容する姿とみなければならない。この変容する中国を捉え、それぞれの地域に即した具体像を提示することが本書の目的である。

　本書における基本的な視点として次の3点に留意した。その1は、前述したように中国について日本人の目を通してアプローチしようと心がけた点である。とくに著者自身の問題関心との関連でいえば、モンスーンアジアの民族のベースにある稲作との関連を重視して変容する姿を理解しようとした。その2は、近代化による経済成長の一つの帰結として、今日の社会を特徴づける都市文明との関連から中国の状況を捉えようとしている点にある。その3は、以下に述べる方法論とも関わることであるが、変容する中国を総体として、しかも実証的かつ具体的な素材を通じてとりあげようとした点である。

　ところで「地域」とは、古くから関与してきた地理学の理論からすれば、人間と自然とが本質的に関わらざるをえない二元性を地域という形で顕在化させている実態(能 1967)でもあるし、また両者の関係を分析し理解するために必須となるいわば方法的概念でもある。このような見方を通して、地域に表れ

た「地理的個性」や「一般性」が捉えられてきたことは周知の通りである（例えば、ルネ・クロジェ）。ところが、今日の資本主義経済が一般化する中で、人々が都市に向かう傾向を強める社会にあっては、地域の変容する側面に視点をあてることが不可欠である。中国を捉える視点としていま最も求められることである。

　本書において採用した手法は、既存研究の成果と統計資料の利用、および移動観察や聞き取り調査を含めたフィールド・ワークが主である。その際変容する地域の理解は、伝統と現代が入り交じる中で容易ではなかった。それは著者が外国人という理由からだけではない。個々の地域現象が中国全体の変容する方向とどのように関わっているのか、判断が容易でなかったことにある。地域に生きる人々の社会の変化に対応して思考する姿そのものに由来していると言ってもよいかも知れない。ともかく本書では可能な限り現地を調査し、それを踏まえ各種のデータを帰納的にまとめることから結論を導く手法をとった。近年、分析技術の進歩と統計データの充実から将来予測などを目的とした演繹的な地域研究もみられるが、本研究ではその手法は採用しなかった。むしろ「未来に対する健全な判断を形成する点で助けとなるのは、予測技術よりも十分な現状理解である」という立場を重視して本書を作成したのである。

4. 本書の構成

第Ⅰ編　水 ── 長江流域における早期都市の立地と水利の環境史

　中国文明を考える上で基本となる骨格は黄河と長江である。本編では長江流域に着目して、古代の都市文明の特徴とその起点となった地域の環境、およびその後の地域発展の基盤となった水利の開発と方式、そしてその方式がどのように変遷し今日に至っているかについて考察し、現代の状況を位置づける。また長江流域を上流（第1章）、中流（第2章）、下流（第3章）にわけ、長期にわたる水利の環境史を比較することで、長い間の試行錯誤の過程を明らかにするとともに流域における地域差とその意味を明らかにする。古代の都市文明の発展地域が今日の都市地域へと直接繋がってきた所はないこと、ただしその中で扇状地が水の自然性の原理にかない最も安定した力を発揮したことも指摘する。

第Ⅱ編　土地 —— 人口圧と農地開発／都市化と農地減少問題

　農耕の時代以来、人間生存の許容量は、人口と土地（農地）の関係に規定されてきた。本編では生存の基盤として最も重要な農地（耕地）資源の動向について、人口と耕地との関係を概観（第4章）した上で、改革開放初期段階（第5章）と経済成長期段階（第6章）に分けて検討する。中国では急速な人口増加が土地環境に及ぼす影響、住民の経済発展と耕地潰廃、さらに工業化・都市化による社会構造の変化と耕地の減少という段階を経て、今日では農地（耕地）資源の保全対策が重要な国家的課題になっていることについて考察する。

第Ⅲ編　食糧 —— 市場経済下の産業構造調整と食糧生産地域の変容

　改革・開放政策の下で中国の食糧生産および食糧生産地域をめぐる構造調整がどのように進められ、将来に向けてどのようなことが課題となってきているかについて考察する。最初に産業構造調整と食糧需給の動向の関係（第7章）に触れ、その上で食糧生産地域の構造変化の傾向を全国（第8章）および東北地区レベル（第9章）で明らかにし、さらに、省レベルで吉林省（第10章）と黒龍江省（第11章）について地域分析を行った。最後に以上を踏まえ食糧生産の動向が対照的な東北地区と長江デルタを対比し、将来の課題について言及する。

第Ⅳ編　環境 —— 急速な経済成長に伴う社会の変容と地域環境問題

　経済改革を契機とした中国社会の急速な文明化は、長い歴史の中で培われてきた人間と土地自然との関わり合いの中で培われた、伝統的な地域秩序を急変させ、さまざまな地域環境問題を発現させてきた。まず、急速な経済成長を遂げてきた長江デルタにおける水環境問題の生成構造の検討（第13章）をした上で、対照的な位置にある乾燥・オアシス地域の水利競合の事例（第14章）をとりあげる。次に中国の周辺地域を考察する上で欠かせない2つの事例、すなわち牧畜地域の地域変容と草原破壊問題（第15章）と中国西南地域の棚田地帯の貧困化に伴う観光化の問題（第16章）について考察する。これらのことを通じて、近年における中国経済の変化が全国的な産業再編および地域構造変化の一環として展開し始めていること、およびそこで生じている環境問題と保全対策に関する知見を示す。

<文 献>

石原　潤(編)(2003):『内陸中国の変貌―改革開放下の河南省鄭州市域―』、ナカニシヤ出版。

――― (2010):『変わり行く四川』、ナカニシヤ出版。

――― (2011):『西北中国はいま』、ナカニシヤ出版。

加地伸行(1997):『現代中国学―〈阿Q〉は死んだか』、中公新書。

クロジェ,R./野田早苗(訳)(1970):『地理学史』、白水社。[René Clozier (1967): *Histoire de la geographie*, Presses universitaires de France]

シューマッハ,E. F./斎藤志郎(訳)(1976):『人間復興の経済』、佑学社。[Ernst Friedrich Schumacher (1973): *Small is Beautiful: A Study of Economic as if People Mattered*. Blond & Briggs Ltd.]

中国史研究会(編)(1983):『中国史像の再構成―国家と農民』、文理閣。

能登志雄(1967):「地誌学」、『地理学総論』、朝倉書店、176-210頁。

山本英史(編)(2000):『伝統中国の地域像』、慶應義塾大学出版会。

ラティモア,O./平野義太郎(監修)、小川　修(訳)(1950、1965年改版、1984)『中国―民族と土地と歴史』、岩波新書。[Owen Lattimore & Eleanor Holgate Lattimore (1947): *China: A Short History*. New York: W. W. Norton]

第Ⅰ編

水

長江流域における早期都市の立地と水利の環境史

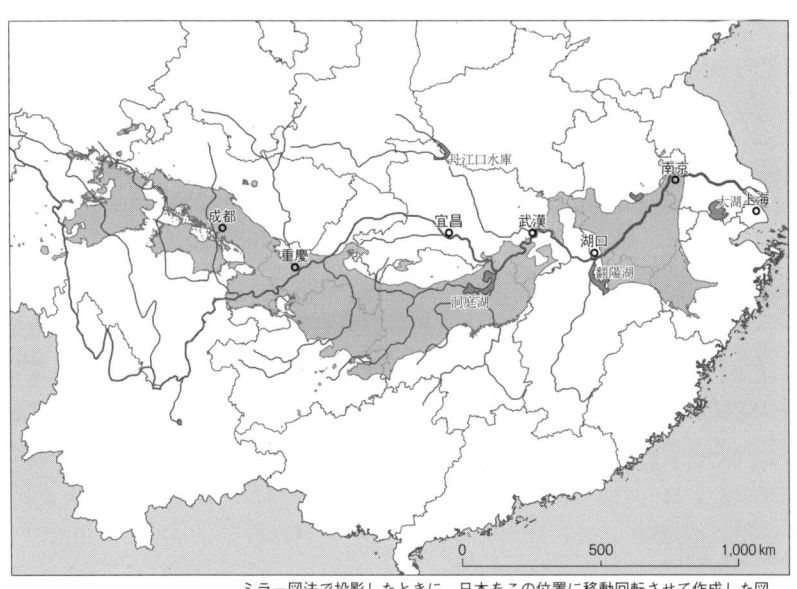

ミラー図法で投影したときに、日本をこの位置に移動回転させて作成した図

本編では、中国において黄河流域と共に古代から文明形成の重要な骨格となってきた長江流域[1]に着目し、都市文明の発生から現代にいたる環境史を大まかに辿ってみたい。この方法によって、今日著しい変容を遂げている中国を照射し、その意味を考える。モンスーンアジア、あるいは稲作アジアの中にあって、長江流域はその最も重要な存在であり、日本からみても重要な位置にある。

　中国の長江流域は、日本列島を横にして重ねてもさらに余りがあるほどの長大な世界である。この流域において、近年考古学や環境考古学の研究成果として、極めて早期の段階から都市文明が誕生していたことが明らかにされ、「長江文明」として注目を集めてきた[2]。G・チャイルドはかつて、西アジアにおける考古学的証拠にもとづき「都市革命」[3]という概念を提唱し、「文明」の起源について示唆した(チャイルド 1957)。「長江文明」の発見は、そのような都市革命が東アジアの畑作を主とした黄河流域だけではなく、稲作を基調とする長江流域においても過去に存在したことが確認されたのである[4]。

　長江流域におけるこのような「長江文明」の発見は、「文明」発生以来の人間と自然との変化する関係について考察しようとする際の基点が明示されたという意味でも、大きな意義がある。今日の社会は巨大都市文明の急速な発展をもって特徴づけることができるが、一方ではそれを支える経済活動が生みだす環境問題の深刻さは文明史的な課題となってきている(伊東 1985)。その意味

---

1) 長江流域については、内山幸久編(2001)による同名の著『長江流域』が近年の状況を理解する上で参考になる。本書は32名の執筆者による地誌学的成果で、内容も多面的で分かり易い。
2) 例えば、安田(2000)、梅原・巌・樋口(2000)、徐(1998a, b)、梅原・安田(2004)の著書。
3) 彼は、都市革命に伴う経済的変質について次のように述べている。「西紀前3000年までのエジプト、メソポタミアおよびインダス流域についての考古学者の記述は、もはや注意を、素朴な農民共同体ではなく、多様な職業と階級を含む国家の上に集める」(チャイルド 1957: 61)、「もはや農具や狩りの道具や、その他の家内工業品ではなくて、神殿の祭器、武器、陶車製土器、宝石細工、および熟練職人によって大量に生産されたその他の製品である。遺跡としては、小屋や農具ではなくて、壮大な墓、神殿、宮殿および工場などがある。また、そのなかに、……定期的に輸入されて、日常生活につかわれたすべての種類の外国品をみいだすのである」(同上)。
4) 「長江文明」はいまから4,000年前頃には崩壊し、その延長線上に今日に繋がる国家として発展することはなかった。この点について安田喜憲氏は、より広い視野から気候の寒冷化による民族移動説の可能性を示唆しているが、今後の検討の余地があることを認めている。また稲作自体も一挙に衰退したのかどうかについては言及されていない。(梅原・安田 2004: 150-184)

で都市文明の発生地の環境を理解し、そこから急変する今日の都市化社会を見通し、人間活動と自然環境との相互的な関係の変化を明らかにしていく作業は、いまわれわれが取り組むべき重要な研究テーマの一つであると言えるであろう。巨大都市文明を先行的に生みだしてきたアメリカにおいて、現代の課題を意識した環境史研究の新分野が登場し、さらにヨーロッパや日本においても深い関心が払われるようになってきた所以である。[5] 本編では、長江流域の都市革命が、その上流、中流、下流のそれぞれの地域で発生したことに着目して、とくに都市の立地と周辺地域における灌漑水利の展開について考察する。

<文　献>

伊東俊太郎 (1985):「比較文明論の枠組み」、比較文明 1(創刊号)、2-17 頁。
内山幸久(編) (2001):『長江流域』、大明堂。
梅原　猛・厳文明・樋口隆康 (2000):『長江文明の曙』、角川書店。
梅原　猛・安田喜憲 (2004):『長江文明の探求』、新思索社。
小塩和人 (2006):「アメリカ環境史の回顧と展望」、西洋史学 244、53-69 頁。
佐野静代 (2006):「日本における環境史研究の展開とその課題」、史林 89(5)、99-126 頁。
徐朝龍 (1998a):『長江文明の発見―中国古代史の謎に迫る』、角川選書。
――― (1998b):三星堆・中国古代文明の謎―史実としての『山海経』、大修館書店。
チャイルド, G.／ねずまさし(訳) (1957):『文明の起源(下)改訂版』、岩波新書。
安田喜憲 (2000):『大河文明の誕生』、角川書店。

---

5)　近年、学問分野を超えて関心の高まりをみせてきた環境史は、こうした視点の必要性を指摘してきている。例えば、佐野(2006)「日本における環境史研究の展開とその課題」。同氏によると、言葉のルーツは1970年代にアメリカで確立された「environmental history」にあり、日本にはその訳語として1980年代初頭に紹介された。環境史研究が高まってきた背景は環境問題があり、ひとつの学問分野を超えた幅広い潮流としてとなっている。また小塩(2006)は、アメリカの環境史に関する「回顧と展望」の中で、その目的が「自然と人間との間にある変化する関係を検証する」点にあることを指摘している。

第1章　長江上流域

── 成都平原・三星堆遺跡周辺の灌漑水利変容 ──

はじめに

　本章では、まず長江上流部において早期の都市文明として最も注目されてきた三星堆(さんせいたい)遺跡を含む四川(しせん)省成都(せいと)平原の事例について検討する(図1-1)。具体的には、稲作空間としての成都平原における早期都市(三星堆遺跡)の立地、およびその衰退後に中心性を強め今日まで持続的発展を遂げてきた成都市の存在に着目しつつ、同平原の環境史の一端を「灌漑水利技術」の側面から明らかにしたい。

　灌漑水利、とくに伝統的に形成されてきた灌漑水利技術は、稲作文明社会発生以来の人間活動と土地自然との関わり合いを考える上で重要な指標である。もちろん、ここで「伝統的」灌漑水利といっても「三星堆遺跡」が成立した当時の状況に直接目を向けようとしているわけではない。それは不可能である。革命後の中国農村において水利の基盤整備が行われた影響を取り除いてみた場合の姿を、さしあたり「伝統的」水利として探ってみたい。革命以前の伝統中国には、私たちが想像する以上に古い時代の姿が残されていたように考えられる[1]。そこからはるか彼方の稲作の展開と都市との関わり合いの一端を考える手がかりを得ることができるかもしれない。一方、そうした伝統的灌漑水利が今日に至る過程でどのように変化してきたかを探ることによって、対象地域をめぐる社会の動きと環境との関わり合いの変化の意味について理解することがで

---

1)　梅原　猛は、7,000年前の河姆渡遺跡で、洪水にあった民家が発掘され、その土間のとこ稲の束があったのをみて、次のように述懐されている。「日本の農村、私の育った愛知県知多半島の農村も同じことでして、……私はとたんに子供の頃のことを思い出しました。しかも機織りの機械がたくさんあって、どうも土器に蚕のことなんかが書いてある。私の子供の時も稲作と養蚕なんですよ。7,000年も前に、私の育った日本の農村とほぼ同じ、あるいはそれよりも高い文化があったということに驚嘆しました」(梅原・厳・樋口 2000: 14-15)。

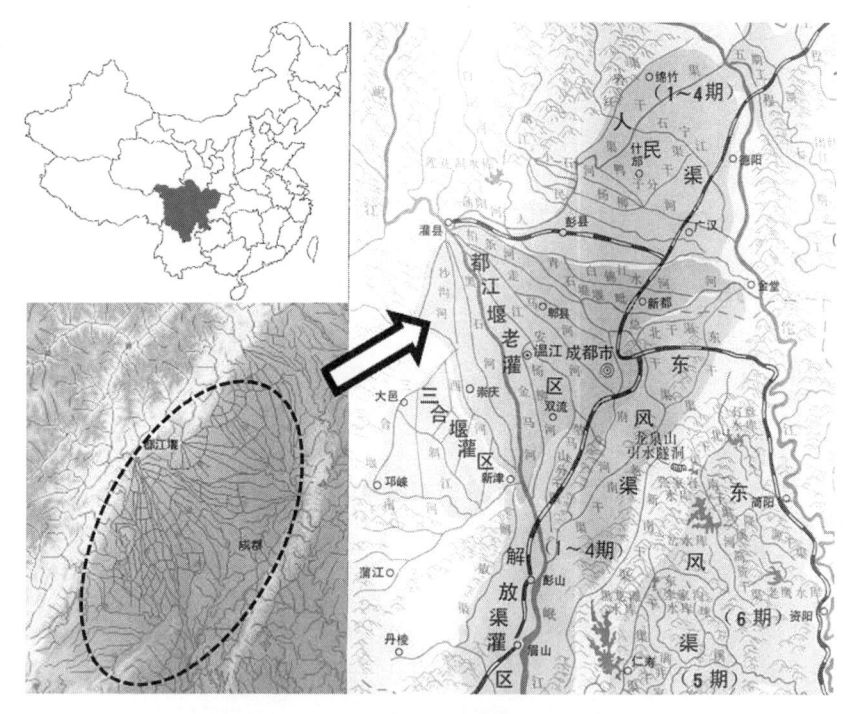

図1-1 対象地域
左上：四川省　左下：成都平原の水系　右：成都平原の概況
（四川省水利電力庁・都江堰管理局、1986の付図を改変）

きるであろう。

　以下本章では、まず三星堆文明についての概略的な問題整理とその拠点となった早期都市(三星堆遺跡)の成都平原への位置づけを行い、次に同遺跡の立地と周辺の状況を明らかにし、最後に同遺跡周辺の伝統的な灌漑水利の特徴と今日に至る変容のプロセスについて考察する。

第1節　成都平原北部に発生した三星堆文明

1. 三星堆文明中心・古蜀国の王都

　徐朝龍は、著書『三星堆・中国古代文明の謎―史実としての「三海経」―』において、三星堆遺跡について次のように紹介している。

「三星堆遺跡は、ほぼ同時代に黄河流域で栄えた殷王朝前期の都とされる、鄭州二里崗遺跡と比べても遜色のない規模であり、遺物の数々は同時代の殷文明のものと全く異なる様相を見せている。さらに、発達した青銅鋳造業、玉器産業、錬金業、巨大な城壁都市および複雑な宗教体系などを供えることから、一つの大文明が存在したと考えられる。そこで、この文明を「三星堆文明」と呼びたい(徐 1998b: 12)」。

また、同書に準備された年表によれば、この文明は蜀の時代に対応したものである。すなわち、成都平原における新石器時代(B.C. 3000)に、まず最初の農耕文化が誕生し、夏代(B.C. 2100)に三星堆文明がスタートし、殷代前期(B.C. 1500)には都城の建設がはじまり、さらに殷代中期から末期を経て、西周前期(B.C. 850)に蜀国が全盛を極めていった。この間の古蜀国の担い手は「蚕叢」「柏灌」「魚鳧」といった王たちであった。しかし西周前期には一方で、成都地区において杜宇族が成長をつづけ、西周の中期に至ってその杜宇が三星堆を攻め落とし、以後政治経済の中心は三星堆から成都地区に移り、杜宇は蜀王を名乗り、蜀文化は最盛期を迎えた。また春秋時代(B.C. 770～)には、杜宇は開明(鱉霊)王朝に後退するが、一方で巴文化の成長に伴い、巴蜀の文化時代となり、さらに戦国時代(B.C. 403～)に至って、秦の恵文王により、開明王朝は滅ぼされた(B.C. 316)。

以上が、徐によって明らかにされた三星堆文明の特徴とその衰退の概略である。つまり、三星堆遺跡が所在した地区において、今日より約5,000年から3,000年前までの期間、すなわち新石器時代晩期(紀元前3000年頃)に定住農耕文化が出現し、新しい文明が誕生し、古蜀国の文明が創出された。蘇(2004: 85-86)は、この遺跡において、「5,000年前の原始文化と3,000余年前の古蜀、古広漢文化のつながり」が浮き彫りにされている、と総括している。

その文明の特徴を、最も象徴的に表したのが、1986年8月、城内の二基の器物坑から発見された、高さ2m以上の銅立人像と幅1m以上もある突目人面青銅器、青銅神樹、面具、頭像、それに、黄金マスク、金杖、象牙、海貝、玉器など、千点を超える文物類であった。こうした文物が出土した三星堆遺跡の面積は約12km^{2}におよび、中心区域には3km^{2}の広さを有する東、西、南三

面に城壁をもつ古城(城壁都市)が存在していた。3,000年前にこうした大規模な都市の存在は、河南省の鄭州にある商城(中原王朝早期の王都)を除いて、全国的にも極めて少ない(樊 1998：12)。

それでは、このような都市革命が起こった成都平原とはどのような自然環境の地域であろうか、そしてこの平原のどのような位置に古蜀王国の中心が築かれたのであろうか。

2. 成都平原の地域概念と文明中心の移動

その際、以下にいう成都平原は、今日の成都市周辺の範囲ではなく、成都盆地内の西部平原区と呼ばれる地域を指している。この地域は第四紀以来(とくに更新世の期間に)、青蔵高原の一部分をなす四川西部の地殻上昇と逆に相対的な沈降がおこり、厚さ300～500mの第四紀層が形成された、東西80km、南北200kmに及ぶ範囲である(丁 1992；李 1992)。平原形成の特徴に即していえば、岷山西麓から流出する岷江と、龍門山から流出する湔江、石亭江、綿远河等の諸河川がつくる扇状地が合成されてできた地形である。

しかし、この平原の全体的な特徴、あるいは水利環境からみれば、岷江がつくる成都扇状地とその北側に続く諸扇状地間には大きな差異が認められる(後掲の図1-5参照)。前者は単独型の典型的かつ大規模な扇状地であるが、後者は複合扇状地としての性格が強い。しかも全体的としては扇端部が閉塞した逆三角形状を呈している。扇状地上に発達する中心地(県城)の分布をみても、成都扇状地上には成都、双流、温江、郫県、新津、新都、崇慶等がほぼ均等な空間的配置をみせているが、その北側に続く複合扇状地上の彭県、什邡、綿竹、徳陽、広漢等の場合は極めて不規則である(丁 1992)。

したがって、成都平原を構成する扇状地は、概念的には凸型の三角形(南側)とそれを逆にした三角形(北側)の2つから成り立っているとみることができる。人間活動に欠かせない水との関係からみると、両者の差異は明らかである。まず、平原北部の複合扇状地の場合、湔江、石亭江、綿远河等の諸河川が下流部において合流しており、このことが南側の金堂付近からの沱江の形成に結びついている。沱江は、綿远河が金堂付近で青白江と毗河(成都扇状地の分流河川)を合流させ、そこから長江に至る区間の河川名称である。『四川百科全書』

によれば、沱江は水量と水深に恵まれ、長江との間に船舶の航行が可能な河川であり、また沱江の"沱"とは「船の停泊できる入り江」を意味する[2]。すなわち、成都平原北部の複合扇状地河川の合流点付近は、扇状地河川一般にみられるような、河況が大きく変化する河川ではなく、逆に水運に好適な環境が形成される始点に近い。三星堆遺跡(広漢市)は、北部平原に発達した諸県城のうち最もその利点を享受しやすい位置にある。

これに対して、扇頂部を中心にその支派川が末広がりに展開する平原南部の地形が成都扇状地である。リヒトフォーフェン(能訳 1943: 408)は、岷江上流の、モンブラン以上の高さから流出する莫大な量の岩屑によって、扇状地を形成するこの河の作用の大きさを、西北の方からの諸河川の働きと対比して見せた。この巨大扇状地は、蜀が秦の恵文王によって滅ぼされたあと、昭襄王の時代(在位前306～前251年)に、蜀郡守であった李冰が、岷江の治水に乗り出し、"都江堰"の建設によって、扇頂部に流入する岷江の制御に成功した。これによって、扇状地の治水と灌漑条件が格段に改善され、中国有数の水田地帯を形成する原点となった。

成都平原は、このように南北間で対照的な自然地理的特色をもつ扇状地によって構成されている。図1-2は、こうした特徴と三星堆文明(古蜀国)の立地

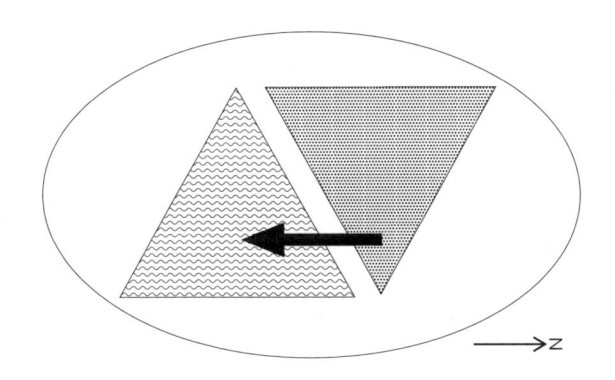

図1-2　成都平原の地形と文明移動の概念図
左側:岷江が形成する単独型扇状地　右側:沱江の支流が形成する複合扇状地
矢印は、成都平原における古代都市文明の中心地の移動方向を示す。

---

2)　大修館書店『日中辞典』。

点、および杜宇の時代を経て今日の成都地区に蜀の文明の中心地が移動していったことを重ね、概念的に示したものである。図1-2をもとに、以下のような考察が可能である。第1に、蜀国の最初の拠点が北部に生まれ、その後秦の影響下に入る前後から成都がこの平原の中心となり、しかもその影響が今日まで及んできたことは、その背後に自然的な基盤が大きく関係していたことを推測させる。日本においても、黒部川扇状地が前田藩の登場によって全面的な水田化に結びついた例がある（籠瀬 1981）。すなわち、そうした社会・技術的な条件が整う以前の段階では、成都扇状地のような典型的な（とくに扇央部の発達した）扇状地の場合、水利開発を伴う土地開発は大きく制約されていたと考えられる。

これに対して、平原北部の複合扇状地はそれぞれの規模が小さいだけでなく、各河川が収斂するように集まる形で扇端部を構成している。このため、三星堆一帯は平原中央部の成都一帯と異なり大洪水に見舞われる可能性が低く、大河支流の水を利用する灌漑活動が活発に繰り広げられていた（徐 1998: 13）とみることができよう。

第2に、その位置が当時の重要な交通拠点をなしていた、沱江に隣接していたことも見逃すことができない。中国の古代にあって、殷代には、河川流域に居住する部族集団が各々河川を祭祀し、犠牲を沈めて凶作・洪水などの自然災害を回避していたこと、また春秋諸国が地域集団の守護神として河川祭祀を行っており、河川祭祀を通して流域の諸邑が結合してゆく経過が窺える（鶴間 1984）。巴蜀の時代においても、人びとの生活環境がすべて江、河、湖泊と分け離すことができず、船は彼らの生活、交通の重要な道具や「住居」であった（陳 2000）ことなどに鑑みて、沱江に近接した三星堆の位置は重要な意味を持ったであろう。『管子』乗馬篇にも、「凡立国都、非于大山之下必于广川之上。」（柾注釈 2000: 22）『管子 全文注釈本』華夏出版社）という記載がある。こうした点を合わせ考えてみると、都市の建設は河川に着目して計画されたことを窺うことができる。

なお、広漢の地に栄華を残した古蜀国の都が、杜宇の時代に至って今日の成都方面へと移ることになった理由については、本章の目的を外れるが、この時期の成都平原は洪水氾濫期に入っており、杜宇、開明の両時代には、成都平原

は小規模の畑地や水田、池沼が交錯する農業地帯であった(郭 1993: 9)という主張は、注目されてよい。三星堆文明の衰退期以後の杜宇、開明の両時代はまもなく秦に滅ぼされたが、しかし秦の影響下において成都扇状地の治水がはかられ水利開発が本格化した時から、成都平原では本格的な稲作をベースとした国家の形成が進み、都市形成の原理が内向き方向に転じたのである。

第2節　三星堆遺跡の立地環境と農村の現況

1. 水利と地形環境

　ここで広漢市について目を向け、三星堆遺跡周辺の水利と地形の環境についてみよう。広漢市の平原部は、海抜高度が515～453mの範囲にあり、西北が高く東南に緩やかに傾斜した地形をなしている。市中心部(旧県城＝雒城(らくじょう))は海抜約476mであるが、市西側に位置する三星堆遺跡は480～490mと標高が高く、そこから市域東部の石亭江と綿远河の合流点付近に最低所がある。遺跡周辺は扇状地であり、この様子は広漢市の西南部(鴨子河～濛陽河間周辺)の表層地質と豊水期(雨期)の地下水等深線分布状況を示した、図1-3からも読みとることができる。

　四川省地质矿产局・成都水文地质工程地质队(1983)によれば、表層の地質は全体的に0～3mの粘土質砂土あるいは細砂土からなり、各層が河岸に沿って帯状に分布し、降水や地表水の補給を受けやすい配置となっている。地下水涵養が容易な地域条件がここに認められる。

　しかも、地下水の等深線は豊水期の状況であり(図1-3)、渇水期の水位

写真1-1　三星堆遺跡外壁の断面(版築構造)
(2001.12.25 筆者撮影)

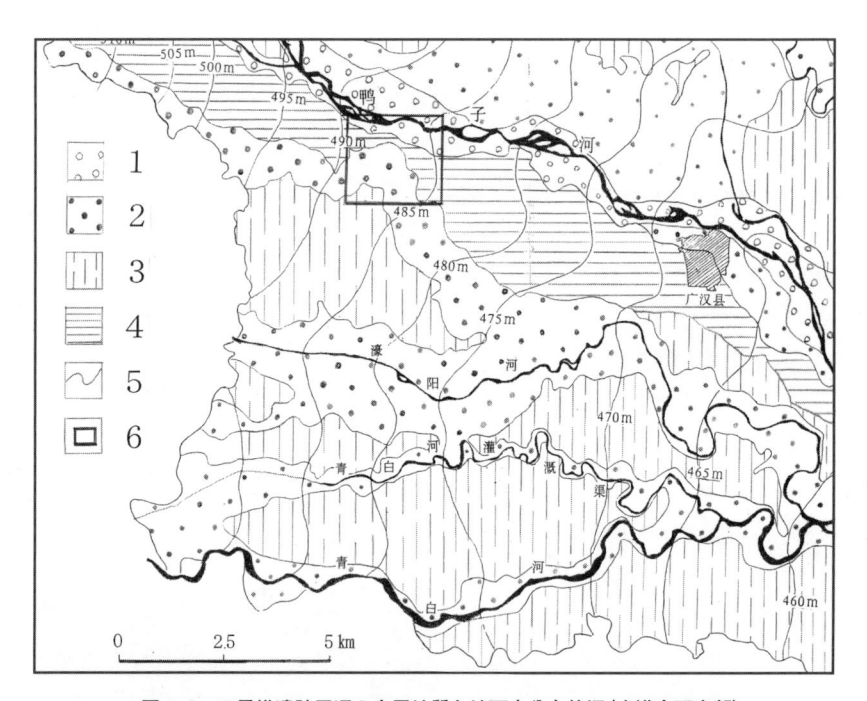

図1-3　三星堆遺跡周辺の表層地質と地下水分布状況（広漢市西南部）
1　河流沖積層（砂礫）　2　沖積層（上部: 砂質粘土、下部: 砂礫）　3　洪積層（上部: 砂質粘土、下部: 砂礫）　4　洪積層（カルシウム質砂質粘土、下部: 砂礫、または泥砂礫）　5　豊水期地下水等深線　6　三星堆遺跡の位置（図1-4の範囲）

（『四川省广汉水文地质工程地质综合勘察报告』により作成）

はこれより約2m低下するとみられている。この付近での開発可能な地下水位はこれ以下であるが、実際の調査結果では3～5mで地下水が採取されている。しかし、泥砂と砂礫層からなる含水層は、層厚が20m程度に達しているので、近年では台地上の水田に対して15m程度の井戸を掘り、地下水を採取する傾向も見受けられる。つまり、三星堆遺跡付近は扇状地とはいえ、地下水にも比較的恵まれた環境を有していると言える。

　三星堆遺跡近辺の地形環境はどうであろうか。地形の特徴をより詳細にみるため、公表されている遺跡付近の大縮尺の概況図を手がかりに、現地で参照した地形図の等高線などを加えて図1-4を作成した。

　同図によると、西から東へ流れる鴨子河（上部）の南側に、中国語の几の字の

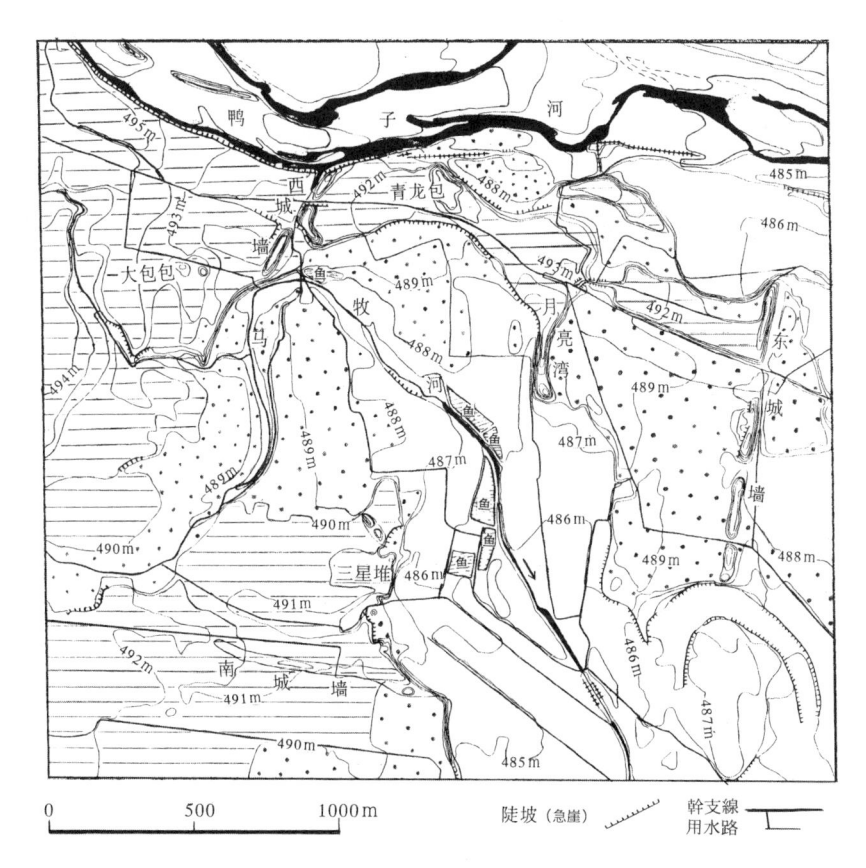

図1-4 三星堆遺跡周辺の地形
(資料:図1-3参照)

ような形の馬牧河が低地を形づくっている(後掲の写真1-2の2参照)。馬牧河沿いの標高は、図1-3の西側で489m、最低所である南東部付近の484mに比べると約5mの差がある。周囲は段丘化した沖積面につづいて洪積台地が取り囲み、盆地状の構造を示している。扇状地扇端部の高低差のある地形と馬牧河の組み合わせによって、独特の地形環境が形成されている。

このような地形を巧み利用して、「古代蜀国」の城市プランが設計されている。台地上には東西南面に城壁の跡を示す人工地形が残され(写真1-1)、これらと北部の鴨子河で囲まれた範囲約12km^{2}がそれである。三星堆遺跡は台地

写真1-2　三星堆遺跡周辺の様子
1. 三星堆博物館の看板。博物館に通ずる道路は開館に合わせ、水田をつぶして新設・舗装された。
2. 三星堆博物館と周辺の模型。右上の塔の見えるところが博物館。その上部を流れるのが鴨子河である。
3. 土塁で囲まれた城内を流れる馬牧河。小河川沿いの低地水田は古くから稲作の場として重要な役割を果たしてきたと考えられる。
4. 鵜飼いのため鴨子河へ向かう農民。当地では、鵜飼いが古代からの伝統として続けられてきたといわれる。

上にあり、馬牧河の低地に東面して存在するが、この付近から北側の月亮湾を結ぶ線が三星堆城址の中心部とみられている（宋1998）。

なお、図1-4には、周辺の主な灌漑水路を加味しておいたが、水路が台地上に配置されていることが読みとれよう。これは用水を高所から徐々に低地へと向かわせるやり方で水田に供給しているためで、水田のほとんどが自然流下方式で灌漑されていることを意味する。しかし、このような灌漑方式は歴史的には極めて新しく、旧来の水利の特徴を示すものではない。後述するように、水利方式の古い姿は現在ではほとんど確認できない。

以上から、高度な三星堆文明（古蜀国）の城壁都市の形成は、治水および防御

上の安全な場所(扇端部)の複雑な微地形を選びつつ、水上交通の重要位置に近接する形で行われ、いわば河川を軸としたかなり広域的な活動を前提として登場したことが推察される。直接稲作の発展によって都市革命が起こったというよりは、かなり広域的なネットワークを意識して、かつ戦略的要因のもとに開始されたようにみられるのである。

2. 現代農村の状況
1) 史的背景

『广汉县志』(こうかん)(1992)によれば、広漢市の南興鎮三星堆周辺一帯には、約4500年前に古蜀国の先住民が居住し、農耕を営み、古蜀文化を形成し、蜀国の政治、経済、文化の中心地であった。

紀元前201年(西漢高帝6年)には広漢県が置かれたが、この地域は雒水(鴨子河)が県境を流れているのに因み雒県とも呼ばれてきた。紀元1260〜1686年には"漢州"と称され、什邡(じゅうほう)、徳陽、綿竹の3地域を領していた。しかし1687年に至って単独の州となり、その後成都府に隷属する時期があったが、1913年には漢州を改め広漢県となった。現代に入ってからは1983年に徳陽市広漢県となり、その後1988年に同市の県級の市となり今日に至っている(广汉市农村分撞权发展规划课题组 1998)。

現在の広漢市は総土地面積548.48km²の地域であるが、東部の丘陵地帯を除いて、大部分が平原地帯(91.1%)からなる。行政組織は19の鎮(町)と5つの郷(村)、267の行政村、および2,479の合作社が置かれている。1998年の総人口は57.7万人で、そのうち農業人口が45.5万人(78.9%)を占める(徳陽統計年鑑 1999)。

気候は年平均の降水量872.7mm、年平均気温16.8℃、10℃以上の積算気温5,980.4℃、年平均日照時間1,196.6時間、無霜期間282日、5〜9月の月平均気温は連続20℃以上で、夏作物と中稲の栽培に好適な条件下にある。

市全体の耕地面積は、1998年現在で31,298haである。田と畑に分けてみると、それぞれ27,798ha(88.8%)と3,500ha(11.2%)で、典型的な水田地帯である。2年前の統計では総耕地面積が52.78万畝(35,186.7ha)であり、このうち水田の割合は86.47%であったので、耕地が減少する中で水田率がさらに高ま

る傾向にある。畑地の減少傾向は水田以上に進んでいて、しかも現在は間作で果樹を導入する動きや休閑地としている。

水田の環境については"旱澇保收(ハンラオバオショウ)"の能力が強いことが特徴の一つである。"旱澇保收"とは、「旱魃にあっても水害にあっても豊作が保証される」というほどの意味で、農業用水の条件が整備されていることを示唆している。後に詳細に述べるように、この地域の水田は、今日ではほとんどが都江堰の自流灌漑区に包括され、利水面での問題は基本的に解決されている。全市の灌漑面積は46.7万畝(31,133.3 ha、93.4％)であり、そのうち"旱澇保收"面積は42.9万畝(28,606.7 ha、88.3％)に達している(鄧 1999)。ちなみに、広漢市における水稲の生産量は、毎年糧食総生産の65％程度を占めているが、品種的には、生産性の高い良質ハイブリッド品種を中心に、その穂数増加、穂重を高めるための技術開発がなされてきた(徐・孫・袁 1994)。

2) 南興鎮の農業・農村の特色

三星堆遺跡がある南興鎮は、広漢市市街地の西方に位置する。総土地面積が32.4 km^{2}で真武村、三星村、回龍村、東和村、石林村、安楽村、義和村、仁義村、双喜村、井崗村、安楽村、農勝村、農興村、南興村、仁壽村の15の行政村で構成されている。1999年度初めの総人口は30,416人、そのうち農業人口が27,492人(90.4％)を占める。鎮全体の総耕地面積は32,150.50畝(2,143.4 ha)で、一人平均耕地面積は1.06畝(0.07 ha)である。徳陽統計年鑑(1999)によれば、水稲面積1,833.0 ha、水稲総生産量15,190.0 t、水稲の単収8,287 kg/haであり、前節でみたように広漢市農業の特色が典型的に現れている農村である。

三星堆遺跡周辺での現地調査結果をもとに、今日の農村にみられる特徴点を考察してみると、まず第1に典型的な水田稲作農村であり、水田は土地利用景観上最も主要な構成要素となっている。ただし、低平な土地一面に水田が展開している姿ではなく、低地の雰囲気も台地の雰囲気も合わせ持っている。

第2は、灌漑の基本は後述するように、都江堰の水利体系下に組み入れられており、水田は基本的に自然流下方式のいわば"自流灌漑区"となっている。ただし、水利システムの末端部の動向に着目していうならば、生産力の向上および今後の機械化農業の本格的な展開に向けた基盤整備(各村の主要幹線道と機械利用の耕作道の計画、水路、電力、道路、通信等の配備工事)が大きな課

写真1-3 脱穀作業
収穫作業は簡単な足踏み脱穀機を移動しながら行われている。

写真1-4 稲籾の乾燥
庭先に大きな筵を敷いて天日乾燥。日本でも高度成長期の初めまでこのような姿が見られた。

題となってきている。このため、南興鎮全体では主要幹線道6条(長さ21km、幅8m)、砕石道路6条(長さ11km、幅6.5m)の計画が定められている[3]。

　第3は、1980年代以降の経済改革に伴う地域変化、とくに交通条件に恵まれた地域、あるいは先進的な農民層を中心に収益性の高い園芸あるいは花木・苗木栽培、さらには観光農園を営む例が現れてきている。その結果水田から畑地あるいは非農地への転換が、集落全体として発生してきている。

　この背景には、成都市の拡大に対応した近郊農村化の動きがある。三星堆遺跡近くに開館した博物館はその歴史的な意義だけではなく、現代農村の経済的支援という側面も反映している。

　第4は、こうした中で経営規模の零細化が進んできている。この問題は中国の農村に一般的にみられる課題であり、第Ⅱ編の第5章と第6章で詳述するように、中国政府は新土地管理法(1999年)を定めてこの対策に乗り出している。南興鎮の場合、耕地の減少傾向に対して新たな耕地を創出することによって、

---

3) この他、鎮全体では支線水路が4条、斗口(斗門、チェックゲート)46カ所、全長20.9km、民堰2カ所、加えて蒙陽河上にある機械掘井戸72カ所、揚水灌漑の援助等により、15カ村、142カ所の村民グループの水源を解決して、鎮全体の食糧増産を図る。同興渠(新都県利己郷):青白江から引水する全長2.6kmの水路。農興村から楊柳堰と合流し、農勝村、農興村、仁壽村の旧田補水を行い、新豊郷双槐村から排水する。楊柳堰と羅家堰:蒙陽河を横切り、井崗村、安楽村の旧田補水を行う。今後は新たに2本の灌漑用水路(5km)を新改築すること、および井崗村蒙陽河北岸で洪水防止のための堤防(1,000m)を造る予定(南興鎮政府公表資料)。

"動態的に耕地の平衡をはかる"試みが始まっている。土地区画整理(畦畔や道路面積の縮小)、復墾(たとえば、レンガ工場の採土地跡を耕地として回復する)、未利用地の開発計画、農家の宅地整理等がその主要な手段である。このうち農家の宅地整理の動向が注目される。鎮政府によれば、現在の鎮全体の住民居住地(院落)1,258個所を2010年までに90個所に減少させ、672畝(44.8ha)の耕地増加を図る計画がある。これが完了すれば、村落全体の景観も大きく変化していく可能性がある。

　以上を要するに、現代の三星堆周辺の農村は典型的な水田農村の様相を呈し、いま大きな変動期にさしかかっている[4]。

第3節　三星堆遺跡周辺の伝統的農業水利の変容

1. 成都平原全体の概観——大堰田と小堰田

　前節で明らかにしたように、現在の広漢市の農業水利は、その大部分が岷江を水源とする都江堰からの用水によって灌漑されるシステムになっている。それは成都平原北部一般についても共通して言えることである。だがこうした状況は平原北部において伝統的に発展してきたことではない。むしろ、平原南部の成都扇状地の場合とは明瞭な差異をもっていたことこそ、平原北部に展開していた従来からの農業水利の著しい特色であった[5]。すなわち、比較的近年まで、岷江の水が都江堰を経て灌漑される水田を"大堰田"、それ以外の水田を"小堰田"と呼んで区別してきたのである。

　大堰田とは安定した灌漑水が、自然流下式に水田に供給されるケースを指し、小堰田とは不安定な利水条件を前提として、多様な水源開発がなされてきたケースである(図1-5)。前者は河川灌漑を基調とした水田であるのに対し、後者はその段階に達しない水源を基調とした水田、とみなすことができよう。生

---

[4] 最近の成都平原の変貌の実態については、石原編(2010)が多方面から詳細な記録を残しており、参考になる。

[5] 成都扇状地全般の地形環境からみた農業立地条件について、以下のような指摘がある。「地表面の傾斜は上流が大きく、下流で小さい。10％前後の扇頂部を除くと、一般的には2.3〜5‰である(中国科学院成都地理研究所編 1982: 23)。(略)このため、自然流下方式の灌漑や洪水防止に有利である。土壌は肥沃で、水陸が伴い、農業生産が豊かであり、昔から"天府"と言われてきた。(同: 25)」。

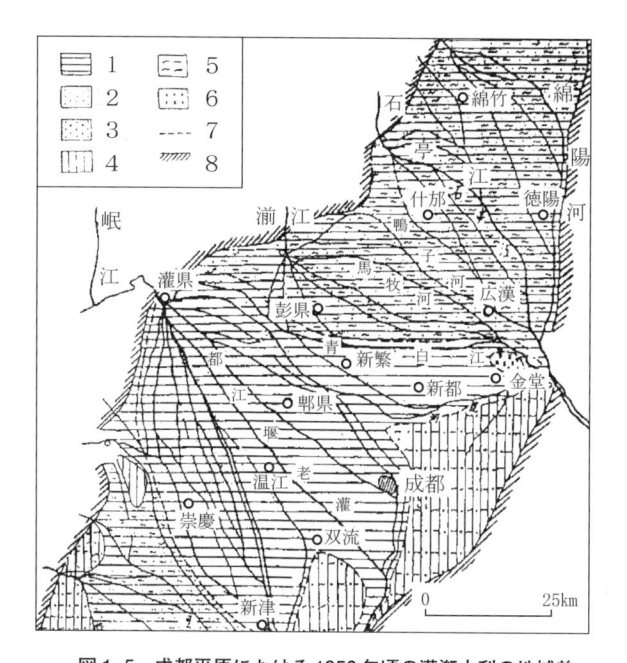

図1-5 成都平原における1950年頃の灌漑水利の地域差
1. 河渠灌漑 2. 地下水灌漑 3. 塘堰灌漑 4. 渓流灌漑 5. 冬水田
6. 機械揚水 7. 都江堰灌漑区域境界線 8. 成都平原境界線
（楊1947に掲載された図を改変）

産力的にも大堰田が小堰田に優る関係にあったことは言うまでもない。

そして成都平原におけるそのような農業水利の空間構造は、同平原を構成する南北の扇状地タイプ（図1-2参照）の違いに対応して形成されていた現象であり、極めて興味深い。一方今日の時点からみるならば、すでに小堰田地域の大部分は消滅しており、成都平原全体が大堰田地域へと変容を遂げてきたことに注目しなければならない。それでは、そうした変化がいかにして生じたのか。それは上述の如く、岷江の河川水が小堰田地域としての北部扇状地の湔江、石亭江、綿远河等の河川水や地下水資源と交替した結果であって、この点に北部平原の水田および農業水利変容の本質的特徴がある。

ここで、現在の成都平原および周辺地域に対する都江堰の受益範囲を示しておこう（図1-6: 四川省水利电力厅・都江堰管理局 1986）。

成都扇状地上の範囲以外の人民渠、東風渠、三合堰灌区等と表記され範囲が

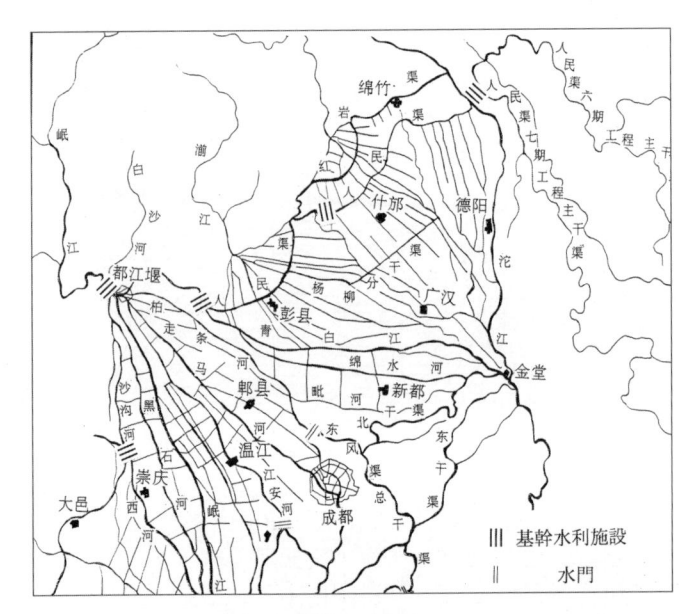

図1-6　成都平原の水利システム
（都江堰管理局『都江堰』の付図を改変・加筆）

新たな水利事業により受益地となった範囲である。水利をめぐる環境変化が如何に巨大な規模で進められたかを読みとれるが、こうした変化は1950年代以降に生じたものである。都江堰の総受益面積の動向によって変化の実態を示すならば、表1-1から確認できるように1940年代には282.6万畝(18.3万haであった面積が、1990年代では1,002.9万畝(66.9万ha)にまで拡張している。またこの間の水利の改善を通して、水稲、小麦、油菜等の土地生産性が大きく向上していることも見逃せない効果と言えよう（表1-2）。

そこで、以下では北部平原における広漢(市)に焦点を絞って、農業水利の変容過程を明らかにしよう。そのために、変容過程を1950年以前の農業水利変容の前史、1950年代から60年代までの本格的変容期、1970年代以降の再編成期の3期に時期区分した。

2. 農業水利変容の前史

岷江の水を灌漑水源とするために都江堰が設置されたのは、紀元前250年頃

表1-1 都江堰による灌漑面積の拡大

年	1940年代	1960年代	1980年代	1990年代
万亩	282.6	687.0	858.0	1002.9
(万ha)	18.8	45.8	57.2	66.9

(都江堰展示資料により作成)

表1-2 都江堰受益地域における糧油生産量

単位：kg/ha

年	水稲	小麦	油菜
1949	2,825	1,020	660
1996	8,136	4,395	1,943

(資料：表1-1参照)

と言われている。都江堰の受益地は大半が成都扇状地に限られていた。だが、秦漢の時代に広漢の名称がみえる。『華陽国志・蜀志』に「秦漢時代灌漑蜀、広漢、犍為三郡」とある(灌県都江堰水利志編輯 1983)。これは成都扇状地の支派川の一つである蒲陽河(岷江)の水を引いて、蒙陽河(沱江の支流)に合流させ、北部平原南端部の桃県地域の灌漑を目指したものであった。その際に設けられたのが"官渠堰"であった。しかし、官渠堰は明代嘉靖年間に沱江の洪水により破棄され、その後清代から民国時代に修復の計画があったが実現にはいたらず、1950年代の本格的な展開期まで経過してきたのである(四川省水利电力厅・都江堰管理局 1986)。

ただし、『灌県都江堰水利志』には、まず唐の徳宗貞元末年(紀元805年或いはそれ以降)頃、「漢州雒県(現在の広漢市)刺史盧士程、修建了"堤堰""漑田四百頃"」とあり、都江堰の用水が広漢にまで引かれた形跡がある。そして約800年後の天啓年間(1621～1627年)には「成都平原堰数統計、総数608堰、うち広州に54堰」という記載もみられる。都江堰からの灌漑が広漢に及んだことをより明確に確認させるのはこれ以降の時期である。たとえば、清・道光年間(1822～1851年)には「都江堰已発展到成都、華陽、漢州、金堂、双流、新津、新都、新繁、温江、郫県、崇寧、彭県、灌県、崇慶州等十四个州県、灌面達三百万亩」、さらに民国26年(1937年)の記録では「都江堰流域川西十四県灌漑田亩統計表、広漢県灌漑面積が36,420亩(2,428ha、県府統計数)、或57,000亩(3,800ha、県水利会統計数)」と記されている。

以上のことは、唐代頃には都江堰の拡張が成都扇状地から北部複合扇状地帯の広漢をも視野に入れるようになり、徐々に強められる傾向にあったこと裏付けるものであろう。しかし今日の広漢市の耕地面積からみれば、1937年当時の都江堰に関係した灌漑面積は 3,800 ha にすぎず、極めて少ないものであった。

3. 農業水利の本格的変容期

1) 1949年以前の水田の水利環境

　広漢市においては、1950年代に大規模な農業水利事業が展開する。しかし、従来から続けられてきた農業水利はどのような特徴がみられたのであろうか。成都平原の北部では小堰田が一般的であったことは前述した通りであるが、『四川省广汉县水利电力志』および『广汉县志』に記載された内容から、その特徴は以下のようにまとめられる。

　① 1949年以前の段階で都江堰灌漑区に属していた広漢市の農地（大堰田）は約8万亩（5,333 ha）で、それらは青白江沿岸の復興、向陽、新豊、万福、三水等の5つの郷に限られていた。この他、綿远河の北澤堰系統の農地3千亩余（約200 ha）が自然流下式の水田であった。

　② 上記以外の系統の農地 40 万亩（約 26,667 ha）については、約 12 万亩（8,000 ha）が畑地等で、約 28 万亩が伝統的な水田として維持されていた。このうち8万亩が毎年収穫後の秋に畦を整備し冬に貯水する冬囲水田（冬水田）、20万亩余が河川や泉に設置した 265 個所の堰（民堰）および 6,000 個所の泉塘を水源とした水田であって、それらを"小堰田"と総称していた。[6]

---

6) こうした農業技術は後漢時代の技術に共通する内容を多分に含んでいるように思われる。後漢時代の技術について霍巍は「四川省出土の陶製水塘模型、水田模型はいずれも後漢時代のもので、その造形」には、以下のような特徴を見いだすことができるという（霍 1999）。
　①水塘（溜池）は排水溝と水匣（水門）等が連通しており、陶製水塘模型には塘内に堤がみられ、右側には排水溝と水匣とがあって、3部分に区切られている。塘内には魚が泳ぎ、野鴨、蓮の花、小舟が配置されている。
　②水田は異なる大きさの小区画に分けられ、田間管理に便利になっていた。
　③水田には施肥が行われていた。石製彫刻の水塘模型は片側2枚の水田があり、1枚の水田には、2人の農夫が這いつくばって農作業をしているところが描写されている。
　④冬水泡田（冬季に水田の一部に水を貯え、養魚や翌春の農業用水に供する）の採用である。
　⑤当時の用水管理はすでにたいへん成熟した経験を積んでおり、大部分の稲田が用水溝と水塘を相互に連動させ、水匣によって調整制御され、農業用水が保証されていたばかりでなく、洪水期の水害防止にも役立っていた。

写真 1-5　成都平原における伝統的な水利（揚水）技術（2〜4：広漢市水利局提供）
1. 冬水田（筆者撮影）　2. 堰水渠と堰泉頭　3. 人力脚踏龍骨水車　4. 牛力水車

　③"小堰田"における灌漑は、冬囲水田（冬水田）では冬期に貯めた水を龍骨車を使って揚水し、民堰や泉塘を利用する場合は人力、牛力、筒車などの水車による揚水灌漑が主流であった。ちなみに、冬水田は水深が1〜2m、泉塘の唐の深さが3〜4m、面積は一般に0.4畝(2.7a)、大きいもので1畝(6.7a)程度であった。なお、馬牧河、鴨子河、石亭河、綿远河の段丘面においては地下水を水源とする泉堰が148箇所に設けられ、10km以上にわたって導水する例も見られた。

　④水車は、水源の種類と位置（田面との比高）などの地域条件に応じて多様に利用されていたようである。揚程は一般に3〜4mであったが、水源の位置と田面との比高が4〜5mに達するような場合は、水車を2つから3つ連結することも行われていた。筒車は7〜8mの揚程が可能であって比高差の大きな場所で利用されていた。馬牧河には18もの筒車が設置され、筒車の集中地域を形成していた。

　⑤"小堰田"地域の特徴は「堰渠多、泉塘多、冬水田多、水車多、分水平梁多、

写真1-6　筒車（広漢市水利局提供）

灌漑水源少、干旱年份多」であり、水利の不安定さが大きな問題点となっていた。

2）人民渠の建設と農村に及ぼした影響

以上のような水利状況を抜本的に改良したのが人民渠灌区水利事業である。この事業は7期に分けて実施され、第1～4期の事業（1952～1956年）によって広漢市を含む成都平原北部が都江堰の受益地として再編成された（図1-6参照）。対象となった農地面積はこの期の事業のみで179.9万亩（119,953.3 ha）に達した。この事業はまったく新規に企画された構想ではない。前史の項で指摘したように、唐代に起源する"官渠堰"の再興あるいは延長という性格をもって進められた。"人民渠"という名称は事業完成後の1966年に、"官渠堰"という呼び方を改めたものである。

事業の骨格は次の2点に要約できる。第1に岷江の分流河川である蒲陽河から引いた水を彭県譚家場で堰揚げしたこと、第2にそれを標高621.5mの等高線に沿って東北方向へ新設した導水路（綿远河までの88km）によって複合扇状地上に導いたこと、である。この方法によって、湔江、石亭江、綿远河等の流域で利用されていた旧来の諸水源にかわって、水量の豊富な岷江の水を灌漑に利用する道が開かれた（『灌县都江堰水利志』、1983）。

写真1-7　都江堰から末端水田までの用水システム
1. 岷江(都江堰)　2. 人民渠　3. 支線用水路　4. 末端用水路

　本事業が農業・農村に及ぼした意義は、人民渠を通して安定した用水が確保され、かつそれを"自流灌漑"(自然流下の方法で灌漑)ができるように水田地域を再編成したことにある。広漢市水利局での聞き取りによれば、人民渠からの利水を図るために従来農民が共有してきた民堰の統合や人民渠と溜池との連結など多様な再編成が進行したようである。1957年までに、3.4万畝(2,267 ha)の水車灌漑田の解消、4.2万畝(2,800 ha)の"冬囲水田"(冬期貯水水田)の改良、そして30余万畝(約200,000 ha)の水田の灌漑条件が改善された。いっぽう、用水が安定的に供給される見通しがたったことによって、1954～64年には排水改良の事業も開始され、従前は広範にみられた湿田(写真1-8)の解消が可能となった。広漢市の農村はかくして、一年一作から一年二期あるいは三期作の農村へと変化した。[7)]

3）農業水利環境の整備期
　広漢市における農業水利環境は1950年代に根本的な変化を遂げた。この間

---
7)　广汉县志編纂委員会(1992)『广汉县志』广汉市：25。

写真1-8　水田景観

にすべての問題が解消されたわけではない。1955年には用水路からの水漏れや、上流から下流にわたって広大化した灌漑区を一括管理することの難しさ等が原因となって、田植えの季節には水不足の問題が生じていた。とくに末流における水不足問題は用水紛争を多発させ、一部には農民が灌漑区から脱退しようとする騒ぎにまで発展していたのである[8]。

　広漢市(当時県)革命委員会はこうした背景から1969年、人民渠管理所の建議を受けて、人民渠第5期の水利事業を展開した。1970〜71年の工事期間に300万人の労働力が投入された本事業で中心は"楊柳分干支渠"(「干支渠」とは、等高線に垂直に配置する「干渠」と等高線に平行に配置する「支渠」の意)を新たに設けて、人民渠からの利水条件を改善することであった。彭県の楊柳支渠を起点として、人民渠の南側に11の人民公社、41の大隊を経て末流が石亭江に至る干渠36.43kmが整備された。

　このうち広漢市関係の干渠の長さは22.76kmに達した。広漢市に即して末端工事の概要をみると、同干渠からは12本の支線用水路が扇状地の勾配に沿って配置され、さらに末端農地とむすぶ斗農渠(「斗渠」は等高線に垂直に配置、「農渠」は等高線に平行に配置、「毛渠」は等高線に垂直に配置した末端水

---

8) 前掲7)：26。

表1-3 広漢市における食糧生産の動向

年次	食糧総生産量(万t)	水稲			小麦	トウモロコシ	その他
		面積(ha)	単収(kg/ha)	生産量(万t)	生産量(万t)		
1951	11,312	25,002	3,600	9,001	992	304	1,015
1961	9,112	24,870	2,879	7,159	803	128	1,022
1965	13,571	26,508	3,981	10,553	1,331	451	1,236
1970	18,885	26,963	5,338	14,394	2,400	669	1,422
1975	22,188	34,345	4,456	15,304	3,732	2,066	1,083
1980	26,068	28,179	5,710	16,089	6,157	2,195	1,625
1985	26,546	28,010	7,035	19,706	5,033	467	1,340
1998	32,585	26,752	8,271	22,129	8,288	404	1,764

(1951-'85年は『広漢県志』、1998年は『徳陽統計年鑑』1999年版より作成)

路)が1,699本整備された。これが現在の広漢地域の水田を灌漑している灌漑体系をなすものである。これによって伝統的な水利施設はほとんど姿を消し、複雑で乱れた灌漑系統は大幅に改善されるようになった。[9] 調査時の聞き取りによれば(広漢市水利局訪問、李正松、何志中)、1970年の楊柳分干渠とその支線が配置されたことにより、現在広漢市においてはこの方式による有効灌漑地が全体の97.8%に達する。

ところで、水利の環境整備が積極的に進められた理由は、単純に水問題の解決だけを目的としたものではなかった。それは経営基盤整備のための耕地整理が一方で要請されていたことである。広漢市内では1965年以降、機械化による大規模耕作に対応するため、一筆が約2.7畝(18a)区画(60×30m)の水田になるような耕地の統合試験を進めていた。そして1970年の水利事業の実施と合わせて、耕地整理と地盤の高低を均一化する事業が進められた。その結果1971年には4.2万畝の区画整理田が造成され、1981年までに21.74万畝(14,493ha)の区画整理が完了した[10]。

以上みてきたことを総括する意味で、最後に表1-3を掲げておこう。これによって、1950年代以降の広漢市における食糧生産が大幅に改善されたことを確認することができる。ただ、水稲生産に関して言えば、反収の急速な伸びに

---

9) 前掲7):27。
10) 前掲7):28。

よって生産量は増加傾向にあるが、水田面積がはっきりとした減少傾向を示している。これは耕地の減少と同義である。

広漢市の耕地面積とその一人当たり面積は、1950年；耕地51.8万畝—5.4畝／人、1982年；耕地49.6万畝—1.8畝／人、1987年；耕地48.0万畝—1.1畝／人、1995年；耕地47.4万畝—0.8畝／人、へと推移してきており、今後如何にこの問題を解決してゆくかが新たな課題となっている。

広漢市は1997～2010年間の「耕地動態平衡」の方策案として、(1)農村集落整備：分散集落(院落)⇒中心集落化(小鎮化)による耕地の捻出(8郷で計画、うち4つの郷で実施：中心鎮の人口は700～1,500人程度)、(2)耕地整備：区画の大区画化⇒畦畔整理による耕地拡大、(3)河川整備：河川敷の耕地化(人民公社時代の道路を整備することも含む)等を計画、実行に移しつつある。2010年までに現在の9.5％の耕地増加が見込まれている。この見込みの当否は別として、広漢市においては、いまこれまでの植民形態をふくむ土地利用自体の構造が問い直され、大きく変動する分岐点に立たされている。

むすび

(1)成都平原における最も早期の都市文明(三星堆文明)は、今日の成都市が位置する平原の南都ではなく平原の北部に誕生した。この早期の都市遺跡は扇状地先端部の浸食が進んだ低地と台地からなる地形環境を巧みに利用して形成されていた。治水上の安全性確保(防御)と同時に交通上の利便性確保という点で恵まれた環境を有していた。当時、平原は扇状地形成過程にあり多くの沼沢地や低湿環境下にあり、その中で稲作が選択的に定着していたと推測されるが[11]、小河川の流域にあった北部は、南部に比べて洪水の危険性を回避しやすく、その意味でも稲作には有利な環境下にあったのではないかと思われる。しかし、高度な三星堆文明は稲作のみを直接の基盤としたものではない可能性もある。同扇状地が稲作地帯として安定するのははるか後世になってからである。早期都市の成立は周辺地域の稲作のみではなく、他地域の稲作、あるいは他の畑作

---

11) 平原の形成過程では、今日我々がイメージする乾燥した土地環境ではなく、かなり広い範囲に水域が存在していた(李1992)

や狩猟などの生産要素と結びついて、しかも広域的な活動を前提として成立したのではあるまいか。

(2)成都平原では、三星堆文明の消滅と入れかわるようにして、文明の中心は平原の北部から南部に移動する。そして今日に至るまで成都平原の中心は平原の南部に持続してきた。この背景には岷江の治水と利水を安定的にした、統一秦の治世下における都江堰の建設、そして都江堰からの水利灌漑によって稲作が発展し、その結果が中心都市成都の発展を促すという関係が構築されてきた。成都平原における都市の成立のしくみが大きく変化したことを物語る。

一方、成都平原の北部の場合は、都江堰からの導水は何度も試みられてきたが、本格的な実現をみるには新中国の成立時期まで待たねばならなかった。すなわち三星堆遺跡周辺の水利環境は、南部の成都扇状地が都江堰の灌漑下に入り安定するようになって以降も、低湿な環境を維持しながら多様々水利施設を組み合わせて稲作が低生産性のまま近年まで存続してきた。それらを本章では伝統的灌漑水利として注目した。三星堆遺跡周辺の灌漑水利という点では第二段階といえる。

(3)三星堆遺跡周辺地域における水利灌漑の第三段階は、伝統的な灌漑水利の方式が根本的に変容を遂げる時期である。この期は内容的にはさらに二分してみることができる。

その前期には、北部地域の灌漑水利が南部の都江堰からの水系下に入った。旧来の多様な灌漑水利方式は、社会主義革命後の大規模な水利事業を通して、扇状地の地形に即した自然流下式の灌漑区域に再編成された。都江堰からの導水路を基軸として幹線事業から支線事業へ、そして末端水路の改善へと時間をかけて進行した。結果として空間的には成都平原一帯が、都江堰からの水利システムのもとに同質的な環境をつくりあげるようになった。ただ、灌漑水利末端の経営は人民公社時代に集団経営に変わったものの、従来の都市と農村という関係は本質的には変わらず、固定した形で存続した。

その後期は、そのような同質的空間が、新たな分化をみせ始める最近の時代である。とくに1980年代前半に進展した農村改革を通して、個別請負制度の導入が進み、農村における商品経済に対する多様な動きが芽生え、農村からの労働力流出(兼業化や出稼ぎ)、稲作から商品作物への転換、郷鎮企業の発展な

どの新しい動きがでてきた。また工場建設や商業資本の進出による都市経済の改革が進む中で、その影響が農地(水田)の減少、農村における観光(休暇村)開発、自動車の普及などによる道路整備、農業用水と都市用水の競合、工業化による環境汚染問題等が現われてきている(劉・柴 1992)。広い意味での都市化に対応した変化が生じてきた。都江堰の水利が都市用水としても重要な意味を持ち始めている。

　成都平原全体としてみると、都江堰からの水利を通して一体化してきた成都平原において、南部の成都市が著しい発展を遂げ、その影響が南部から北部にも作用し始めている。最近の成都扇状地における地域変化は省都である成都市の都市化の影響が観光化や農村における労働力の移動、あるいは集落再編成の形で北部扇状地帯にも進みつつある。環境史的には、成都平原における新しい都市と農村との関わりに、これまでの水利の整備による扇状地の生産力化を前提とした自生的な形から転じ、外部からのエネルギーや資源の注入を通して展開しつつある。

＜文　献＞

石原　潤(編) (2010):『変わり行く四川』、ナカニシヤ出版。

内田知行 (1996):「中国―四川省成都平原の事例を中心として」、堀井健三、篠田　隆、多田博一(編)『アジアの灌漑制度―水利用の効率化に向けて』、新評論、17-54頁。

大川裕子 (2002):「秦の蜀開発と都江堰―川西平原扇状地と都市・水利」、史学雑誌 111(9)、1-28頁。

霍巍 (1999):「蜀と滇の間の考古学―考古学から見た古代西南中国」、C. ダニエルス(唐立)・渡部　武(編)『アジア文化叢書　四川の考古と民俗』、東京外国語大学アジア・アフリカ言語文化研究所、6-57頁。

籠瀬良明 (1981):『黒部川扇状地』、大明堂。

古賀　登 (1996):「古代長江流域文化と日本―巴蜀と日本の建国伝説からみた」、史観 No. 135、2-15頁。

駒井正一 (1984):「西南区」、木内信蔵(編)『世界地理2　東アジア』、朝倉書店、297-320頁。

下間頼一 (1987):「都江堰考―戦国時代四川の水利システム技術の調査考察」、関西大学考古学等史料室紀要 4、1-22頁。

徐朝龍 (1996):「長江流域における稲作と都市文明の起源」、石　弘之、沼田　眞(編)『環

境危機と現代文明』(講座 文明と環境11)、朝倉書店、137-153頁。
――――(1998):『三星堆・中国古代文明の謎―史実としての「三海経」』、大修館書店。
蘇秉琦(張民聲訳)(2004):『新探 中国文明の起源』、言叢社。
鶴間和幸(1984):「中国古代の水系と地域権力」、中国水利史研究会(編)『佐藤博士退官記念 中国水利史論叢』、国書刊行会、2-34頁。
陳顕丹(2000):「四川古代文化概論」、山梨県立博物館『中国四川省古代文物展』、84-89頁。
能 登志雄(訳)(1943):『リヒトホーフェン 支那Ⅴ―西南支那』、岩波書店。
前川俊清(2002):「自然地理・人文地理と条件不利」、藤田 泉(編著)『中国内陸部の農業農村構造―日中共同調査と分析』、筑波書房、223-236頁。
艾远辉(1999):「农业环境优越的德阳市」、德阳农村经济 第1期、12-15頁。
郭声波(1993):『四川歴史農業地理』、四川人民出版社。
灌县都江堰水利志编辑(1983):『灌县都江堰水利志』。
广汉县志编纂委员会(1992):『广汉县志』、广汉市。
广汉市农村分撞权发展规划课题组(1998):广汉市农村经济发展战略规划纲要(联合国粮农组与四川省国土局合作项目)。
胡尔克(编)(2001):『中国百年 考古大发现』、兵器工业出版社、16頁。
刘淑珍・柴宗新(1992):「成都市城市扩展方向探讨」、中国城市地貌研究会等备组(编)『中国城市地貌研究』、成都地图出版社、56-60頁。
四川省水利电力厅・都江堰管理局(1986):『都江堰』、水利电利出版社。
四川省地质矿产局成都水文地质工程地质队(1983):「四川省广汉地区水文地质工程地质综合勘察报告」。
徐遠・孙禄授・袁先平(1994):「平坝地曝(成都平原)粮食耕地亩产吨粮综合技术的应用推广」(未公表)。
柾襖(注釈)(2000):『管子 全文注釈本』、華夏出版社。
宋治民(1998):『蜀文化嚥巴文化』、四川大学出版社。
丁锡祉(1992):「四川盆西平原的城市生态地貌」、中国城市地貌研究会等备组(编)『中国城市地貌研究』、成都地图出版社、6-11頁。
邓道德(1999):「对广汉市种植业用地规划的思考」、德阳农村经济 第1期、30-33頁。
樊一(1998):『三星堆寻梦 古城古国古蜀文化探秘』、四川民族出版社。
彭邦本(2007):「上古蜀地水利史迹探论」、四川大学学报(哲学社会科学版) 153(6)、87-97頁。
李钟武(1992):「全新世以来成都市古地理环境变迁与城市演延」、中国城市地貌研究会等备组圆『中国城市地貌研究』、成都地图出版社、103-109頁。

杨利普等(1947):「成都平原之土地利用」、地理学报14(1)、4-22頁。
王青・陈国阶 (2007):「成都市城镇体系空间结构研究」、长江流域资源与环境16(3)、280-282頁。
中国科学院成都地理研究所(編)(1982):『四川省地貌规划』、四川省农业区划办公室・四川省地貌区划研究组绘。

第2章　長江中流域

──澧陽平原・城頭山遺跡周辺の灌漑水利変容──

はじめに

図2-1は現在から過去1万年以前ごろまでの、中国大陸における気候変化と歴史文化の状況、および長江流域における代表的な早期都市文明の成立時期とを対比したものである。気候的には寒冷期に当たる新石器時代に稲作農耕が誕生している。そして暖候期に入る8,000年前ごろから、黄河流域では仰韶文化、竜山文化、周商夏という先史時代が進展していたとき、長江流域においても大渓(たいけい)文化(中流)、良渚(りょうしょ)文化(下流)、三星堆(さんせいたい)文化(上流)が発生していた。戦国時代

年代 10^3年BP	気候変化[1] 現在の年平均気温との較差(℃) − ＋ 8 7 6 5 4 3 2 1 0 1 2	気候変化[1] 特徴	文化史[2] (黄河流域)	長江流域の変化 洞庭湖地区の土地景観[3]	長江流域の変化 稲作遺跡文化[4]	日本列島[5]
1 2 3	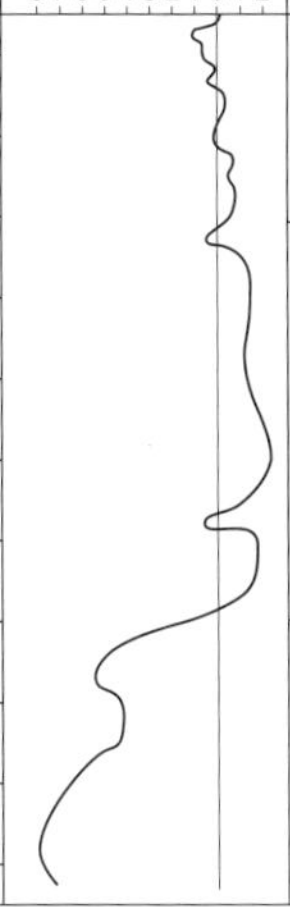	冷涼乾燥 (涼干)	歴史時期 漢期 春秋戦国・秦	(19世紀中葉〜縮小期) 秦漢晋時代の平原は沼沢化の方向に展開し始め、人類の居住と労働に従事できなくなる。	湖面の縮小と農地開拓	歴史時代 古墳時代 弥生時代
4 5 6 7 8		温暖湿潤	周商夏 竜山文化 仰韶文化 磁山/裴李崗	全新世初期以後、上部更新世の陸化の新構造運動で、洞庭湖地区は河網の交錯した平原地形景観を呈するようになる。 洞庭四水は基本的に洞庭平原上を流れて直接長江に注いでいた。	三星堆文化 (上流) 良渚文化 (下流) 大渓文化 城頭山遺跡、大渓遺跡 (中流)	縄文時代 (晩・後・中・前期)
9 10 11		寒冷乾燥 (冷涼干)	新石器 早期文化		彭頭山文化 彭頭山遺跡、八十煮壇遺跡 ● 稲作農耕の誕生	縄文時代 早期

図2-1　中国大陸における気候変化と稲作文化

注：1) 2)周(2007: 図6)、3) 小出(1987)、4) 梅原・安田(2004: 年表)、
5) 日本第四紀学会編(1977: 附 I-5)

後の統一の成立は北方の黄河流域と南方の長江流域を一つの政治システム下におく動きであり、以来中国の帝国の歴史が展開する。

日本との比較でいえば、日本では縄文時代から弥生時代に入り、稲作を基軸とした国づくりの萌芽をみる以前に、長江流域では稲作をベースとした都市文明が開化していた。そして歴史時代に入ってから長江流域の稲作は国家の台所、あるいは食料基地として重要な役割を果たしてきた。

稲作の発展・普及が歴史時代を通じて国家を支えてきたという点では、中国も日本も極めて類似した歩みをたどってきた。アジアにおいて近代化を先行した日本では稲作社会の上に工業化(=経済発展)と都市化を進め、今日では経済活動のグローバル化を背景に巨大都市を基軸とした経済システムが社会を構成するに至っている。しかし稲作の地位とそれを支えてきた農村社会は地域的にも経済的にもその地位を低下させ、これまで経験しなかったような大きな変化に直面している。同じことが長江流域においてもいま進行しつつある。

本章では長江流域の稲作空間の変容について環境史の観点から鳥瞰する。その際の手法は、第1章でも示したように、文明の成立を示唆する早期都市の発生地に着目して、そこに成立・展開する人間と自然との関わり合いの仕組みを理解し、その変化を周辺地域の水利の伝統的な役割について探求し、さらに今日の変容の方向を探求する点にある。

本章では長江上流部の成都平原につづき、中流部の場合について検討する。対象地域は、湖南省西北に位置する澧陽平原である。この平原を含む湖南省は現在中国で最も重要な稲作地帯を形成している。とりわけこの平原の周辺地域は、後述するように、稲作の発生地としても注目され、澧陽平原の城頭山遺跡は中国最古の都市と確定されている(写真2-1)。しかしながら、澧陽平原の場合、早期都市成立後扇状地河川(岷江)の開発を通して、域内農村(稲作)の発展と都市の発展との相互的な関係を形成してきた成都平原の場合と比べると、その性格は大きく異なる。この平原では域内に独自的な発展をもたらすような恵まれた水利環境は存在せず、稲作空間としての本格的発展が都市の発展をもたらすという相互関係を形成するには至らなかった。[1]

---

1) 龔(1996a)は、澧陽平原を含む両湖平原全体の城鎮の時空間的な展開過程を明らかにしている。それによれば、澧陽平原周辺の都府の本格的な展開は、歴史時代に入ってからのいわ

写真2-1　円形をした城頭山遺跡と環濠の景観
(左:筆者撮影、右:何・安田編2007:図版7による)

　著者が最初にこの地域を訪れた1998年当時、城頭山(じょうとうさん)遺跡周辺地域は早期の都市の成立を感じさせるような雰囲気はなく、同遺跡自体農地として利用されていた。ただ、同遺跡の周辺地域には多様な池沼が残されており、しかも、後述するようにかつては高い密度で分布し、特異な景観をとどめていた。もちろん、これらの池沼の大部分は城頭山遺跡周辺の原初的稲作とは直接の関係はないとしても当該地域における人間活動としての稲作と土地環境との関わり合いの変化を検討する上で重要な意味が含まれているように思われた。これまでのところ、こうした池沼について立ち入った考察はなく、その存在意義や、さらには城頭山遺跡の成立当時の灌漑システムとの関係性についての考察はほとんどみられない。そこで本章ではそうした池沼の地域的な分布の特徴に着目しつつ、伝統的な灌漑水利の形成と変容の一面に問題をしぼり、フィールドワークを通して得た知見を中心として考察する[2]。

　なお、澧陽平原における城頭山遺跡周辺の稲作空間に着目して環境史を取り

ゆる洞庭湖における垸田形成以後のことである。
2)　本章は元木(2007)に加筆・修正を加えたものである。

上げる際に、歴史時代に入ってから長江の洪水が湖南省側に流入するようになり、その過程で「垸（ユアン）」と呼ばれるいわば輪中堤を作りながら膨大な「垸田」の形成がはじまり、それが近代に一層発展したこととの関連にも触れる必要があるが、本書では割愛した。[3]

第1節　城頭山遺跡周辺の原初的稲作をめぐる議論

1. 城頭山遺跡について

　城頭山遺跡（111°40′E、29°42′N）は、長江中流の湖南省常徳市の澧県澧陽平原に位置する約6,000年前の遺跡である。湖南省文物考古研究所によって1991

---

3) しかし、以下の点については注記しておきたい。その建設年代は北宋以降、とくに明、清の時代に築造されたものが多いこと、今日の垸はその大部分が小規模な旧垸を併合したものであること、併合の時期は革命後になされたものが多い。したがって、今日の姿からは垸の原初的な姿を知ることはできないが、少なくともこの湖面に対して、早くから垸の形成が試みられてきたことは疑いのない。なお、"垸田"とは、長江下流部湖沼地帯で"囲田"とされるものと類似のものであって、堤防で囲まれた農地を指す。農地は"水高田低、受洪水、漬水及地下水位高的危害性重"（罗 1988: 291）、すなわち水面より農地が低く、洪水や内水および地下水位の上昇による災害を受けやすい条件下にあり、その対策として垸堤が築かれている。このような"垸"あるいは"垸田"という呼び方は洞庭平原から湖北省の漢江平原に独特のものである（龚 1996b）。洞庭平原の場合、こうした垸田建設は長江（荆江（けい））の洪水を受けることによる陸化を前提にして可能となった（岩屋 1981）。

　湖南師範学院地理系（1981: 90）によれば、社会主義革命後における垸の統合によって、洞庭湖区においては開放初期から1975年までの間にその総数は993から153に減少した。また卞・龚（1985）によれば、1949年から1979年までに洞庭湖区の堤垸は993から278へ、耕地面積は593.5万亩から868.7万亩へ、内湖面積は300万亩から150.4万亩へ、外湖面積は4,350亩から2,740亩へと変わり、人口数は256.5万人から598.2万人へと増加している。このような堤垸の再編成の背景には、洪水による河川や湖沼への泥沙の堆積により、内側面積が年々縮小傾向にあり、その貯水能力が弱まる一方、それにつれて老朽化した垸田では内水を自然排水することが困難になってきたこと、つまり垸外の河川の川床や湖底が高まりによって自然排水能力が失われてきたことが大きな理由となっている（湖南師範学院地理系 1981: 113）。

　洞庭平原にみられる現在の40数例（『湖南大辞典』）について検討した結果、次のようなことが明らかになった。まず、洞庭平原における現在の主な垸の規模や堤防の長さはさまざまであるが、堤防の高さには標高37～46mのものと4～10mの2つのタイプがみられる。澧県と関係する澧陽垸は前者の類型に属し、西官垸は後者の類型に対応し垸堤頂部の高さは標高10mである。その配置は県東部の平坦地を中心に形成されていることがわかる。その中で城頭山遺跡が存在する澧陽平原には最大規模の澧陽垸が形成されている。近年では周辺の各垸と連携して松澧圏を形成している。これは治水対策を強化するための連合組織である。

年に発掘が開始され、1997年までにその基礎的性格が明らかにされ(湖南省文物考古研究所 1999)、さらに1998年には日中共同研究のプロジェクトとして実施された「長江文明の探求」等を通して、総合的な検討が加えられてきた(常徳市地方志編纂委員会 2002; 卫 2000; 严・安田 2000; Yasuda 2002; 斐・熊 2004; 周 2007; 何・安田 2007)。この結果城頭山遺跡は中国で最も古い都市遺跡として確定された。現在、同遺跡の入り口には、簡易な管理所にあわせて「中国最早的古城址」の標示板が掲げられている(写真2-1)。城頭山遺跡の特徴は、周囲に環濠をめぐらした、内径が314〜324mのほぼ円形の形態で、船着き場を有する、面積約8万m²と規模が大きな遺跡である。ちなみに、城頭山遺跡周辺の澧陽平原一帯は旧石器遺跡が集中する地域であり、狩猟採集時代に人口が多く、近傍には野生イネの栽培化が始められたことを示唆する彭頭山遺跡や八十壋遺跡が所在する。

「長江文明の探求」を主導した安田喜憲は、近著『稲作漁撈文明―長江文明から弥生文化へ』(2009)において以下のように記している。長江中流域では「地球温暖化と環境の激変によって、多くの人々が食料危機に直面したことが、野生イネの栽培化の転機になったのではないか」、「稲作の起源が1万4,000年前までさかのぼるとすれば、それから数えて実に8,000年の歳月が経過して、都市型集落が誕生した」。さらに同氏は、最古の都市型遺跡であることを明確にするために、城頭山遺跡の性格を①最古の城壁―6,300年前、②最古の水田―7,000年前、③最古の祭壇―6,000年前、④最古の祭政殿(首長級の館)―5,300年前、⑤最古の祭場殿(神殿)―5,300年前、⑥最古の焼成レンガ―6,300年前、の6点を指摘している。

2. 原初的稲作をめぐる議論

それでは、当時、城頭山遺跡周辺で行われていた稲作とはどのような姿のも

---

4) 澧陽垸と澧県の他の垸を比較してみると、澧陽垸は単に規模が大きいだけではなく、その中で恵まれた位置にある。例えば、澧県東端の西官垸の場合、標高はほぼ30mで澧陽垸より10m低く、かつ長江から洞庭平原へ流出する4つの流出流路の一つである松滋中河がその東側を北から南へ通過している。ちなみに治水対策上は澧陽垸が「確保(重点)堤垸」とされているのに対して、西官垸は「蓄洪垸」すなわち洪水防止を兼ねた遊水池として区別されている。

のであったろうか。同遺跡の展示館に掲げられた想像図は、それを低湿な場所における稲作として描いている(写真2-2)。前述の安田氏は、「湖南省北部から湖北省にかけての雲霧沢と呼ばれる地方こそ、人類が最古の稲作を開始したところ」であり、「その稲作を始めた人々とは、恐らく湖沼地帯で漁撈を行っていた狩猟採集漁撈民であった可能性が極めて高い」と

写真2-2 城頭山遺跡の展示館に掲げられた古代稲作の想像図

推測している(安田 2009: 56)。またそうした古代イネについて顧(2007)は、(1)水生である可能性があり、(2)大小混在した群体をなし、その類型には今日の水稲の秈亜種類に似、また現代の水稲の粳の亜種にも似ているが、秈でもなく粳でもない特有のタイプであること、そうして(3)粒形の面では城頭山遺跡の水稲は、小粒な形を主とするという。一方、Pei(2002)は城頭山遺跡に先行する彭頭山遺跡の段階から稲作の存在を認めつつも、稲作が経済生活の中心となっていたかどうかについては断言を避け、この時期には米の他に果実や水生植物、とくに蓮(根)は重要な作物であったとしている(前掲写真2-1、左下参照)。

ところで、こうした原初的稲作の展開を考える上で、城頭山遺跡の6,800～6,500年前の文化層の下部から水田跡と水坑(水溜)、水溝(渠)が発見された点に注目したい(写真2-3)。このような水利施設は八十壇遺跡や彭頭山遺跡でも確認されており、当時すでに相当発達した稲作技術があったと想像される(外山 2007)。守田(2007)はこれらを背景とした水田面積の拡大により、台地上の森林や畑地の減少があったのではないかと推測している。写真2-3の水坑と水渠の配置関係からすると人工的な灌漑は始まっていたことは疑いない。緩やかな谷壁斜面や比高の小さい段丘面などへの稲作の進出の可能性も否定できないであろう。

後述するように都市遺跡としての城頭山遺跡は、澧陽平原の中にあって彭

第2章 長江中流域

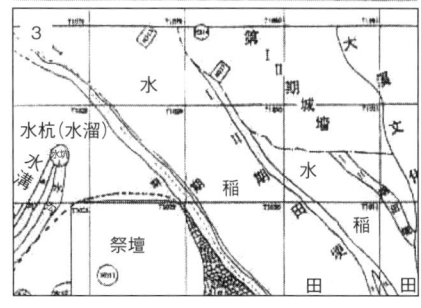

注：安田喜憲氏は、城内から水田と祭壇、さらに大量の稲籾が発見されたことに注目、翌年の種籾を分配する儀礼、あるいは豊穣を祈る祭祀が行なわれていた可能性を指摘すると共に王権誕生の要因となったのではないかと示唆している。(安田 2004: 90)

写真2-3　城頭山遺跡の城内から発見された水田、水坑(水溜)と水路、祭壇
1. 発掘現場(筆者撮影、1998.11.26)、
2. 発掘後に設けられた展示用看板(筆者撮影、2010.3.8)
3. 湖南省文物考古研究所 1999 による。

頭山遺跡や八十壇遺跡などの稲作遺跡より高位の面に位置している。斐・熊(2004)によれば、9,000〜8,000年前の彭頭山遺跡の規模から推定された常住人口は百人単位であるが、6,000年前の大渓文化期の集落は千人単位となっており、城頭山文化期には高い人口圧を背景として稲作が発展したと考えられ、上記の水利施設の登場も耕作制度や社会組織と生産関係の面で大きな変化を象徴したものとみることができる。もう一点見逃せないこととして、暖候期の澧陽平原では水位の上昇によって、低湿地の稲作が影響を受け、高位置への移動があったことも考えられる。日本では、4世紀初頭に海面上昇に伴う集落の放棄があり、耕地の不足を来すようになったことが緊急要因となり、段丘開発が促されるようになった事例が知られている(日下 1995)。このことと同様のことが、この地においても当時引きおこされた可能性がある。

いずれにせよ、城頭山遺跡におけるこのような水利のシステムは、野生イネ

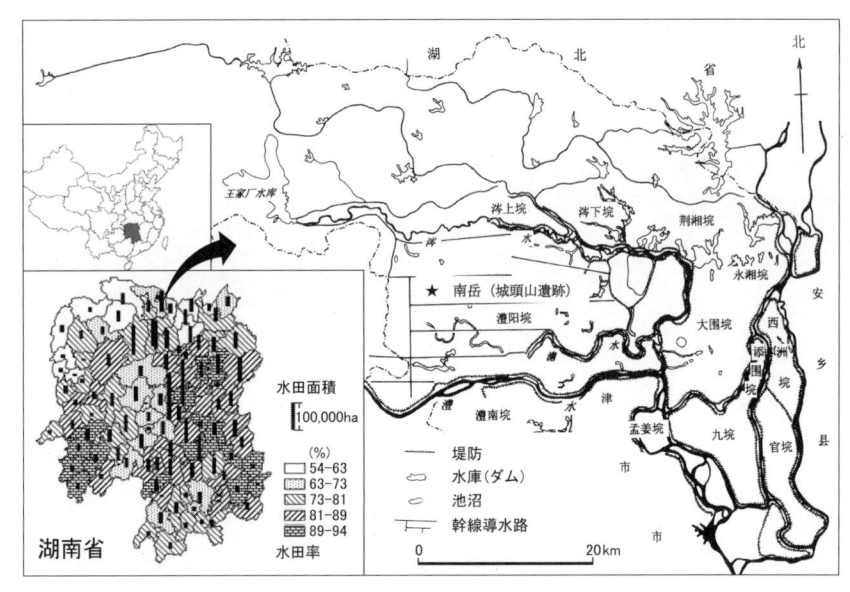

図2-2 澧陽平原と城頭山遺跡の位置

から栽培化が進み、稲作が大きく変化する端緒を示すものとして注目されるのである。しかも同遺跡において確認された水利のシステムは、その後の歴史時代に入ってからの水利の展開との関連においても極めて重視される。というのは、今日、わずかに残存する革命以前の水利の姿にはそれらとの連続性が示唆されるからである。すでに消滅過程にあるものの、城頭山遺跡周辺には実に多くの池沼が近年まで存在しており、その姿は伝統性を強く帯びたものである。つぎに、以上のような想定の上に立って、澧県全体の中でみたときの城頭山周辺の池沼の特徴を明らかにしてみたい。

第2節 伝統的水利の特徴としての池沼の役割

1. 澧県の自然条件

池沼の分布に触れる前に澧陽平原を含む澧県の概況について明らかにしよう。長江は中流部に湖北省と湖南省を擁しているが、長江が三峡をぬけでた辺りは、いわゆる両湖(漢江・洞庭)平原である。常徳市澧県はそのうち湖南省最

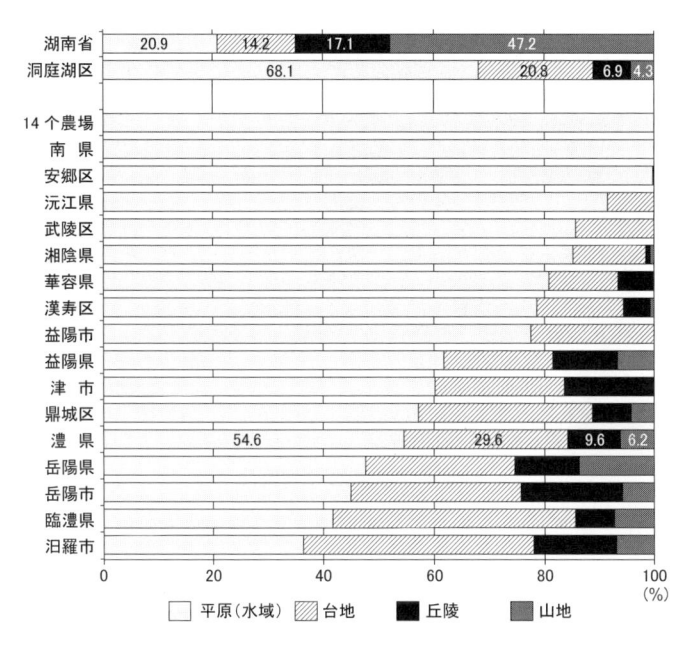

図2-3 洞庭湖区県市の地形構成
(卞・王・龔 1993: 表1-1 より作成)

北部、洞庭湖の北西部に位置する(図2-2)。長江河口から約1,000 km 上流に位置する洞庭湖北西部は湖南省の中では湘北農業区(湖南師範学院地理系 1981)、あるいは湘北経済地理区(罗 1988)と区分され、湖南省で最も重要な農業地域を構成している。気候は亜熱帯北縁の内陸気候区に属し(澧県 1993)、年降水量1,300 mm、年平均気温16.5℃、1月平均気温4℃、7月平均気温28.8℃で、乾燥地区と湿潤地区の境界地帯にある(成瀬 2007)。

澧県の地形は全国的には洞庭平原丘陵区とされ、低地54.6％、台地29.6％、丘陵9.6％、山地6.2％で、低地と台地を主とした地域である。湖南省全体では低地と台地をあわせた面積は35％程度であるので、澧県の平原の割合は省の2倍以上を占める(図2-3)。水田率(対耕地面積)は63〜73％という値を示し、水田が卓越する。

しかし、ここで留意しておきたいのは、澧県の水田は乾燥と湿潤の境界地帯にあり変動しやすい気候条件下にあることに加え、山地と丘陵地帯をあわせた

写真2-4 ため池(長沙周辺)

面積は15.8％であり、集水面積が小さいことについてである。両者は稲作の展開に際して制約条件として作用してきたのではあるまいか。筆者は湖南省を訪問して意外に多くのため池が存在することに注目させられた(例えば、写真2-4)、しかも城頭山遺跡が所在する澧陽平原には池沼が多様な形で分布していた。

2. 澧県に分布していた池沼の類型

筆者は城頭山遺跡周辺の水田立地の性格をより正確に理解するため、池沼の形態と分布に着目し、澧県のほぼ全域について地形図の判読および現地観察を進めた。その結果、大きく3つのパターンに類別できることが明らかになった。図2-4(a、b、c)は、それぞれの代表的な形態を示したものである。

第1は、澧県西部の丘陵内に分布するタイプ(a)で、谷頭部あるいは谷の出口などに形成されている。それほど高い密度で分布しているわけではない。単独の堰止型とでもよぶことができるもので、周辺の水田に対しては自然灌漑(自流灌漑)できる位置にある。こうした丘陵地にみられるタイプに対して澧陽平原の池沼は、第2、第3のタイプとして区別できる。澧陽平原の地形は丘陵の麓から南北方向の50ｍ、45ｍ、40ｍの等高線が西へ張り出した扇状地状の形をしている。一方、50ｍの等高線付近には洪水対策とみられる短い堤防が

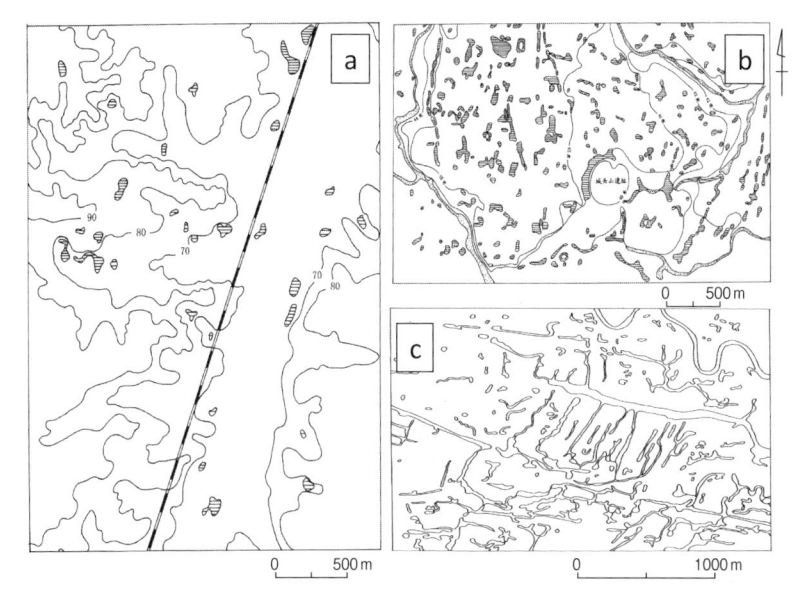

図2-4 澧県における池沼の3類型
（元木 2007 をもとに編集）

各所にみられ、45m等高線の付近には比較的長い堤防がみられる。これらは谷筋に直交する形で配置されている。

　第2のタイプ(b)は城頭山遺跡周辺にみられるもので、台地を刻んだ谷あいと台地面に発達している。前者は旧河道を堰止めて作られた例であるが、後者はさまざまな形態をしており小規模なものが目立つ。しかし、いずれの場合も相互に連結している。また周辺の水田に対しては揚水を必要としている点では共通する。したがって、第2のタイプの池沼は「揚水地域型」の池沼と呼ぶことができよう。

　第3のタイプ(C)は「排水地域型」あるいは「クリーク型」と呼ぶことができるもので、現在の氾濫原あるいは旧湖面にみられる。池沼形態は細長く、それぞれの池沼が連結していることに特徴がある。このような池沼の存在は海抜約35m付近の水田までであり、それより高位部の水田においては第2のタイプに変化する。

ところで、『澧県志』(1939)によると、以上みてきたことを歴史的に裏付ける興味深い農業地域区分がみられる。すなわち、澧県は慣行的に山郷、平郷、垸郷に3区分されてきた。そのうち平郷は生産力的に最も優れ、山郷は旱魃、垸郷は水害の危険に晒されてきたという。注目すべき点は、ここで平郷と垸郷の区別がなされていることである。上述の池沼の類型に即していえば、垸郷は「排水地域型」あるいは「クリーク型」、平郷は「揚水地域型」に相当し、城頭山遺跡周辺の水田地域は平郷に該当することになる。

表2-1 澧県における池沼分布の地域性

地域区分	山郷	平郷	垸郷
標高[1]	60m＜	60〜35m	35m＞
池沼	有	有[2]	有[3]
位置	谷頭、谷底	旧河道、台地面	氾濫原
形態	丸長・点在	独立・多様・密	細長・連係
垸の形成	無	(小垸)	小垸
	無	澧陽大垸	澧松大垸[4]
	無	松澧大圏[5]	

注1) 城頭山遺跡の東西断面。
2) 池沼は減少傾向にあるが相当数が残存している。
3) 農地の基盤整備が進み池沼は大幅に減少している。
4) 1965年完成。
5) 1973年、澧陽大垸と澧松大垸を統合。

(『澧県志』(1939)より作成)

表2-1はこの区分に従って、澧県内の水田の立地環境を要約したものである。これによって明らかなように、澧県内の水田の立地環境には大きな地域差が認識されていたといえる。

ここで大縮尺の地形図をもとに、城頭山遺跡周辺の地形と池沼分布との関係を詳しく観察してみよう(図2-5)。まず台地状の地形面に位置する城頭山遺跡の周辺部は、東側を中心に幾筋もの侵食谷が発達し、地形面は平坦性を欠き凹凸があり、一様ではない。つぎに同遺跡周辺の池沼群の分布をみると、その多くは台地状の平原を刻む谷の部分よりもむしろ、それらの谷(川)筋から離れた比較的高い位置(比高2〜3m)に卓越している。

3. 池沼景観とその多様な役割

城頭山遺跡周辺(旧車渓郷、大坪郷、大堰挡)の農村を観察した際、最も注目されたのが水田地帯の中にみられた池沼の存在であった。それらの池沼は、形状は一定せず、丸形から長方形、旧河道状の形、さらに不整形のものまでさま

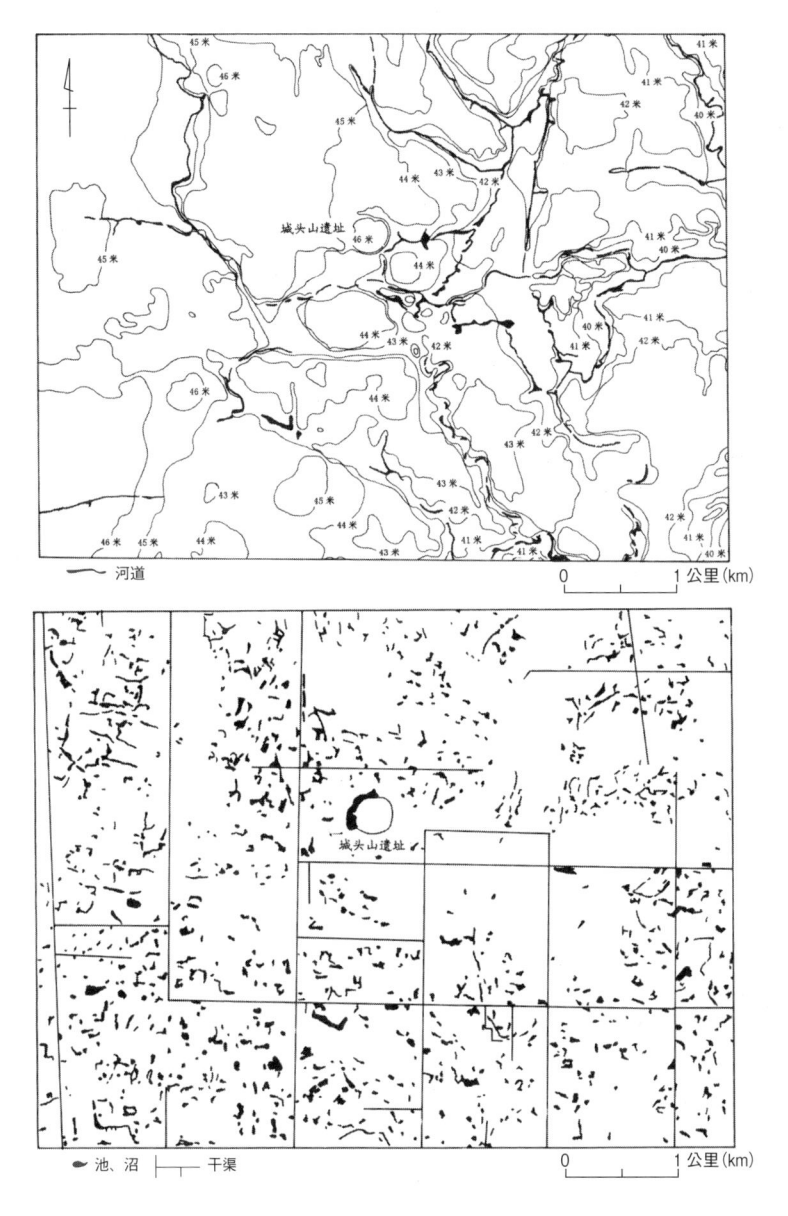

図2-5 城頭山遺跡周辺の地形＝等高線分布（上）と池沼分布（下）
（5万分の1地形図〈1959年航測、1960年製図〉より作成）

写真2-5　城頭山遺跡周辺の池沼と農家生活景観——車渓郷宝寧村——
1. 住宅側の池、2. 水汲み、洗濯場、3. 水を運ぶ桶と貯蔵用の瓶、4. 家庭菜園(池の泥を肥料として利用)

ざまな姿を呈していた。

　現地での聞き取り調査結果によると、後述する王家廠ダムが建設され、1970/71年に幹線導水路ができてからは水田に転換されたりして消滅した池沼が少なくないという。元来、独立したものが多く、成立年代については900年以前(家堰)とか300年以上(大家堰)という年代が聞かれた。水源は主に天然水が貯留され、不足時には池沼内に井戸を掘った例もある。水深や規模もまちまちであったが、革命前の土地の契約書には灌漑の実態が書かれており、水深が土地条件を左右する重要な用件になっていたらしい。

　ところで、興味深いことは、そうした池沼が低湿地の開発に伴うクリークと同様、多様な機能をもっていることであった。当地域が今日澧陽垸に位置していることと併せ考えたとき(表2-2参照)、水田はいわゆる"垸田"として成立したものか否か、あるいはそれらの池や沼はかつて"垸田"として開発されその痕跡を残しているものか否か、という疑問を持った。

具体的な例として車渓郷宝寧村の池沼を紹介しよう(写真2-5)。深さ約5m、広さ3畝(=約20a)の池沼であるが、ダムからの用水が通ずるようになってから利用価値が少なくなったという。従来の役割について訪ねたところ、次のような回答が得られた。

第1は灌漑用の水源としての役割である。この農家には農地に灌漑するための水筒水車の部品が残されていた。水源は付近を流れる河川が利用された。第2は飲料水などの生活用水への利用である。住宅の裏側にある池沼には石段が設けられ、水面は水草が混じるのを防ぐために簡単な木枠で仕切られ、利用しやすいように工夫されている(写真2-5、右上)。ここで洗濯や野菜の洗浄だけではなく、この水を大きな瓶に汲み入れ沈殿させて煮沸し、飲料水としても利用している(同、左下)。第3は池沼の底にたまった泥土を肥料として利用して、水辺の狭い農地を家庭菜園としている(同、右下)。第4には蓄水の機能も存在するようである。洪水のときには周りの農地が水に浸かることもあり、1998年の洪水では水位が池沼の水面より2m上昇したという。

このように、この地域で見られる池沼は灌漑用水から生活用水に至るまで多面的に利用されてきた。調査結果を総合すると池沼の役割は、①灌漑水、②飲水、③排洪(洪水の貯留)に要約される。これだけから考えると、かつて日本のクリーク地帯で見られた慣行と極めて類似した役割を果たしてきたといえる。ただ、池沼が農家を取り囲んでいるような例は少なく、また農作業あるいは水害時の避難に使用された農舟の存在についても、聞き出すことができなかった。[5]

第3節　伝統的水利技術の成立と持続性

1.「陂塘堰渠灌漑系統」

洞庭湖岸の伝統的な灌漑システムについては、龔(1996b)によって「陂塘堰

---

5) なお、以上のような池沼を備えた農村地帯を観察して、かなり伝統性を強く残した生活ぶりがうかがえた。それは、不規則な農村集落の存在形態の上にも表れている。現金収入源としてわずかのニワトリを放し飼いし、その卵を蓄えておき、それを買い受けに来る商人に渡して現金収入を得る例、また農家の一部に数匹の豚を飼っている例もしばしば観察された。春節などの節句の際にご馳走にするのだという。その餌に米を人間のご飯を炊くのと同様に大きな釜で炊いて与えていたが、この農村が米作を基盤にしていることが垣間みられた。

渠灌漑系統」と「堤防灌漑系統」の2類型が明らかにされている。後者は主に堤防と水門が主要施設であり圩田区の特徴的な灌漑システムである。城頭山遺跡周辺の水田は、前章で確認したように圩田として立地したものではない。したがって、龔(1996b)に従えば、同遺跡周辺では「陂塘堰渠灌漑系統」が伝統的にとられてきた灌漑システムであったと考えられる。果たしてその具体像はどのようなものであったろうか。またそのシステムは、同遺跡が位置する平郷が最も優れた生産力条件を備えていたということとどのように関連するのであろうか。

『澧県志』(1939)は、平郷が最も優れた生産力条件をもつ理由として、灌漑源としての「堰」の発達が重要な基盤になっていたことを示唆している。その主なものとして東田堰、張平堰、朧城堰、別甲堰、馬屋堰、石潭堰、白塘堰、檀木堰、水木堰、道平堰の名称が記されている。そこで、城頭山遺跡周辺の1万分の1地形図(1980年作図、南岳寺図幅)に示された水利に関する地名を検討した結果、興味深い事実が判明した。すなわち、それぞれの名称ごとの出現数をまとめると、挡(灌漑のために土を積み上げて水の流れをせき止めたもの)11、堰(水流をせき止めるために上盛りしたもの、堰堤)12、塘(平地の凹地に水を貯める小規模な溜池)2、溝(田畑に用水を引くための通水跡)2、という状況であった。いわゆる単独の溜池を示唆するものは2例と少なく、他の25例は水流をせき止めるという観点からの地名が卓越していた。

また、城頭山遺跡の北側を東に流れる劉家所と東側の方家所に挟まれた範囲の池沼の名称を調査した結果では、家堰、黄堰(標高42m)、湾堰方堰、古堰、家部堰、堆子堰、野家堰(43m)、鞭子堰(44m)、一方同遺跡西方のより高位の地形面でも廟大堰、西湖、中湖、譚堰、末家堰、鳥公堰、東湖、瓦査堰、井河挡、小情堰、大情堰(45m)などとあり、大部分は「堰」の名称を有していることが分かった。現地調査の折に池沼を「堰塘(えんとう)」と答えてくれる人が多かったが、池沼につけられている名称は「〜堰」と言うのが一般的であった。

以上のことから判断して、同遺跡周辺における水田の伝統的な灌漑システムは、池沼の規模の大小を問わず「堰」に関連した貯水方式を基礎に発展してきたものとみることができる。つまり域内を流れる小河川はもとより、それに通じるより小さく、浅い支谷まで活用して、数多くの水源(池沼)を確保しつつ水

第2章　長江中流域

写真2-6　龍骨車の復元(前列右の古老が制作者)

図2-6　漢代と近代の龍骨車
注：揚水技術は第1段階(唐代の井車)、第2段階(筒車、清代に全盛)、第3段階(龍骨車)へと変化してきた。翻車の別名は龍骨車、脚踏龍骨車、抜車など。(『中国農具史綱曁図譜』による)
1. 漢代　2. 近代

田の整備・開発がなされてきたと考えることができよう。したがって「陂塘堰渠灌漑系統」においては、後述するように平坦地の小河川などとともに、多くの池沼(「堰塘」)が重要な役割を担ってきたものとみられる。その際の具体的な灌漑手段は水力、牛力、人力などが動力として利用され、筒車や水車が多用さ

れていたようである。筆者の調査でも灌漑道具としての筒車や水車(龍骨車)が相当数存在したことは何度も耳にした。しかし革命後新しい水利システムが形成されるに及んで、それ以前の灌漑状況を示す痕跡はほとんど残されていない。

ちなみに、写真2-6は、「陂塘堰渠灌漑系統」において重要な位置を占める揚水技術について、すでに取り壊され、分散していた龍骨車一式の復元を依頼し、その姿を確認したものである。その後古来の灌漑技術を比べてみた(図2-6)。その結果、すでにその原型が漢代には作られており、それらが改良を重ねて、近年まで利用されてきたことが判明した。水源を確保し、それを人力で揚水器を操作して灌漑するという原理は基本的に変化せずに維持されてきたことになる。城頭山遺跡で明らかになったようにため池を造成し灌漑するのと比較してみた場合、揚水機が作られ、それが改良されていたという点のみが異なる。

なお龔(1996b)は、耕地面積に対する塘(「堰塘」筆者)の割合について、湖北は4.6％、湖南は5.9％で、湖南に塘(「堰塘」筆者)が多いことを指摘しているが、城頭山遺跡周辺における多くの池沼の存在はこのことを示す典型的な例であるといえよう。それではなぜ、この地域にこうした施設(池沼)が発達してきたのであろうか。『澧県志』(1939)によると、清代の中期以降には人口の増加のため水塘を水田に改めることがあったという。しかしそれ以前の段階で、池沼を多く配置してきたことは水田面積を確保することと矛盾する。遺跡周辺ではそれにも関わらず多くの池沼を配置する必要があったことになるが、その理由は何か。この点については龔(1996b)も明らかにしてはいないが、伝統稲作の時期と当地域の気候条件との関係が大きな意味を持っていたものと思われる。

2. 伝統的灌漑システムが持続した意義

解放前の稲作は今日とは異なり一季稲であった。水田において灌漑が必要になる時期は5・6月の育苗・田植期と7・8月の栄養成長期である。一方気候条件に着目すると、年降水量は1,300mmであるが、そのうち4〜9月に70％を占め、とくに60％は4〜6月に集中する。したがって、稲作にとっては育苗・田植期の灌漑水確保はとくに問題にはならなかったが、栄養成長期には降水量が減少するため人工的に灌漑を行うことが重要な意味を持ってくる。気温は最高

37℃、最低-3℃で年較差が大きいが、7～8月は気温が最高になる時期であり、蒸発散による水分の不足も加味される。

ここに池沼(堰塘)が発達してきた理由と存在意義がある。『澧県志』(1993: 234)には、旱魃時の源流の状況について詳しい記載がみられる。要点を記してみると、たとえば1959年には雨のない日が101日(7月2日～10月10日まで)におよび、大部分のダムと堰塘は基本的に干上がり状態になり、周辺の河川は断流し、大旱魃となったが、その対策として18万人が出役、23,680張りの水車(龍骨車)の手配と、94に及ぶ水路が改さくされ、泉井戸が1,941箇所に掘られた。また1960年には7月7日から9月9日までの間、一時の少雨(7月13日)を挟んで、堰塘が枯れ、このときには17万人が出役、18,943張りの水車が投入されている。さらに50年来の旱魃といわれた1972年には、降水量が少なく、貯水も少ない中で、6・7・8月に大旱魃となった。全県の82％のダム、私的な堰塘では水がなくなり、河川の水も98％が断流となった。この時には出役労者が14万人、水車14,126張りが投入された。

このように、稲の成長期の中で最も重要な栄養成長期に旱魃に遭遇する気候環境の下で行われていたのが伝統稲作の姿であった。今日のように稲作の時期が一年に複数可能ならともかく、年一回の稲作が行われていた従来にあっては、旱魃対策が極めて重要な意義を持っていた。そのため、多くの池沼がつくられ、雨の多い雨期に灌漑水を貯水し、夏季の水不足に備える努力が続けられてきたのである。このことは現在の晩稲の稲作においても見られる。今日では、ダム用水によって稲作のための灌漑用水は安定してきたものの、末端の水係りの悪い地域においては、旧来の堰塘や小河川から石油発動機を使って用水補給をする例が各所に見られた。

いずれにしても、この地域にあって水は極めて重要であり、農村での聞き取りによると、解放前には土地の売買だけではなく、水の売買や賃貸借がしばしばみられたという。要するに、以上のような旱魃対策として堰塘が増加し、水車が保有されてきたのであろう。遺跡の西側の高位な位置にある農村での聞き取り結果では、旱魃時に水車(龍骨車)を10台つないで高位の農地への水揚げをしたという。以上のことに加えて付記しておかねばならないことは、堰塘にはもう一つの重要な役割がある。それは当地域の降水が雨期に集中するために

写真2-7　澧陽平原に基幹的水利システム
1. 王家廠ダム、2. 分水水門、3. 幹線用水路、4. 支線用水路

農地が洪水の被害を被ることである。台地性の地形に降る雨は溢れやすく、それを一時的に貯留(蓄水)することで、洪水対策に資したのである。

第4節　澧陽平原における水利方式変革の方向

1. 農業水利の変革

　洞庭湖区においては社会主義革命以降農業水利事業が3段階を経て進められた。すなわち、洪水防止のための堤防の強化と垸の統合化を進めた第1段階(1952～1958年)、電気排灌施設の建設を進めた第2段階(1964～1966年)、そして垸内の農地の基盤整備を進めた第3段階(1966～1775年)である(湖南師範学院地理学系 1981: 90)。澧陽垸においても、こうした中で垸の統合・強化とその内部の環境整備が計られてきた。その実質的な成果としては灌漑水利の整備が特徴的である。澧県は洞庭平原丘陵区の北西に位置し、西部の山地・丘陵地と東部の平野部からなっているが、澧陽垸の用水源として王家廠水庫(ダム)

が澧水上流の王家廠に建設された（1958年着工、59年竣功）。このダムは、洪水の貯留も兼ねたもので、高さ35.5m、堤長450m、集水面積462km²、貯水容量は2億m³の規模をもつ。そこから前掲図2-2に示したように幹線導水路が設けられ、澧陽垸内の農地31.5万畝（21,000ha）に灌漑されている。澧陽垸内に設置された各幹線水路には各所に用水調節と排水のための施設が設けられている。排水は最終的には澧陽垸の堤垸から周囲の河川に地下排水あるいは電気排水される仕組みになっているが、前者は周囲の河川（または湖面）の減水期にとられる方式であり、後者は増水期における強制排水の方式である。

　一方、用水については写真2-7に示したように、整備された道路と平行して直線上に延びた導水路（3）に設けられた水門（2）から、支線（4）を経て、農地へと導水されている。つまり、澧陽平原の灌漑水利は、王家廠ダム-幹線用水路-支線用水路-末端水田のルートで、基本的に自然流下方式で供給されるようになっている。しかし、末端部分の地形は均平化されていず、圃場も全部が整形ではなく、不整形の水田が多く見受けられる。したがって、末端用水路と農地の関係は水利の面から見て必ずしも効率的になっていない。中には幹線水路から引いた用水を一旦動力ポンプで揚水している例が少なくない。特に注目されるのは、用水を水利事業以前からのものとみられる池沼に一旦導き、動力ポンプで揚水した後自然流下方式で灌漑している例もみられることである。

　このように、澧陽平原の灌漑水利の体系は革命後整備されたとはいえ、日本の水田地帯で一般化しているような徹底した圃場整備は未だ行われていない。地形や河川（支谷）の状態も大きく改変されていないだけではなく、革命以前の伝統的な水利の姿を一部に残している。

2. 遺跡周辺地域の新しい傾向

　湖南省農業統計年鑑によると、1997年の澧県の総人口は87.7万人である。そのうち農業人口は69.0万人（78.6％）を占める。また総土地面積（2,107km²）に占める耕地面積の割合は32％（67,870ha）で、湖南省で第5位の地位にある。耕地面積のうち水田と畑の割合はそれぞれ72％（48,870ha）と28％（19,000ha）である。水田と畑の割合は中国全体で26：74、湖南省では79：21であるので、水田地帯としての湖南省の特色は澧県の土地利用の上にも明瞭に表れてい

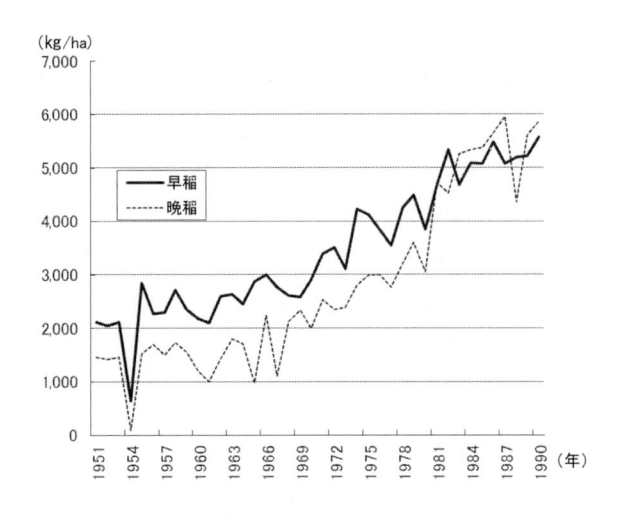

図 2-7　常徳市における水稲単収の変遷
（張 1994 の資料を元に作成）

る。食糧作物の播種面積は 79,200 ha、生産量は 449,800 t であるが、このうち水稲がそれぞれ 87.5％ と 94.0％ を占め、圧倒的な地位にある。稲作期は早稲（29,000 ha）、中稲（5,000 ha）、晩稲（35,600 ha）であり、早稲と晩稲の二期作が主となっている。またハイブリッド稲が晩稲を中心に播種総面積の約 54％ に普及している。

　図 2-7 は、澧県を含む常徳市における水稲の生産性（kg/ha）の動向を早稲と晩稲に分けてみたものである。これによると水稲生産性はいずれの場合も革命当時の約 3 倍に伸びている。また 1980 年代から早稲に比べて晩稲の伸びが著しいことも確認される。食糧作物以外の商品作物では省内第 1 位の菜種と第 4 位の棉花が主である。しかしながら、第一次産業の地位は省内 17 位、第 2 次産業では 36 位となっており、一人当たりの国内総生産額は 3,993 元で、有内 25 位に低迷している。こうした状況は、後述するように稲作の生産性の向上とは裏腹に農村の人々の生活状況の後進性として確認することができる。

むすび

　長江中流部に位置する湖南省澧県の城頭山遺跡の周辺地域を対象として、中国最古とされる都市型遺跡の立地と原初的稲作の性格に関して、若干の問題整理を行った上で、遺跡周辺に近年まで特異な分布を示していた池沼について検討を加えた。城頭山遺跡で見出された簡素な水利システム（ため池〈水坑〉と用水路）と、恐らく歴史時代に入ってからさらに開発が進められ近年まで存続していた池沼との間には、一貫した流れがみられるのではないか、と考えられる。

　本章ではこの間のプロセスについては、一部の資料と文献を利用した以外はほとんど触れ得なかったが、灌漑水利技術の面からみると、城頭山跡周辺の高燥な地形面を主とした地域の環境史は、先史時代のため池と用水路を誕生させた段階、歴史時代の池沼開発と揚水技術を基本とした段階、そうして現代の地域外（ダム）からの導水を基本とした水利段階に3区分して理解することができる。

　補足的に言えば、城頭山遺跡の成立は澧陽平原（広くは洞庭平原）の低湿地に始まったとされる稲作は、暖候期の中で低湿な地形面から比較的高燥な地形面を視野に入れ始めた時期のものではないか。歴史時代に入ってからの稲作の一層の普及は、一方では池沼を形成しつつ、他方においては龍骨車に代表される揚水技術の発展に支援されてきた。この池沼と揚水技術の組み合わせは、少なくとも漢代以降にみられるようになり、しかもその方式は近年まで大きな変化をせずに存続してきたものと考える。一見クリーク社会と見間違うような多面的ないし独特な池沼と地域社会との関わり合いは、台地状の土地柄のところに限界に近いほどに稲作を普及させた伝統的所産であったと言えよう。しかしながら、そこには旱魃や水害との歴史が伴い、稲作と都市との間に相互的な発展を生み出すというような関係を生みだす余地はなかった。この点は第1章で取り上げた成都平原の場合と大きく異なる。

　最後に、本稿では割愛し一部注記するにとどめた、澧陽平原東部のクリーク地帯に続く広大な洞庭平原の場合が、長江流域中流部の事例としてはふさわしいかもしれない。ただし、これらは歴史時代の比較的新しい時代に入ってから

の、いわゆる低湿（デルタ的）空間における開発によるものであり、改めて取り上げることとしたい。

＜文　献＞

岩屋隆夫（1981）:「長江中流部―江漢平原の水利問題」、宮村　忠（編）『中国の河川―長江をめぐって』、日本河川開発協会、73-100頁。

日下雅義（1995）:「古代の環境と開発」、日下雅義（編）『古代の環境と考古学』、古今書院、56-80頁。

小出　博（1987）:『長江―自然と総合開発』、築地書館。

高橋　裕（監修）、鏑木孝治（訳）（1992）:『長江水利史』、古今書院。［長江流域規則画弁公室《長江水村史略》編集組（1978）］。

日本第四紀学会（編）（1977）:『日本の第四紀研究』、東京大学出版会。

安田喜憲（2004）:『長江文明の探求』、新思索社。

─────（2009）:『稲作漁撈文明―長江文明から弥生文化へ』、雄山閣。

卞鴻翔・龔循礼（1985）:「洞庭湖区囲垦問題的初歩研究」、地理学報 40(2)、131-141頁。

卞鴻翔・王万川・龔循礼（1993）:『洞庭湖的変遷』、湖南科学技術出版社。

常徳市地方志編纂委員会（2002）:『常徳市志（上）』、湖南人民出版社。

成瀬敏郎（2007）:「澧阳平原的黄土与地形」、何介钧・安田喜宪（主編）『澧県城头山―中日合作澧阳平原坏境考古与有关綜合研究』、文物出版社（北京）、32-39頁。

龚胜生（1996a）:「两湖平原城镇发展的空間罔程」、地理学報 51(6)、489-500頁。

─────（1996b）:『清代两湖农业地理』、华中师范大学出版社。

何介钧・安田喜宪（主編）（2007）:『澧県城头山―中日合作澧阳平原坏境考古与有关綜合研究』、文物出版社（北京）。

何林福・李翠娥（1994）:『洞庭湖』、湖南地图出版社。

湖南师范学院地埋系（編）（1981）:『湖南农业地理』、湖南科技出版社。

湖南省文物考古研究所（1999）:「澧県城头山古城址：1997-1998年度发掘间报」、文物　第六期、4-7頁。

澧県（1993）:『澧県志』、社会科学出版社。

罗望林（主編）（1988）:『湖南经济地理』、新华书店。

裴安平・熊建华（2004）:『长江流域的稻作文化』、湖北教育出版社。

守田益宗（2007）:「从城头山遗址沉物孢分析看农耕坏境」、何介钧・安田喜宪（主編）『澧県城头山―中日合作澧阳平原坏境考古与有关綜合研究』、文物出版社（北京）、67-87頁。

外山秀一 (2007):「从地形分析和植硅石分析看城头山遗址的环境及稻作」、何介钧・安田喜宪(主编)『澧县城头山—中日合作澧阳平原环境与有关综合研究』、文物出版社(北京)、40-66頁。

万绳楠等 (1997):『中国长江流域开发史』、黄山书社。

卫斯 (2000):「关于确定中国稻作起源地"三条标准"的补－读说"中国稻作起源于长江中游"」、农业考古 第一期、114-121頁。

严文明・安田喜宪(主編)(2000):『稻作　陶器　和都市的起源』、文物出版社。

元木　靖 (2007):「城头山遗址周辺水田先址环境与传统的水域利灌溉系统－关于长江中游地区套作的基础研究」、何介钧・安田喜宪(主编)『澧县城头山—中日合作澧阳平原环境与有关综合研究』、文物出版社(北京)、135-147頁。

张远明 (1994):「湖南省常德市水稻生产气象灾害风险评价」、王铮主(编)『地球表层科学进展』、测绘出版社、56-67頁。

周昆叔 (2007):『环境考古』、文物出版社。

周昕 (1998):『中国农县史业暨图谱』、中国建材工纲出版社。

Pei, A. (2002): "Rice Paddy Agriculture and Pottery from the Middle Reaches of the Yangtze River", in *The Origins of Pottery and Ariculture*, Yasuda, Y. ed., Lustre Press Pvt. Ltd. (New Delhi), 167-184.

Sato, Y. (2002): "Origin of Rice Cultivation in the Yangtze River Basin", in *The Origins of Pottery and Ariculture*, Yasuda, Y. ed., Lustre Press Pvt. Ltd. (New Delhi), 143-150.

Yan, W. (2002): "The Origins of Rice Agriculture、Pottery and Cities", in *The Origins of Pottery and Ariculture*, Yasuda, Y. ed., Lustre Press Pvt. Ltd. (New Delhi), 151-156.

Yasuda, Y. (2002): "Origins of Pottery and Agriculture in East Asia", in *The Origins of Pottery and Ariculture*, Yasuda, Y. ed., Lustre Press Pvt. Ltd. (New Delhi), 119-142.

Yuan J. (2002): "Rice and Pottery 10,000 Yrs. BP at Yuchanyan, DaoCounty, Hunan Province", in *The Origins of Pottery and Ariculture*, Yasuda, Y. ed., Lustre Press Pvt. Ltd. (New Delhi), 157-166.

第3章　長江下流域

——太湖平原・良渚遺跡周辺の灌漑水利変容——

はじめに

　長江下流域の、江蘇省、浙江省、上海市にまたがるデルタ地域(以下、「長江デルタ」と呼称)では、すでに新石器時代後期の段階に「良渚文明」[1]と呼ばれる初期文明が誕生している。歴史時代に入ってからは、いわゆる「江南文化」として名を馳せ、さまざまな生活および産業文化を生み出してきた。しかも今日では上海をはじめデルタの全体が、「都市化する中国」[2]を象徴するような方向で著しい変化を遂げ[3]、中国経済の牽引者として重要な役割を担うようになった。

　長江デルタにおける近年のこうした変化にはこの30年来の「改革の時代の偉業」と新たな「世界経済の枠組み(グローバリゼーション)」、すなわち政治・経済的な状況の変化が大きく関与してきた。しかし、歴史的に培われてきた「内発的な力」も無視し得ない[4]。内発的な力とは広大なデルタを水田化し、歴史時代の早期の段階で「江浙熟すれば天下足る」といわれるような食糧基地に変え、同時にデルタの低湿な土地環境の下で独特の農村や都市集落を発達させ

---

1) 本章では、良渚文明と良渚文化という2つの用語を併用する。ただし、前者については「良渚文明」と括弧書きで使用する。
2) 例えば、ジョン・フリードマン(谷村 訳 2008)。
3) 著者が1985年にはじめて上海を訪れたとき、目抜き通りの南京東路の景観は旧租界時代のコンクリートの建築物で特徴づけられ、裏側は木造の古びた住宅と人混みが印象的であった。ところが今日の近代的なオフィスタワーやホテル、マンション、立体化した交通路などによって彩られた都市景観に接すると、世界都市を連想させられる。こうした景観は上海だけではなく、蘇州市やその他の都市、あるいは農村住宅のカラフルな景観を含め、デルタの各地に拡大しつつある。また高速道路や高速鉄道の整備に加えて、工業団地の開発が各地に進んでいる。
4) 上掲2)の著者は次のように指摘している。「グローバリゼーションを分析の枠組みに取り入れると、国内的な視座、歴史的な歩み、そして内発性がなおざりにされるほどに外的な力学が特別扱いされる嫌いがある。また、社会・文化的、政治的変数が除外されるほどに、経済的側面が重視される」(谷村 訳 2008：16)。

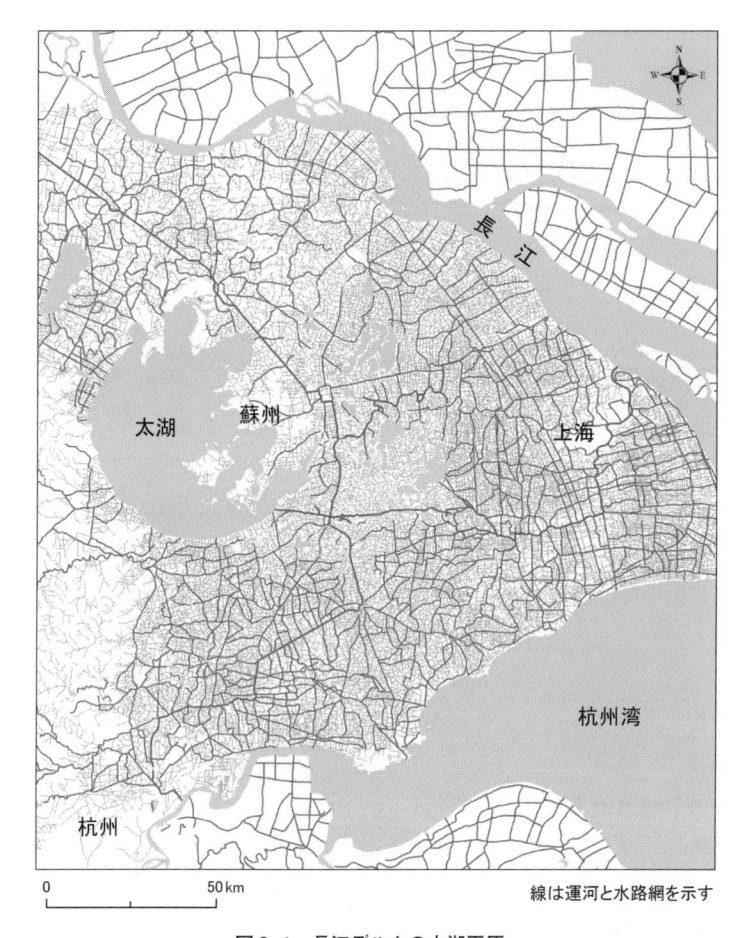

図3-1　長江デルタの太湖平原
（中国科学院地理学および陸水学研究所、および長江水利委員会資料により作成）

るとともに、近代工業社会を作り上げてきたものである。[5] 最も根本的なところからいえばそれは、デルタにおける人間活動に不可欠な、「水」をコントロールする知恵の発達である。

　この知恵の存在を象徴的に物語っているのが、長江デルタに発達してきた見

---

5)　Cressey(1936)、森編(1992)による詳細な研究がある。

事なクリーク網の景観である(図3-1)。クリーク網とは河川、運河、溝渠(用水路や排水路)など様々な機能をもつ水路の総称であるが、長江デルタの場合のその発達の著しさは他に類を見ない。ここから我々は土地と人間活動との関わり合いが、このデルタにおいて如何に濃密なものとなってきたかを窺うことができる。つまりクリークの整備を通して、デルタにおける稲作の成立と展開が可能となり、それによって産業基盤の整備、そうして農村や都市の発展をもたらし、社会経済に大きなダイナミズム(すなわち、内発力)を形成してきたものと考えられる。

さて「良渚文明」は、後述するように太湖周辺の広い範囲にその痕跡(遺跡・遺物)を残しているが、その中心は太湖の西南隅の地域である。いまこの位置を長江デルタにおける文明史の起点とみると、稲作を基軸とした開発の波は、域内の高位の土地から低地へ、全体としてはデルタの西方から東方へと向かって展開してきた。一方、上海を起点に展開する今日の工業・都市文明の流れは、逆に東から西方に向かっており大きな地域変化を引き起こしている。その結果は農村－都市間の激しい土地利用の変化(あるいは地域分化)であったり、治水・水利の再編成という変化であったり、水資源の再配分であったり、さらには水質汚染等の水環境問題の増大という形で現れており、それらの様相はいわば新旧「文明の対立」と呼んでも過言ではない。

本章における具体的な検討課題は2つに分けられる。第1は、「良渚文明」の性格に注目しつつ、その基盤となった水田・稲作が、歴史時代になって本格化するクリーク方式による開発とどのような関連があったのかについて考察すること、第2はこの点を踏まえて長江デルタ全体におけるクリーク方式による開発の特徴とその発展(変容)系列について整序すること、である。

---

6) 例えば、次のような記述(ただし、下線は筆者)。「上海事性(昭和6年)の勃発によって上海近郊の所謂クリークCreekの存在は時局に関連して著しく我国民の関心を引くところがあった」(能 1933)。また「中国の必需食糧である稲の広大な栽培は、平坦な国土の上に蜘蛛の網のように広がる運河によって可能となっている」(ホムメル 1992：77)、「江南地方には外人がcreekと称する複雑な溝渠網が存在し、その景観はわが筑後川下流平野に酷似している」(米倉 1960)。

7) 今日、長江デルタにおいて急微激な勢いで進む近代化と伝統的水文明との間にみられる対立・矛盾の諸現象に鑑み、サミュエル・ハンチントンのいう「文明の衝突」(ハンチントン 2000)になぞらえ、このような表現を使用した。

前者については、歴史時代以前のことであり、これまでにも全く検討されたことがない。そこで本稿では良渚文明の核心地とされる余杭市(現・杭州市)を対象として、その立地環境と今日の状況を可能な限り明らかにする。後者については、これまでに報告された文献・資料に依拠して検討する。これまでに歴史学をはじめ多方面からのクリークに言及した研究がある。その中で能(1933)、G. B. Cressey(1936)、池田(1940)、米倉(1960)、長瀬(1980)、櫻井(1984)、繆(1985)、高村(2000)、王(2009)等は貴重な成果である。

　とくに池田氏の研究は出色の成果であり、クリークの本格的な進展期について解明しており、本章の第2の課題を検討する上で重要な手がかりとなった。池田は、「黄河流域の文化が長江流域に及んでそこに江南の文化が開ける」プロセス(一大転換期)を「クリーク運動」として注目し、その歴史は1,000年以上に遡るとした。ただし、同氏の研究はいわゆる「江南の文化」以前の状況にはほとんど言及されていない。また1940年代の成果であり、今日の経済改革に至る時代に対する展望はみられない。池田氏以外の研究もそれぞれに貴重であるが、クリーク網の動向については、一貫した説明、整序はなされていない。

第1節　良渚文明の性格と生産的基盤

1. 良渚文明の性格

　良渚(りょうしょ)遺跡は新石器時代晩期の遺跡で、1936年に初めて浙江省余杭県(市)の良渚鎮で発見されたことに因んで、命名された。良渚遺跡に関する総括的研究(朔 2000)によれば、良渚文化の年代は紀元前3300〜2100年に及び、約1,200年に渡って継続した。朔はこれを第一期(B.C. 3300〜2800)、第二期(B.C. 2800〜2600)、第三期(B.C. 2600〜2100)に区分している。このうち第二期は、玉器の制作が高水準に達し、集落規模が巨大化するなど、隆盛を究め、初期の王権が確立した可能性があるとみている。

　良渚文化の特徴をもつ遺跡は、長江デルタにおいて現在までに100カ所発見されており、その分布範囲は、上海(東)、銭塘江(南)、芽山、天目山(西)、長江(北)におよぶ、いわゆる太湖を囲む三角状の地区とされている。中でも良渚地区(図3-2)だけで50カ所にのぼる大小の遺跡が発見されている。そのうち

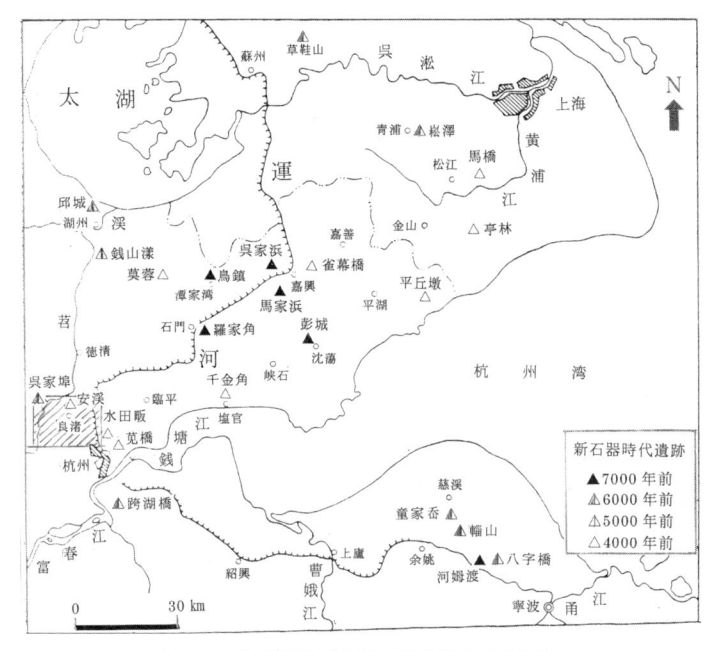

図3-2 杭州湾両岸の新石器時代の遺跡分布
(呉 1983：図2を一部改変・加筆)

中核をなす莫角山(ばっかくざん)遺跡について、余杭市人民政府が建てた説明版には、次のように記されている。

「这块三十万平方米人工营建的大高台、又名古上预、分布有大、小莫角山、鸟山三坐高台、为四、五千年前的中华文化中规模最大、规格最高、现保存最好的一处极为重要的遗址。经考古发掘、在东南部发现了"燎祭"遗址、中部发现大片夯土基址和大型柱洞、证明原建有宫室。这里应是良渚文化的中心。(以下略)」

すなわち、莫角山遺跡は、4、5千年前に人工的に建てられた約30万m²に及ぶ中期の築城跡であり、祭祀のあとも認められたという。それでは、こうした遺跡によって示された良渚文化は、文明史的にはどのように意義づけられるであろうか。ここで、まず、考古学の立場から安(1997)、董(1999)、朔(2000)

写真3-1　良渚遺跡群の中心・大莫角山遺跡と神人獣面紋
1. 水田後方の小高い丘が莫角山遺跡、東西670ｍ、南北450ｍ、総面積30万㎡の範囲に築かれた、東西166ｍ、南北96ｍ、総面積1万6千㎡の基壇。
2. 良渚文化を特徴付ける玉器に刻まれた神人獣面紋（良渚博物館作成の絵はがきより）。
3. 基壇には大莫角山の他に小莫角山、亀山の人工基壇がのる。
4. 良渚文化を特徴付ける玉器。

の３氏の見解に注目したい。その内容を紹介すると以下のようになる。
　(1)安：「良渚文化及其文明諸因素的剖析―紀念良渚文化発見六十周年」（考古第９期）。
　　　　良渚文化は考古学上の変革時期を現しており、良渚文化における原始宗教の地位は突出している。大規模な土台建築、贅沢の限りを尽くした埋葬制度や広範囲に及ぶ玉器制作などの非生産的労働は、社会の経済的発展に導かれたものである。
　(2)董：「良渚文化祭壇釈义―兼釈人工大土台和安渓玉璧刻符」（浙江社会科学第３期）
　　　　莫角山遺跡は中国で最も早い宮殿遺跡の可能性がある。太湖東部で最も発展した良渚文化以前の崧澤文化と対比して、新しい文化の中心としての

莫角山遺跡が地理的に辺境にあたる位置に定められたことは、一見不合理であるが、「天を離れて地上に最も近いところ」を求められた可能性がある。
(3)朔：「良渚文化的初歩分析」(考古学報　第四期)
　　良渚文化の要素、例えば、琮、鉞と神人獣面紋はすでに夏商文明の中に取り入れられ、礼儀制度中の一つの重要な成分となっている。良渚文化と中国の早期の文明は一定程度相似ており、良渚文化二、三期、特に三期はすでに原初文明社会といって何ら問題はない。

3氏は、それぞれに良渚文化が時代を画する位置にあること、同時に遺跡から出土した「玉器」、および玉器に刻まれた「神人獣面紋」(写真3-1)に注目して夏商文明とのつながりがあったことを示唆している。

この点について、まず、北京大学の厳文明氏(梅原・厳・樋口 2000: 67-69)は、梅原猛氏との対談の中で、「黄河流域における夏・殷・周の時代、ずっと戦国時代まで延々と2,000年ほどの間を一貫して、最高の社会の身分を象徴した器(鼎・豆・壺の3点セット)の原型」は、「良渚(の玉器)から始まった」(括弧内、筆者注)という。その良渚玉器について蘇(張訳)(2004: 203)は、「精緻で美しいばかりでなく、通霊宝玉でもあり神器」であって、「良渚方国はすでに至尊天帝を代表し、衆人の上に高くのしかかる人王もいた」との見方を示した。同様の見解は、余杭県反山の良渚墓地出土の玉鉞や玉琮に刻まれた「神徽」(写真3-1)に注目して、神話考古学の陸(2001)や環境考古学の安田(2009)も独自の解釈をもって支持している。

---

8)　天目山は太湖平原の周りで最も高い山である。
9)　良渚文化の玉琮や玉鉞に彫刻された「神徽」は、陸によれば、「全体の形象は、ちょうど翼を広げて蹲踞し、枝先にとまる雄鷹のようである。これは多元的に複合した人格化された神であり、その弓形の羽冠は恐らく天穹(キュウ)を象徴し、両肘と両膝が開くのは蹲踞の動作であり、かつ羽翼文をくわえるのは天空を飛ぶことができる天神でもあることを表す。」。また『『周礼』の「蒼璧は天を礼す」の記事にしたがえば、この新徴は恐らく地母神であり、被葬者が土地を占有していたことを象徴した。しかも鉞は兵器でもあるので、神徽は恐らく刑殺神でもあった」(陸 2001: 405-6)。
10)　注1)参照。なお、玉琮については、漢の王劉安が編集した古典『淮南子』の天文訓には「丸は天といい、方は地という」と記されていることから、安田氏は以下のような興味深い解釈を示している。すなわち「玉琮の丸と四角は天地の結合を意味していたのである。稲作漁撈民は天地の結合に豊穣を祈った。そして空にそびえる山は天地の架け橋であった」(安田、2009：25)。

2. 良渚文化の生産的基盤

長江デルタの農業生産は、考古学上の文化発展の序列(河姆渡文化-馬家浜文化-崧澤文化-良渚文化)からみると、稲作文化の起源とされる河姆渡文化(6,000年から7,000年前)の段階で、すでに刀耕火种(或は焼畑)の生産段階を脱して、耜(鋤)耕農業の段階に達しており(呉 1998)、河姆渡人は最も早い耜耕農業者であった(石 1998)。これに対して良渚期には、稲作自体が相当に発達し、手工業水準も高くなり、養蚕製糸業も始まっており、水上交通と漁業も進歩し、日常生活では各種の祭祀と宗教活動が行われていた(上海博物館與香港市政局聯合主辨 1992: 前言)。出土した農器具から見ても、良渚文化以後の稲作の栽培技術は相当の進歩を遂げ、少なくとも4,000年余り前の耕作方式は、すでに近代江南の栽培技術に極めて近い段階にあった(黄 1992)。[11]

では、このような農具と河姆渡文化の段階で耜(鋤)耕が行われていたこととの関係は、どのように理解されるだろうか。河姆渡文化段階の耜(鋤)耕農業については、佐藤(1984)によると、①沼沢地を水田にするには火耕法では不可能で、そこで耜耕技術を発明し、拡充していったとする説(宋兆麟説)と、②溝を開いて水を引き、水を用いて灌漑するために骨耜が必要とされたとする説(游修齢)があるが、佐藤氏自身はすでに沼沢地を中心に骨耜等の農具が稲作技術として存在したと考えた方がよいであろうとみている。これに対して良渚文化の段階の住民は、既に発達した稲作農業を有しており、"鑿井而飲""構木而居"すなわち井戸を掘って水を得、木で住居を作って、農業を主とし、補助として採集、狩猟と家畜飼養を行う、定住生活をしていた(林 1998: 571)。その生活環境について林(1998: 107)は、平坦な地勢、水網が密に分布する湖沼平原であって、良渚文化は沼沢型文化であることは疑いないと断じている。この指摘は極めて注目される。しかし、それではそのような水田適地は、どのようなところであったか。後述する良渚遺跡の水系(東苕渓)に即してみると、斯波(1984)が指摘しているように、秦漢から唐に及ぶ一千年間でも、天目山や会稽山地から流下する小河川の扇状地や上部デルタに限られていた、とみるのが妥

---

11) 黄(1992)は以下のように記している。「三角形斜柄大石刀(一種の砍代工具)は、主に水田の小木や雑草とりに使われ、犁耕が行われていた。浙江省銭山漾遺跡では、まず木千篰(一種の川底力水草をとる道具)が発見され、水草が堆積したら、川の泥で覆い是を発酵させ、水稲栽培に好適な肥料とされ、すでに施肥を掌握していた。」

当ではあるまいか。

　以上を要するに、良渚文化には「文明」的性格が色濃く表われており、またその生産的基盤は湖沼が展開する低湿地であって、稲作の技術（農具）が進歩を遂げていたことと考えられる。林（1998: 107）の見方がどこまで正確か詳らかでないが、しかもクリークとの関連でいえば、太湖周辺の三呉地区でも、隋唐の時までに水に近い所に田を耕作し、土手に囲まれた田を拡大して、"縦では河川、横は湖"制を改善して、水路網化の原形は基本的に備えていたという（马等 1984）。このことは後にデルタに展開するクリーク農業の萌芽が、太湖周辺に先行する形ですでにみられたことを示唆している。水草を採取し肥料として利用するような農法が存在していたとすれば、日本でも経験してきたように[12]クリーク農業が芽生えていた可能性も高いとみてよいのではなかろうか。それでは、良渚遺跡がどのようなところに立地し、大きな水利改革が行われる以前の状況がどうであったのか、検討してみよう。

第2節　良渚遺跡の立地環境とクリーク方式萌芽の可能性

1. 良渚遺跡の立地環境 —— 山麓湖沼地帯 ——

　良渚地区は、太湖流域の南西端に位置し（図3-2参照）、行政的には浙江省北部の余杭市（現・杭州市）に属する。市域は天目山系の山地を西に東南は銭塘江岸に及ぶ東西に長い地区で、良渚地区はその中央部に位置する。すなわち、地形的には、西部の丘陵山地から太湖流域の杭嘉湖平原に移行する地帯にあたり、西部の丘陵山地と東部の沖積平野に大きく二分され、両者の境界線にあたるのが東苕渓である。これより西部は丘陵から山地に移行するのに対して、東部は低平な沖積低地からなり京杭運河沿いが最低で海抜2～3mである。ただ、西部の丘陵山間地にも5～100mの小盆地がみられる一方、平野部にあっても20～300m台の残丘が各所に分布している。元来は杭州湾が浸入していたところが、約6,000年前に陸化し、湖沼化が進んだ（余杭県志編纂委員会編 1990: 47）。今日でも湖沼は一部に残され、総土地面積（12.26万ha）のうち10.2％を占めている。

12）例えば、元木（1997）。

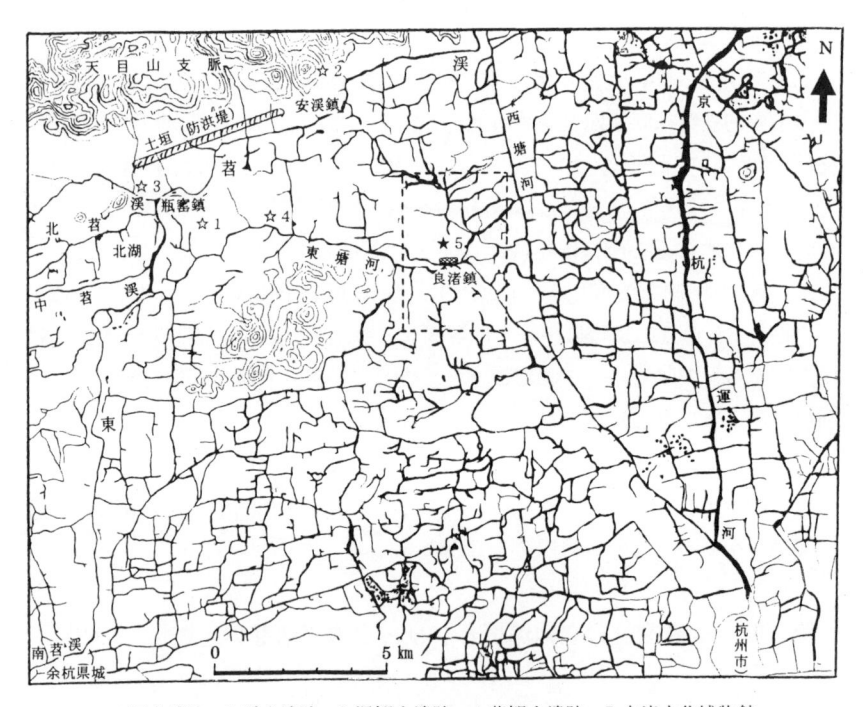

1 反山遺跡　2 瑶山遺跡　3 泥観山遺跡　4 莫観山遺跡　5 良渚文化博物館
(等高線は40m間隔、ただし最低線は60m)

図3-3　良渚遺跡群周辺の地理的環境(範囲:図3-2参照)
(陸地測量部参謀本部製南支那10万分の1図により作成)

　図3-3は、良渚地区を含む余杭市中央部の地理的な環境を示したものである。平地と丘陵部を分ける東苕渓は、余杭鎮より上流では南苕渓と呼び、その途中(湯湾渡)で中苕渓(図幅外)と合流し、さらに瓶窰で北苕渓を合流している。古来苕水あるいは苕渓水といわれてきたこの河川(全長は151km)は、天目山の水竹塢を源流とし、図3-3の北側で余杭県から徳清県(湖州市)を経て、湖州の城東毘山付近で西苕渓と合流し、太湖に流入している。
　ところで、余杭市の開発史上大きな比重をもってきたのは、東苕渓を中心とした治水対策であった。降水量は4〜10月に年間総量の75％が集中するうえ、東苕渓の本支流の上流部は短く、急流をなしている。しかも支流の中苕渓と北苕渓は瓶窰鎮付近で合流するため、洪水時の水位は急上昇する。

第3章　長江下流域

　良渚遺跡群(全国重点文物保護単位良渚遺跡)はこうした環境のもとに立地している。注目すべきは、これに対してさまざまな防衛策が講じられていたことである。同遺跡群の西北縁に残存する土垣(防洪堤)はその具体的な事例である(図3-3参照)。余杭市人民政府が立てた土垣の説明板によると、

「(前略)西端の毛園嶺から東端の羅村まで約5kmの長さがあり、毛園禮の端はさらに西南方向に延びている。これまでの調査と部分的な発掘結果によると、土垣は良渚期の人々によって、洪水を防衛するために作られた堤防である。良渚住居はこの堤防建設のため莫大な代価を払った(後略)」(下線は筆者)と解説されている。

　史実としては、紀元前210年に河川開削の記録(餘杭県林业水利局《水利志》編纂組編1987: 序言)があるが、土垣はすでに良渚文化の時代に大規模な治水土木工事が行われていたことを物語るものであろう。ちなみに、この土垣の東側を北流する東苕渓に対しては、その後東漢年間(172～178年)になって本格的な堤防である"西険大塘"が、同時に東苕渓に中苕渓と北苕渓が合流する付近にはそれぞれ南湖と北湖が築かれ、その後改修が繰り返され今日に至っている。なお、今日、治水対策上で最も大きな位置を占めているのは、洪水防止、灌漑、発電、養魚にも利用されている多目的の四嶺ダム(1966年築造、その後改修、最大貯水量2,854万m³)である。このダムは1985年に第二期工事を竣工させ、後述する良渚遺跡周辺の水田地帯を含む3.5万畝(約2,333ha)の農地を灌漑している。

　このように、良渚遺跡周辺地帯の農地をめぐる東苕渓の治水と水利対策上の特徴は、土垣による治水対策以来の伝統を受け継ぎつつ、今日では上流で洪水を蓄え、中流で分水(灌漑)し、下流で太湖に放流する方式へと発展してきたのである(浙江省水利志編纂委員会編 1998: 357)。

2. クリーク方式の萌芽の可能性

　良渚地区の遺跡群で囲まれた低地一帯の伝統的な土地利用について注目してみよう。資料として、図3-3作成の基図とした陸地測量部参謀本部による10

万分の1南支那図をもとに検討した結果、以下のことが明らかとなった。

　第1に、良渚鎮付近を境にその西側(東苕渓側)と東側(京杭運河周辺)の間では土地利用に大きな差異が認められた。前者では水田が主で畑が加わる分布を示すのに対して後者では水田に対して畑の割合が相対的に増え、桑園や果樹園が分布する傾向が歴然としている。地形的な面からみれば良渚鎮の西側よりも低湿な東側において、桑園や果樹園などのいわば高燥地向きの土地利用が卓越している。これはなぜか。

　このことについては、まず後述する圩田(クリークに囲まれた土地)との関連でいえば、長瀬(1980)が指摘したように「クリークの浚渫において、泥などをすぐ側の水田の畦に積み上げるため、水田の周囲が高く」なり、この部分に桑などが植えられるようになった。それに加えて、洪水防止のために設けられた堤防建設との関連、および運河建設との関連が考えられる。浙江省水利志編纂委員会編(1998: 421)によると、1989年6月に完成した杭嘉湖圩区の調査結果、杭嘉湖平原では洪水防止圩堤の総延長は21,282kmに達し、そのうち畑桑用地と一体の堤防は13,245km、総延長の62％を占める。東苕渓中下流(湖州市、徳清県、余杭県西陰大塘と河川以西を含む)の場合は、洪水防御堤の総延長615km、うち畑地桑園が一体の堤防は181km(29％)を占める。この地区は上流では山からの洪水、下流では太湖の洪水の制約がある。太湖周辺と比べてその割合は少ないが、30％近くの畑や桑園が堤防と一体であることは留意すべき点である。

　以下のことは、圩田に関連づけて桑園の存在を述べている。その際杭嘉湖圩区資料が明らかにしているのは圩堤との関連であり、長瀬の場合は分圩に伴う経営の零細化という問題も踏まえて経営の集約化の側面から桑園の意義に目を向けている。しかしいずれの場合でも、そのような桑園の立地が湖沼あるいは低湿地の水田化のための排水路の建設のための土の掘上の結果、堤防沿いに微高地を形成するという手段を通じて達成されている。また余杭県の対象地域の場合、そうした現象が京杭運河沿いに典型的なかたちで見られる。この場合は交通の形成がこうした地域変化を派生させながら進められたことを示唆したものといえる。かくして、水田地帯における商品農業地帯の形成がこのような低湿地開発の延長線上に展望される。

第2に、良渚鎮東側に分布する地名には次のような特徴が認められる。(1)荡(沼沢を意味する)、(2)塘(堤防を意味する)、埭(堰や土手を意味する)、湾(水流の曲がっている揚所を意味する)、斗(斗門で堰堤の水門、斗渠で用水路)、(3)兜(囲むを意味する)、坝(川をせき止めて流れを調節する施設、坝地で堤防で囲まれた田畑、輪中を意味する)、墩(土を盛り上げた台を意味する)、陡(切り立って険しい)、(4)浜(船の通行できる小さい溝を意味する)、埠(船着揚)、橋などである。

　(1)は未開拓の低湿地の存在を示すものであるが、この地名は多くはない。これに対して(2)と(3)の地名は数多く見られる。(2)は堤防で囲んで水利を計り農地を造成したことが示されている。これは低湿地あるいは湖沼における圩田の形成を示唆するものであろう。馬ら(1984)によれば、この付近の耕地は湖沼低湿地帯の圩田地帯として類型化され、その南限にあたっている。ただし、太湖周辺にみられるようにこの周辺には"圩"を冠した、あるいはそれを用いた地名は皆無に近く、この点は留意すべき点であろう。(3)はこの地域における集落について述べられたもので、いわゆる輪中を作りながら、住宅の建築に当たっては、日本で見られたような水塚や水屋に類似した開発がなされたことを示している。そして(4)はそうした地域が水路を通じて連結し要所にはいわゆる船泊としての港が作られていたことを示している。橋の地名は非常に多いが、人々の生活においては水路以外の道路が多く造られていたことを示すものである。いずれにせよ、こうした地名が良渚鎮付近を境にしてその東側に展開している。この地域の開発が極めて組織的に、かつそう古い時代ではない段階に開発されたことを物語っている。

　それでは、良渚鎮西側の立地環境はどのように説明できるか。そもそも「良渚文化」とは、1936年に初めてこの地(現在の良渚博物館隣)で発見され命名されたのであるが、民国《杭県志(稿)》の"宋有良渚里"(『余杭県地名志』1987)に由来している。すなわち、この付近は川の中州の小さな陸地であって、良渚から瓶窰一帯はかつては平坦な河川敷であったことから、このように命名された。このことは良渚鎮以西の低地は、早くから水田が成立しうる環境が存在したことを示唆しており、湖沼がおそくまで残されてきた東側とは対照的で、いわば良渚文化の生産基盤の一端となっていたように推察できる。

3. クリーク社会としての良渚鎮の都市化

　良渚鎮は余杭県(市)の中央部北寄りに位置する。東は西塘河を界して肇和郷を望み、西は長命、大陸郷に接し、南は双橋郷と界し、北は安渓郷と隣り合っている。『同地名志』によれば解放前には良渚鎮、解放後初め良渚郷と称された。1958年に良渚人民公社となり良渚と沈橋の2管理区をもち、1985年8月に良渚鎮となった。16の行政村を管轄し、合計99の村民小組があり、住民は143の自然村に分かれて分布し、5,389戸、2万2,888人。満族2人を除くすべて漢族である。

　良渚鎮の生産環境については、南北最長6.5km、東西5.2km、総面積24.89km^{2}の広がりを有し、山地が少なく水が多い。気候は年平均気温15.9℃、年平均降水量1,250mmである。筍山など小山が南に、東は東塘河が郷境を流れている。東苕下流水系に属し、呉山、大陸、長命を経てまっすぐに流れてくる河川で、良渚港では鎮の中心を東西に貫流している。旱魃や湛水対策、あるいは灌漑や航行に利用されている。

　良渚鎮における集落の配置と水路の分布関係は、図3-4から明らかなように典型的なクリーク社会であることを示している。かつて費(1941: 35)は、太湖南岸の調査で、「人々は若干の行商人を除いては、通常、船で村落へ来る。各世帯は殆どすくなくとも一隻の船を所有している。交通上の船の重要性は、家屋が水の近くに無ければならないことになり、したがって村落の平面図を決定することになる。村落は流水に沿って発達することになる。」「船は住宅地域内では、近距離や或いは非常に軽いものの交通には不便である。家屋間には交通のために道路が設けられてある。」、と記載しているが、ここでもこの指摘は一致するようである。しかし同氏がこの指摘の前提とした「圩」、すなわち水によって囲繞されている土地単位という点に関わる堤防や、地名については確認できなかった。

　1985年当時、鎮の耕地は総土地面積の84.9％を占め、他に山林(2.7％)と水面(7.0％)が主な土地利用であった。食糧作物は水稲が中心で外に大、小麦、油料作物が栽培されている。養蚕、水産物、豚や羊の飼養がみられる。郷村の企業では紡績機械、印刷工場などが60を数える。1985年の総生産額は2,059万元、うち村鎮企業の生産額は1,283万元、一人平均収入は649元である。本

写真 3-2　良渚遺跡周辺の農村景観（2000 年）
1. 瑶山遺跡から望んだ平野中心部、2. 伝統的な人糞利用、3. 耕地整理工事
4. 稲籾の調整、5. 基本農田保護区、6. クリークと住宅の結びつき

　鎮の養蚕は白絹で有名で、メタンガスを利用して色を出している。全鎮で各家の近くにメタンガス池を有しており、調理や照明にも利用している。写真3-2は2000年当時の農村の景観であるが、伝統社会が変化しはじめてきたことがわかる。

　現在の良渚鎮は、農業は大きく後退傾向にあり、水田や稲作面積とともに桑園も減少傾向にあり、一方では杭州の都市化の影響を受けて市街地の拡大とバ

図3-4 良渚鎮周辺の水路網と集落配置（範囲：図3-2参照）
（1990年の土地利用図より作成、集落配置と水路網の配置は1940年当時とほとんど変わっていない）

凡例:
- 黒色：河川・水路・池沼
- 斜線：集落
- 境界線：行政村界

図3-5　良渚鎮周辺農村の都市化
A：橋、B：工場、C、D、F、G、I、J、K：住宅団地
L：インターチェンジ　H：建設中の高速道路、①②③：道路

イパスの建設が進んでいる(図3-5)。基図は2011年の衛星写真。図中の記号は1990年当時の土地利用図(図3-4)になかった新しい景観要素である。全体にまだ耕地が卓越しているが、都市化の傾向は明らかである。住宅団地は、旧集落周辺に拡大する形のIを除いて、すべて独立した開発である。ＣＤＥＦ等の住宅団地が西側の丘陵斜面に集まるのは、耕地潰廃を避けるためであろう。図中南側には魚の養殖池(黒色部分)が見える。いずれも今、大きな変貌過程にある。

以上を要するに、良渚遺跡の経済的基盤をなしていたとみられる山麓の湖沼地帯、すなわち今日の良渚鎮の西側に広がる一帯は、良渚期からの水害対策に加えて重要な稲作地帯として開発されてきたとみることができよう。こうした中で、いったん耕地化した後の排水対策は不可欠のことであり、そのような意味でのクリークの知恵は存在していたものと見て間違いないものと思われる。しかも農具がクリークの掘削に使われ、水面下の水草を肥料として利用していた(馬等 1984)とすれば、歴史時代を経て一般化してくるクリーク運動の原型がすでに生まれていた可能性が高い。

第3節　長江デルタの造盆地構造と人間居住の関係

1. 長江デルタの造盆地構造

長江デルタの開発(とくに稲作のための水田開発)に際して大きな原動力となってきたクリークの発展系列について、良渚期から今日に至るこれまでの研究を総合する形で検討する。クリークは、デルタの水環境を規定する地形的な構造(枠組み)と人間活動との関わり合いの所産として、それぞれの歴史の段階に規定され発生してきた。一旦水田が形成されてから土地条件の変化によってクリークが発生することもあるし、逆に最初からクリークによる方式で開発された水田が、後にクリークを消滅させる場合あるいはその形態を変更させる場合もある。しかしながら、ここでは、長江デルタの開発(あるいは農業の展開)に際して、クリークがどのようにその推進力となってきたかに焦点をあて大局的な見地から検討する。その際、デルタにクリークが求められるのは、基本的には開発のための排水機能である。したがって、クリークの発展系列を考える

場合、デルタの地形構造(とくに凹凸)について、明確にしておかねばならない。

長江デルタ、すなわち太湖を中心とした東シナ海(東)、天目山と茅山(西)、銭塘江(南)、長江(北)の範囲(総面積は 36,570 km²、このうち江蘇省が 52.6％、浙江省 33.2％、上海市 13.6％、安徽省 0.7％を占める)は、一部にみられる残丘(200 m 以下、蘇州の虎山や無錫の恵山)を除くと、全体に浜堤・砂丘やラグーン、湖沼からなる平原を成している。孫等(1988)によれば、太湖地区の総面積 35,272 km² のうち水域面積は 17.5％(6,174.7 km²)、また水域面積のうち湖沼面積は 3,159 km²(8.96％)、河川網の面積が 2,492.8 km²(7.1％)を占めている。またこのデルタの微地形配置の構造は、四周が高く中央部が低い、いわば盆地を形成するような特徴を有している。その状況は模式的に図3-6のように示すことができる。つまり、長江デルタは、西部には海抜 10～30 m 以上の丘陵地区、北部はやや高い平原区(5～7 m)、南部(嘉興平原)の杭州湾一帯は 4～5 m、東部は浦西崗身地帯(4～5 m)と浦東の海積平原と続く。これに対して中央部の湖沼の分布地域は、海抜 4～5 m 以下の低湿地となっている。[13]

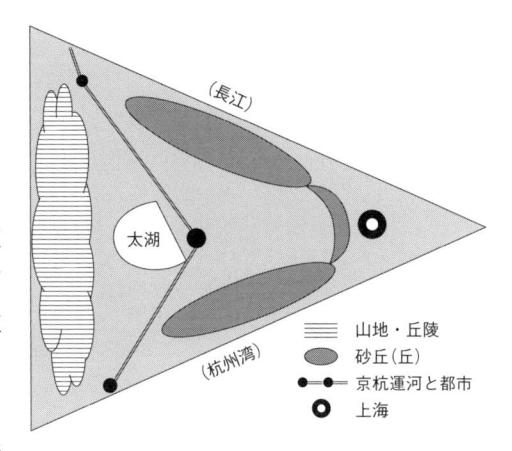

図3-6　長江デルタの地形環境の模式

---

[13] 宮(1988)は長江デルタを4つの土地類型に区分している。(1)三角州平原類型(Deltaic plain type):太湖平原の北、東、南外部にあり、海寧、杭州に至る弧形の地帯(杭州湾から浙江沿岸の海抜 5～7 m)と上海、蘇南域内は 3-5 m で、水路が密集し、河道は浅く、水面は土地面積の 5～7％を占める。沿海(江)堤防あるいは河岸堤防で保護され、塩水の浸入を避け、堤外は低平な潮灘となっている。(2)湖蕩平原類型(Lake and alluvial plain with polder type):太湖平原の中で最も低湿な地域で、太湖およびその周囲の陽澄-淀泖湖区、洮滆湖区、菱湖区と芙蓉圩一帯。大部分は海抜 3～4 m(局部的に 2 m 前後)、洪水位より低い土地で、縦横に走る河川は広く水深があり、水面は地区面積の 20％以上を占める。堤防が築かれ、堤防で囲まれた農区、すなわち"水郷澤国"の地である。(3)水網平原類型(Netted river plain type):太湖の南北両側、嘉興以南と蘇州・無錫・常州一帯の一部に見られる。嘉興、桐郷一帯では長期にわたる人間の作用によって土地の平坦性は薄れ、高低差が見られ

ところで、このような長江デルタの地形面は、海津(1992)[14]によれば、大別すると洪積台地(低地の北西部、太湖の北岸にあたる常州・無錫付近と南部の杭州湾とに挟まれた地域に広く分布する)と、沖積地帯(太湖周辺およびその東側にひろがる湖沼地帯、さらに長江の河岸にひろがる地域)に分けることができる。また、長江デルタの中心部に当たる太湖地域および湖沼地域の大部分は洪積台地面が低くなった凹地面であり、この部分に水域が広がるのは後氷期海進に伴う海面高度がほぼ現海面に近づいた約6,000年頃であろうと推定される。またこのころに台地の東端部を結ぶように砂州(崗身)が形成されはじめ、水域と泥炭地がモザイク状に分布する、現在の湖沼地帯に近い景観が出現形成されたと考えられる。さらに、その後、長江による土砂の堆積に伴い崗身地帯の海側に砂質堆積物が付加的に堆積し、現在の上海市域の大部分をのせる沖積地が形成された(図3-6参照)。

2. 人間居住の端緒

長江デルタの地形は、気候環境の変動(海面の上下)による地下水位の変動を受けやすい点に大きな特徴があるが、このデルタへの人間の居住は早くからみられたようである。陈等(1997)は、太湖地区の134カ所の新石器時代遺跡の考古資料の分析、および堆積物データを通じて、本地区の馬家浜から馬橋期(7,000aBPから3,200aBP)以来の古文化の発展と三角洲平原の変化に密接な関係があることを明らかにしている。それによれば、7,000aBPの三角洲の発達は当地域への先住民の居住を導いた。つまり、海面上昇による環境の悪化があったが、砂丘の形成は先住民の生存環境を保護し、多くの先住民をして崗身地区へ移住させた。ただ、最終的には地下水の上昇と江水の流入により太湖の

る。海抜3.5〜5mの間で、水路が密集し、土地面は大部分洪水位より高く、水面が占める面積は10％以下である。沪寧、沪杭鉄道が通る区間で、太湖地区では平田が分布する地帯であり、農業生産条件が最も優れた地区である。(4)高亢平原類型(Moderately high sandy plains and sandy type): 太湖平原西北部の、緩傾斜をなし、海抜6〜8m(最高で9〜10m)、河川や水路は少なく肥沃土は低い。

14) 地形面の形成については、海津(1992)によれば、更新世末期の最終氷期以前に洪積台地の形成が進み、最終氷期の最大海面低下期に各河川の下刻によって台地を刻む谷が生じた。さらにその後の海面上昇に伴って、これらの河谷は次第に新しい堆積物(沖積層)によって埋積されようになった。

湖沼群が発達し、良渚以来の古文化の発達は抑制されるようになった。

　池田氏が言う支那（中国）の歴史に転機を与えるような「クリーク運動」は、このような地形環境の下で展開するわけで、その意味では前章で見た良渚文明の性格と立地、そうして稲作の特徴はその重要な契機となったことを示唆しているように思われるのである。

第4節　太湖平原におけるクリークをめぐる諸論の検討

　長江デルタの開発（とくに、稲作に関わる）に関わるクリークの発展系列を明らかにするため、まず先史稲作として注目されてきた「火耕水耨（かこうすいどう）」、クリークと密接に関係する「囲田・圩田（いでん・うでん）」、クリークそれ自体である「塘浦堤田システム」と「涇浜体系の発達」の4点について検討する。

　第1は、長江デルタにおける早期の稲作について、関心を呼んできた"火耕水耨"をめぐる問題である。「火耕水耨」論の発端は、「楚越之地、地広人希、飯稲羹、或火耕水耨、果隋贏蛤、不待賈而足、地勢饒食、無飢饉之患、以故呰窳偸生」（司馬遷、「史記貨殖伝」）である。米倉（1960）は「先史・原史時代の江南は太湖を中心とする沼沢地帯や澪筋に、南蛮の諸族が水陸両棲的生活を行っていたものと想像される。」と述べている。福井（1995）や福井・河野（1993）も同様の理解にたって、「粗放さを特徴とする稲作のある形態が下流部の低平地で行われて」おり、農法的には「草を焼き、籾を直播し、自然の増水をもって雑草を抑制する共通点をもっていた。」と捉えている。

　彭（渡部訳）（1989）は、「たぶんこの方式は、河川・湖・海岸等の臨水地帯で盛行した。基本的な特徴は、火で雑草を焼き、牛耕を採用しなかったこと、直播栽培で、田植え方式を採用しなかったこと、それに水で雑草を（溺）死させ、中耕をしなかったこと」である、とした。このような栽培方式は単位面積当たりの生産量は比較的低かったが、労働生産性は相当高く、歴史上、江南地方は地広く人口稀薄で、労働力が矢乏していたことや、地勢が低湿、土地が肥沃、水資源が豊富であるといった、社会条件や自然条件が重なったことにより、「火耕水耨」は比較的強靭な生命力を持ち続けてきた」という。櫻井（1984）も"火耕水耨"について総括し、「漢代の文献上でしばしば人口密度が稀薄で階

級未分化の社会、あるいは自給自足的な経済、また暑熱の低湿地で行われる農耕として描かれている。」と述べている。

　以上、従来の「火耕水耨」をめぐる議論は、「史記貨殖伝」に記された内容の解釈にとどまっており、その粗放性が強調されている。またこの議論においては、以下に述べる囲田や圩田との関係については一切触れられていない。極めて不思議である。前述の陳等が指摘したように、海進による地下水位の上昇により、「良渚以来の古文化の発達は抑制されるようになった」とすれば、逆に湖沼や低湿限界地に対する挑戦が開始されたというようにも考えられまいか。しかも「火耕水耨」についていえば、「水を利用して田間の雑草を淹死させる」という点では同じ解釈を示しつつも、「耨」については単に除草の意味だけではなく、「作物の生育期間中の中耕管理」を指すという見地から積極的に評価する見方(渡部訳 1989: 227)がある。すなわち、春秋戦国時代には「耕耨結合」の耕作方式がすでに形成されており、その後この方式は累代伝承され、中国農業の精耕細作の優れた伝統の重要な要素となって発展してきたという。高温多雨の夏季に、田間に水を灌いで雑草を浸して腐らせ、それを肥料として土壌改良を行った。ことに2,300年も以前に、砂泥を多く含む水を耕地に灌ぎ、土壌の肥沃化とアルカリ土壌の改良を行ったが、これは水を活用して灌漑・施肥・土壌改良に3つの作業を同時に達成したものである(郭等 1989: 385)。

　第2は、「囲田・圩田」についてである。いわゆる運河を除くと、クリークの発達と密接に関わる水田の形態であることは言うまでもないが、従来の研究では若干の混乱があった。このことについては先駆的な研究を行った池田(1940)も、「クリークに囲まれた農田を特に圩田と云ふ。すなわち堤岸を四周にめぐらし、外にクリークをやり内に田を囲むので、この堤岸を圩岸と称し、内の田を圩田または囲田と云ふ」とのべ、両者を明確には峻別されなかった。囲田と圩田が江蘇省と浙江省の間の太湖一帯、一般に「江南」といわれる地域で発生

---

15) 中国の最初の「歴史」は「春秋」とされる。しかし、これは魯の国の歴史記事で、周末のいわゆる「春秋」時代の一侯国の歴史(B.C. 722-B.C. 480)であって、統一中国の歴史としては『史記』をはじめとする、というのが一般的である。その結果「神話」は、「歴史事実ではないと抹殺され」てきた(夜久 1982)ことを考慮すると、「火耕水耨」の記載内容が果たしていつ頃のことを伝えているのか。もしかすると良渚以前の稲作の状況、あるいはデルタ内に残存してきた旧来の粗放農業の姿を強調されて伝えてはいないか、ということも考慮してみる必要がある。

（高橋監修・鏑木訳 1992: 121）したとする説明も同様である。また「太湖地区の囲田は春秋末期に起源をもち、戦国から秦にかけて次第に発展、漢に至り一層拡大した（繆 1985: 6）」、「太湖東部地区の最も古い時代の地形形態は沼沢状で、最古の農業開発形態は沼沢中に囲いを作って大きい圩田を形成するというものであった（王 2009）」、さらに「蘇州デルタに於ける圩田の本来の形は、一平方里程度の碁盤目形のものである（池田）」等の解釈は、それぞれに注目されるものの、囲田と圩田相互関係については判然としない。

ただし、歴史上からみると、囲田、圩田、湖田の名称の起源が大体春秋戦国時代であり、その意味では区別がないが、発生的あるいは土木工学的には両者に本質的な区別がある（張 1990）。すなわち、繆（1982）も指摘しているように、「囲田は沼沢地や河川・湖を堤防で囲んで開拓したもので、通常は外水の浸入を避け、内水の排除が可能になっている。早期の開墾のタイプで、水面が比較的多い。初級形式の囲田は発展して高級形式の塘浦圩田系統へと発展する」。「囲田を作ることは、比較的低級で自然発生的であるが、圩田は発展した結果計画性と配置の灌漑系統時の名称である」。したがって、「囲田はすなわち河川や湖を囲んで田となしたもので、障壁と破壊の水利系統であり、圩田とは相容れない」。しかも「囲田は河川湖沼の水面に作られるので、水利に対しては有害であり、圩田は低湿地に於いて堤防を築いて水を遮るので有利無害である」[16]。

もちろん、時代に応じて開発の性格をこのような順序で理解できるかというとそうではない。開発がデルタ内でも遅れたところでは、囲田の形成が特徴となるところもある。また当初から囲田ではなく計画的に圩田の形で開発が進められる例、あるいは一旦囲田として開発されたところが、圩田として整備される例もある。その結果、後述するように、宋代には豪農や一部の富者によって囲田の開発が大幅に進展し、圩田開発の過程で整序されてきた水系との矛盾を来すようになった。囲田の発展は宋代に至って、深刻な被害を圩田に与える。このことは、囲田と圩田は発生的には、前者から後者へと理論的に整理できるものの、歴史的には両者が矛盾し合う関係を持って展開したことを示す。

いずれにせよ、こうして太湖流域における最も低温な地域の開発が、治水と

---

16) 著者は未見である。この論拠としたのは宋代の《文献通考》巻六〈圩田水利〉〈湖田囲田〉である。

水利のコントロールを背景に進展した。ここで注目すべきは開発方式としての圩田であることはいうまでもない。この圩田に関わる名称が太湖周辺には数多く認められる。太湖東部地区の最も古い時代の地形形態は沼沢上で、最古の農業開発形態は沼沢中に囲いを作って大きい圩田を形成するというものであった（王 2009）。ちなみに、この方式が長江北岸の蘇北平原でも採用されていったことが明らかにされていることも判明した（呉 1996）。[17]

　第3は、「塘浦堤田システム」に関する議論である。このことについては、池田（1940）、米倉（1960）、長瀬（1980）、繆（1985）、王建革（2009）等によってクリーク論が展開されてきた。「支那の歴史で、国家社会的な規模に於ける重大問題として、クリークが取りあげられ、同様の規模に於いて、その価値が認識されたのは、唐から宋の時代である。宋代ほど真剣にクリークの問題が論議された時代はない。」という池田の見解は、他の論者もほぼ一致している。例えば、米倉（1960: 302）は以下のように述べている。

　「隋唐の盛世となると強大なる国家権力のもとに、大規模な土木工事が行われることになった。江南の米を国都長安に遭運するための大運河の整備はあまりにも有名であるが、唐の元和3年（808年）に蘇州から常熟に至る元和塘（今の常熟塘）、太和年間（830年前後）には大倉と福山を連ねてさらに東南走する塩鉄塘などの幹線水路が築成された。また塩管県に長さ124里の堤海塘を開元年間（8世紀）に重築し、これは金山、華亭、奉賢、南匯、上海県方面に延長されたものらしく、かくて従来杭州湾に注いでいた排水河川はすべて北流して揚子江にはいるように改修されたもので、江南水系の現況はまず唐代に定まった」。また、随・唐時代には「大運河の建設により、杭州の都市的地位が向上し、五代より宋に至って、このフロンティア地域に華北の人口が移動」してき、最初の山郷周辺への定住に見合う扇状地周辺の池塘による灌漑から次第に低湿地帯による干拓・土地利用へと発展変化していった」と述べる（長瀬 1980）。

---

17) この場合注目すべきは、圩の出現は清代乾隆時期（1736～1795年）前後のことであり、黄河の氾濫による影響で、河川や運河の災害が連続的に発生したため、旧来の水田の再開発あるいは地直しとして採用されたのであった。

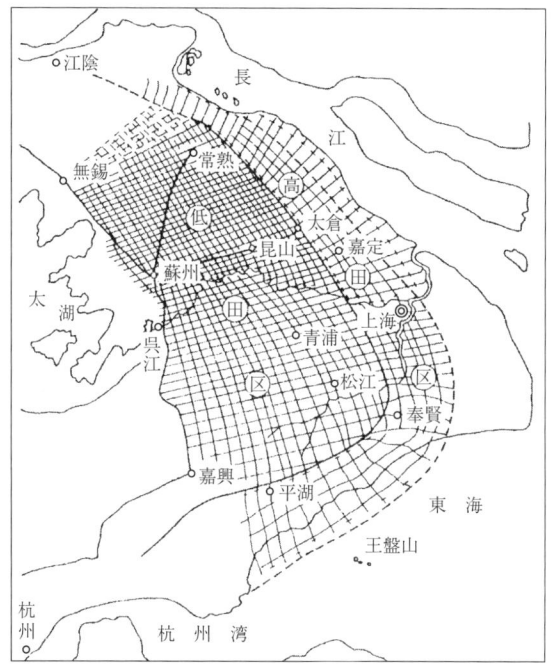

図 3-7　五代呉越時代の塘浦圩田概略図
（郭等 1989：図 6-7 より引用）

　このような、長江デルタの本格的な開発の手法として注目されたのが、塘浦堤田のシステムであった。そのシステムは標準的には縦横に布の折り目のような配置の水路と水田を組み合わせたものである（図3-7）。米倉（1960: 101）によれば、宋代にかけて五里、七里にして一縦浦、また七里、十里にして一横塘という縦横の水路網ができ、その間に二里、三里あるいは半里間隔に涇、浜などと呼ばれるクリークが作られた。沿岸平野の開拓も太湖周辺の沼沢の開発も海岸湖岸線にほぼ並行して発達するところから、その排水・灌漑の水系はたがいに並行し、またそれを直角に連続することにより、江南のクリーク網が生まれてきた。こうした塘浦堤田のシステムの経緯は、繆編（1985）によれば、五代十国時代（893～978年）の呉越における土手に囲まれた水田体制、すなわち唐代の後期に形成された塘、浦、土手に囲まれた水田システムを基礎として、さらにそれを発展、強固にしたものであるが、春秋末から唐後期にかけて1,000年

ほどの間に何回もの組織的な大工事を経て、太湖地区の一部に塘浦堤田のシステムが完備されるようになった(繆編 1985: 13-14)。もちろん、分散していた農民が自発的に行ったものではなく、集団の力の産物である。五代呉越以前の屯田制度と関係がある。国家の強力な関与と運河の開発を軸として、デルタの「水」のコントロールが進められた結果と言ってもよいであろう。漢代には、北来の漢人による定住開発が徐々に進められ、蘇州・呉興の地は、デルタにおける最初の開発拠点となり、陂・塘・渠による開発と水田経営、蘇州を中心とした運河組織も整備していった(長瀬 1980)。

　第4に、塘浦体系(システム)の瓦解についてである。社会人口の増加などの諸事情によって、前述のような整然とした圩田制を維持することができず、いわゆる分圩の動きが現れてきたことに関係する。縦浦、横塘という大クリークの外に、浜とか泾という小クリークが民間で勝手に割られて、その小クリークで圩田を作ることになり、圩田の面積の細分化(池田 1940: 4-5)が進み、塘浦圩田システムが瓦解に向かう中で、泾浜体系ともいうべきクリークの形成に向かう段階である。この背景については、長瀬(1980)や王(2009)が詳細な検討を行っている。

　長瀬は、塘浦制が崩壊した結果、低田地帯は肥沃地二・三百里をして白水たらしめ、高田地帯は港浦が塞がれて数百里の沃地が潮田化して荒蕪不毛の地となったことを指摘している。また荒蕪不毛田が生じたメカニズムについては、堰の破壊によって、揚子江と海に面した浦からは満潮時に海水が流れ込み、高田区の水田に入り塩化現象をおこし、作物および不毛田となったと述べる。いずれにしても、分圩により密度の高いクリーク網が形成され、江南デルタの農村社会も変質してゆくことになるが、その際大きな役割を果すのが趙霖による閘の組織であった。すなわち堰より閘(水門)に転換したことにより、北宋から南宋にかけて、再び浙西の海岸微高地の開発が進展していったこと、同時に高田区の水田を再生させるとともに、低田区(低窪地)に対しては排水を可能とし、

---

18) 趙霖のいう閘の五利。
　①開浦置閘して満潮時には閘を閉じ、干潮時には閘を啓けば外水は閘に入らず、浦内の水は外に排出される。②外水が入らなければ泥砂は閘内に流れ込まず淤積しないから、港浦は、常に水の流通は良くなり、③積水があっても排除でき、しかも外水は閘内の地に入らせず、塩害より免れる、④置閘すれば、閘外の浦は淤積現象が起こっても、工力がなしやすい。⑤閘を置くことにより、風の時貸船の住泊となり……(略)。

囲・圩田の発達を促進させる効果をもたらした。それは閘により、舟行の便と塩化の阻止が同時的になされたからである。それが次第に低窪地への開発にも連動していった。[19]

王(2009)は、宋代から明まで、呉淞江の南北には徐々に涇、浜を主体とする主流と支流からなる水利の体系が形成され、この体系によって明清期の江南地区の小圩構造の基礎が固められたことを究明している。彼は宋代の塘浦体系(システム)の瓦解が始まって以降、呉淞江流域では涇浜体系が発達するようになり、その体系は20世紀初頭まで一貫して維持されてきたという。その特徴は五代期、呉越政府の人為的な干渉(支持)を受けつつ、大圩と小圩の間をつなぐ河道によって塘浦圩田体系が形成された点にある。この地方は海辺に近く、昼夜問わず潮汐が往来し、土砂が堆積する中で、人々は絶えず浚渫を行なわなければならなかったが、「主流と支流の各川が、転換して相通じて、運輸便利で、洪水も少ない。支流は主流に注ぎ、主流は瀏河に注ぐ」ようになったこと、浚渫の費用負担については、官府と地方の分担方式が確立されたことで、このメカニズムは500年近くも維持された。

以上、長江デルタの開発が進展した結果生じてきた治水・水利上の問題が、技術(閘)と小規模な水利システムを介して解決されることについてみた。こうした新しい対応策は、塘浦堤塘システムの崩壊に起因したものであるが、一方ではこの方式によってデルタに残されてきた未開発の湖沼や高燥な砂丘地の開発をうながす要因として機能したのである。水のコントロールという観点からいうならば、従来以上にきめ細かな水との関わり合いを通して、開発に伴う矛盾と新たな開発要求という2つの課題が解決されてきたと言ってよい。

以上、長江下流域の稲作文明が、「良渚文明」の発祥地となった良渚遺跡周辺の湖沼地帯を起点として始まり、その際にクリークの方式が見出された可能性があることを示唆した。その上で歴史時代に入ってからの本格的な「クリー

---

19) こうして囲田の普及が一般化した元では、田面の高さの比により等級化をはかり、五等囲岸体式法をつくり普遍性をもたせようとした。これをうけて明では姚文灝の五等岸式やその他三等方式などが現れた。これらを通じてみると、元では水面と田高が同じものを一等としたが、明では水面下にあるもの(田高が外周クリークの水面より低いもの)を一等としている。これは次第に低窪地へと開発全線が進んでゆくことを現しているとともに、それだけ水深が深くなるから、それに耐える堤防の広大化と強度が必要となってくる(長瀬 1980)。

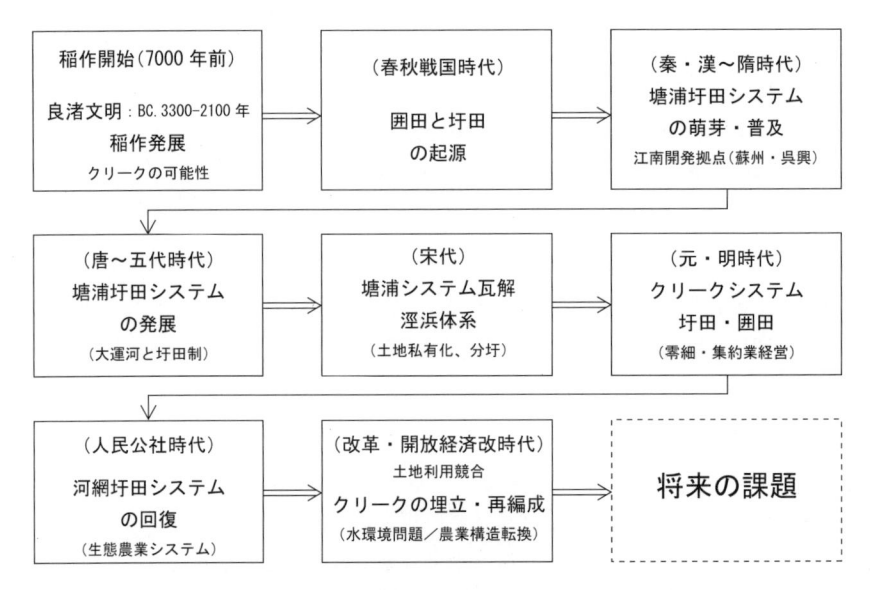

```
稲作開始(7000年前)          (春秋戦国時代)              (秦・漢〜隋時代)
良渚文明:BC.3300-2100年  →   囲田と圩田         →      塘浦圩田システム
稲作発展                     の起源                     の萌芽・普及
クリークの可能性                                        江南開発拠点(蘇州・呉興)
         ↓
(唐〜五代時代)              (宋代)                     (元・明時代)
塘浦圩田システム       →    塘浦システム瓦解    →      クリークシステム
の発展                      涇浜体系                    圩田・囲田
(大運河と圩田制)            (土地私有化、分圩)          (零細・集約業経営)
         ↓
(人民公社時代)              (改革・開放経済改時代)
河網圩田システム      →     土地利用競合        →      将来の課題
の回復                      クリークの埋立・再編成
(生態農業システム)          (水環境問題／農業構造転換)
```

図3-8　長江デルタの開発と農業水利の変容過程(試案)

ク運動」とクリークをめぐる環境変化の動向について概略的な検討をした。その一応の結論を要約すると図3-8のようになる。

むすび——クリークをめぐる新しい動き

最後に、長期にわたってデルタの開発に関与してきたクリークがどのような状況に置かれてきたか、およびクリークをめぐる新しい状況について素描しておきたい。

第1は、クリークの大規模な開発時代を経て、デルタにおいてきめ細かなネットワークをつくりつつ、地域の調和が図られてきたが、その一方では経営農地の零細化という課題に直面してきた。この問題に対する対応策は土地利用の高度化と生産性の向上の手段であるが、人民公社時代の集団的な土地所有制の下で、クリークや湖沼の水と農地を結合させ多角的な生態農業を発展させ、経営の集約化が指向されるようになった。郭等(渡部訳)(1989: 520、525)

によれば、浙江省徳清県の陸家湾大隊では、1968年以来、農業・養蚕・牧畜・養魚・加工業を結合させ、次第に生態農業を実践する村に変貌していった。また、1984年に蘇州地方で一人当たりの平均収入が1,000元を超える農村が36カ村出現したが、これらの農村は栽培・養殖・加工の結合により富裕となったもので、いわゆる農村の富裕化の要路であるとして注目されるようになった。

　第2は、1980年代初期ごろから農村の経済的繁栄をもたらすものとして、郷鎮企業が注目されるようになったことである。郷鎮企業は、費(1991)によれば、各地の「集鎮」において、新たな勢力として忽然と姿を現し、発展しつつあったもので、中国の小城鎮の復興としても注目された。もともと、これらの企業は人民公社と生産隊が経営する工業であったから、一般に「社隊工業」と称せられ、「集鎮」は社隊工場の集中するところであった。すなわち「集鎮」に新設された工場は、つぎつぎに農村から農民を労働者として吸収し、工業の繁栄をもたらし、「集鎮」にはつぎつぎに新しい建物が建てられ、その様相は一変した。また農村でも生産大隊あるいは生産隊が工場をつくったために、収入は増え、農民の生活は改善された。しかしながら、その一方では、デルタの水環境が郷鎮企業の発展の結果として汚染問題に直面するという課題が生ずるようになった。例えば、蘇州・無錫・常州等の市域では、都市の汚染物質がデルタを特徴付けるクリークを通して郊外から農村へと拡散してゆく事態がみられるようになった(董 1988)。経済改革が進展してからの工業化・都市化による攻勢が進む中で、農業や交通に基軸をおいたクリークの再位置づけと再編成が新たな課題となってきた。

　第3は、1990年代以降最近に到る過程で、「経済開発区」に名を借りた不動産開発・都市開発・工業団地造成ブームが一般化し、産業化、都市化、資本投入が三位一体となる強いドライビングフォースに押し流されて、農地に復帰しにくい住宅・道路・工場などの都市的土地利用がすさまじいばかりの勢いで拡大した。その結果長江デルタは食糧供給基地から食糧移入に依存する地域への転落を余儀なくされた(季 2004)。また、上海世界博覧会に向けてクリークの埋め立てと土地利用再編が進められ(例えば、揚・全 2009)、さらには、太湖流域における水利用の共同管理のあり方についての問題に関心が移ってきている(趙 2009)。

<文　献>

池田静夫 (1940):『支那水利地理史研究』、生活社。
石田　浩(編) (1996):『中国伝統農村の変革と工業化―上海近郊農村調査報告』、晃洋書房。
伊原　弘 (1993):『蘇州―水生都市の過去と現在』、講談社(新書)。
海津正倫 (1992):「中国江南デルタの地形形成と市鎮の立地」、森　正夫(編)『江南デルタ市鎮研究―歴史学と地理学からの接近』、名古屋大学出版会、27-56頁。
梅原　猛・厳文明・樋口隆康 (2000):『〈長江文明の探求〉長江文明の曙』、角川書店。
川勝　守 (1987):「明代、鎮市の水柵と巡検司制度―長江デルタ地域について」、東方学第74輯、1-15頁。
季増民 (2004):『変貌する中国の都市と農村』、芦書房。
櫻井由躬雄 (1984):「解説・火耕水耨」、渡部忠世・櫻井由躬雄(編)『中国江南の稲作文化―その学際的研究』、日本放送協会、3-8頁。
佐藤武敏 (1984):「古代江南の稲作と水利」、中国水利史研究会(編)『佐藤博士退官記念中国水利史論叢』、国書刊行会、505-525頁。
斯波義信 (1984):「『湘湖水利志』と『湘湖考略』―浙江蕭山県湘湖の水利始末」、中国水利史研究会(編)『佐藤博士退官記念中国水利史論叢』、国書刊行会、279-307頁。
高橋　裕(監修)・鏑木孝治(訳) (1992):『長江水利史』、古今書院。[長江流域規則画弁公室《長江水村史略》編集組 (1978)]
高村雅彦 (2000):『中国江南の都市とくらし　水の街の環境形成』、山川出版社。
長瀬　守 (1980):「宋元時代江南デルタにおける水利・農業の技術的展開―華北との対比において」、歴史人類 第9号、43-102頁。
能　登志雄 (1933):「灌漑用運河の形態学的研究」、地理学評論 9(4)、26-38頁。
ハンチントン，S.／鈴木主税(訳) (2000):『文明の衝突と21世紀の日本』、集英社。
費孝通 (1991):「都市‐農村関係の新認識―四年間の思考の過程を顧みて」、宇野重昭、朱通華(編)『農村地域の近代化と内発的発展論―日中「小城鎮」共同研究』、19-74頁。
福井捷朗・河野泰之 (1993):「「火耕水耨」再考」、史林 76(3)、108-143頁。
福井捷朗 (1995):「火耕水耨の論議によせて―ひとつの農学的見解」、農耕文化研究振興会(編)『農耕空間の多様と選択―農耕の世界、その技術と文化(Ⅰ)』、大明堂、131-162頁。
フリードマン，J.／谷村光浩(訳) (2008):『中国　都市への変貌　悠久の歴史から読み解く持続可能な未来』、鹿島出版会。[John Friedmann (2005): *China's Urban Transition*, Minneapolis: University of Minnesota Press]
ホムメル，R.P.／国分直一(訳) (1992):『中国手工業誌』、法政大学出版局。[Rudolf P. Hommel (1937): *China at Work: An illustrated record of the primitive industries*

of China's masses, whose life is toil, and thus an account of Chinese civilization. (Originally published by The John Day Company, New York)〕

元木 靖（1997）:「日本における滞水性低地の開発―クリーク水田地域の比較歴史地理学序説」、歴史地理学 39(1)、18-35 頁。

――――（2010a）:「長江流域の環境史(1)―成都平原・三星堆遺跡周辺の灌漑水利変容」、経済学季報 59(4)、87-120 頁。

――――（2010b）:「長江流域の環境史(2)―澧陽平原・城頭山遺跡周辺の灌漑水利変容」、経済学季報 60(1)、41-71 頁。

森 正夫（編）（1992）:『江南デルタ市鎮研究―歴史学と地理学からの接近―』、名古屋大学出版会。

米倉二郎（1960）:『東亜の集落―日本および中国の集落の歴史地理学的比較研究』、古今書院.

――――（1961）:「華中」、冨田芳郎（編）『新世界地理 3 巻 中国とその周辺』、朝倉書店、127-168 頁。

夜久政雄（1982）:「日中両国歴史思想の比較―特に、神話と歴史との関係について」、亜細亜大学アジア研究所紀要 第 9 号、1-20 頁。

安田喜憲（2009）:『稲作漁撈文明―長江文明から弥生文化へ』、雄山閣。

渡部 武（訳）（1989）:『中国農業の伝統と現代』、農山漁村文化協会。〔郭文韜等『中国伝統農業与現代農業』、中国農業科技出版社〕

安志敏（1997）:「良渚文化及其文明諸因素的剖析―紀念良渚文化発現六十周年」、考古 1997 年 第 9 期、77-83 頁。

陈中原・洪雪晴・李山・王露・史晓明（1997）:「太湖地区坏境考古」、地理学报 52(2)、131-137。

董雅文（1988）:「太湖地区域乡发展中的坏境問題」、中国科学院南京地理研究所与湖泊研究所（編）『太湖流域水土資源及农业展远景研究』、科学出版社、161-171 頁。

董楚平（1999）:「良渚文化祭坛释文―兼释人工大土台和安溪玉璧刻符」、浙江社会科学 第 3 期、143-148 頁。

费孝通／仙波泰雄・塩谷安夫（訳）（1941）:『支那の農民生活―揚子江流域に於ける田園生活の実態調査(四版)』、生活社。

宮春生（1988）: 太湖地区土地类型特征、中国科学院南京地理研究所与湖泊研究所（編）『太湖流域水土資源及农业展远景研究』、科学出版社、60-69 頁。

黃宣佩（1992）:「良渚文化」、上海博物館與香港市政局聯合主辨『上海博物館蔵良渚文化珍品展』、香港市政局、10-14 頁。

林华东（1998）:『良渚文化研究』、浙江省教育出版社。

陸思賢／岡田陽一(訳)(2001):『中国の神話考古』、言叢社。

馬湘泳・沈小英・張立生・劉菲・王守芬 (1984):「太湖流域農業生産的幾個関鍵問題」、地理学報 39(1)、52-64頁。

繆啓愉 (1982):「太湖池区塘浦圩田的形成和発展」、中国農史 1982.1。

繆啓愉(編)(1985):『太湖塘浦圩田史研究』、農業出版社。

彭世奨／渡部武(訳)(1989):「「火耕水耨」新考」、渡部武・陳文華(編)『中国の稲作起源』、六興出版、255-278頁。

上海博物館與香港市政局聯合主辦 (1992):『上海博物館蔵良渚文化珍品展』、香港市政局。

石兴邦 (1998): 河姆渡文化—我国稲作农业的先駆和"采集农业"的拓殖者、浙江省文物考古研究所・河姆渡遺址博物館編『河姆渡文化研究』、杭州大学出版社、1-17頁。

申果元(編)(1999):『余杭市土地志』、中国大地出版社。

朔知 (2000):「良渚文化的初步分析」、考古学報 第四期、421-450頁。

蘇秉埼／張明聲(訳)(2004):『新探 中国文明の起源』、言叢社。

王建革 (2009):「泾、滨发展与吴淞江流域的圩田水利(9-15世纪)」、中国历史地理论丛 24(2)、30-42頁。

吴汝祚 (1998): 河姆渡遺址的几个問題、浙江省文物考古研究所・河姆渡遺址博物館編『河姆渡文化研究』、杭州大学出版社、57-75頁。

吴维棠 (1983):「从新石器时代文化遺址看杭州湾两岸的全新世古地理」、地理学報 38(2)、113-127頁。

呉必虎 (1996):『歴史時期蘇北平原地理系統研究』、華東師範大学出版社。

扬竹莘・全华 (2009):『城市水域景观分析及其治理研究』、法律出版社。

游修龄 (1996):「良渚文化与稻的生产」、余杭市『文明的曙光—良渚文化』、浙江人民出版社、143-150頁。

余杭県地名志編纂委員会 (1987):『余杭県地名志』。

餘杭县林业水利局《水利志》編纂組(編)(1987):『餘杭縣水利志』。

余杭县志編纂委員会編 (1990):『余杭县志』。

張芳 (1990):「淡淡囲田与圩田」、農史研究 9、45-50頁。

浙江省水利志編纂委員会(編)(1998):『浙江省水利志』、中華書局出版。

赵来军 (2009):『我国湖泊流域跨行政区水坏境协、同管理研究—以太湖流域为例』、复旦大学出版社。

Cressey, G. B. (1936): "The Fenghsien Landscape: A fragment of the Yangtze delta", *The Geographical Review* 26(1), 396-413.

第Ⅱ編

土　地

人口圧と農地開発／都市化と土地資源問題

第Ⅰ編では文明の起源地に着目して、その象徴的存在の早期都市がどのような自然条件のところに立地したのかについて検討した。また、そうした文明の発生を支えたと考えられる水利について、伝統的な農業水利の方式に着目し、その環境史的な検討を行ない、長期的な視点から今日の水利を中心とした地域変革の方向性を照射することを試みた。

　第Ⅱ編では、水と一体となって農耕文明の基盤をなしてきた土地について取り上げる。土地の概念は、広義に解釈するか狭義に解釈するかによって、自然一般の概念で見られるものから、農地や耕地または土壌をイメージするところまである。しかし、人間の生存量を決めるものとみたときには、人口と耕地の関係が常に問題とされてきた。中国では、歴史的には、人口の大量増加には必ず土地の大量開墾がともなっており[1]、いわば開墾活動を通して居住圏の拡大が進められてきた。ところが工業化を背景とした都市文明の時代を迎える中で、人口流動と居住圏の縮小が起こり、人口と耕地の関係は耕地の減少問題としてクローズアップされるようになった。

　中国の土地所有は社会主義公有の原則に基づいているが[2]、本編では耕地問題がどのように展開してきたか、また日本を含めた東アジア諸国と比較して耕地減少問題への対処がどのようになされようとしているのか、考察する。具体的には1970年代末からの改革開放政策（近代化政策）以前の歴史上の土地資源問題、1980年代の経済改革期の問題、そして1990年代後半からの本格的な都市化時代以降の土地資源環境問題の3期に時期区分して検討する。

＜文　献＞

久保卓哉（1999）:「『中国環境保護史話』訳注（四）」、福山大学人間科学センター紀要14号、49-66頁。［袁清林（1990）:『中国環境保護史話』、中国環境科学出版社］

野村好弘・小賀野昌一（訳）（1996）:『中国の土地法』、成文堂。［王家福・黄明川（1991）:『土地法的理論与実践』、人民出版社］

---

1) 久保（1999）による『中国環境保護史話』（袁清林著）の訳注に詳しい。
2) 中国の憲法および土地管理法の規定によって、都市の土地は全民所有、すなわち、国家所有に属し、農村および都市郊外の土地は、法律で国家所有であると規定したもの以外は、集団所有に属することとなっている。

第4章
人口と農業・土地資源の関係

はじめに

　本章では、次章以下で改革開放政策以降に大きな問題となる土地資源問題、とくに耕地減少問題に触れる前提として、3つの点について概観しておきたい。第1は社会主義革命後の人口増加問題と農業の役割の重要性について指摘する。第2には歴史的に見たときの人口と農業との関わりについて、国際的な比較をまじえて中国の位置を概観する。第3には経済改革に伴う地域間格差と人口流動についてである。人口と農業・土地問題との関係は、決して単純な関係ではない。ボズラップ(安澤訳 1975: 序論)が指摘したように、人口成長、農業技術の変化および土地改革は、一つの複合した問題に関わる異なった諸側面として考察しなければならないし、その中で人口成長は独立変数として農業発展の主要な決定要因になる。実際、人口の増加が土地に対して圧力となることは自明のことである。本章では、経済改革以降の人口流動がもたらす新しい人口圧の背景について検討する。

第1節　人口と農業との関係

1. 革命後の人口急増──1990年代

　中国の人口は1998年4月に11億人に達した。しかしこのうち半数は革命後のほぼ40年間に増加した人口である。この人口の増加が今日の中国に対していかに大きな影響を及ぼしているかを示すため、まず中国の人口史を概観してみよう[1] (後掲、表4-1)。中国で最初に人口調査が行われたといわれる西暦2年(西漢元始二)の人口は、既に5,900万人に達していた。しかしそれ以後、中国

---
1) 趙(1984)論文および『中国統計年鑑』による。

の人口は戦国時代と南北朝時代の動乱による減少期、隋、唐時代の回復・増加期を挟み、宋の時代には再び減少に転じ、元になって回復するといった変化を繰り返してきた。結局、この間の時代には、西暦2年の人口を上回ることはなかったのである。そして6,000万人を超えたのは、ようやく明の1393年であった。ところが以後は明後半の1600年に1億1,000万人、清の1685年に2億300万人、清後半の1812年に3億3,300万人、1949年に5億4,000万人と増加傾向をたどってきた。

つまり、革命まで1900年以上かかって増加した人口に匹敵する人口が、革命後のわずか40年の間に増加したのである。過去の歴史の中では14世紀後半以降、とりわけ17世紀以後の増加期が注目されるが、革命後の人口増加の激しさはそれらの時期でもはるかに及ばないものであった。その結果1989年の人口は、前述のように世界の21.2％[2]、すなわち世界の5人に1人が中国人によって占められるようになった。こうした革命後の人口の爆発的な増加傾向に対して、中国政府は、1970年代末頃から一組の夫婦には子供一人を原則とする「一人っ子政策」[3]を余儀なくされ、現在も継続中である。この政策によって、年平均の人口増加率は、1971～1980年の1.7％から1981～1986年には1.2％にまで低下した。しかし母集団が大きいため現在も、1年に1,000万人以上の人口増加が続いている。

2. 農業の役割の重要性

中国において、今日、農業の果たしている役割はあらゆる面からみて重要である。総就業人口の70％(1987年)近くは農業就業人口であり、世界の平均(47.8％)を大きく上回る人々が農業に従事している。経済的には国内総生産額の40.2％(1985年)が農業生産に依存し、日本(3.1％)やアメリカ合衆国(4.0％)の10倍、ソ連(19.5％)と比べても2倍を超す比重を占めている[4]。さらに、象

---

2) ちなみに、65年前の中国の人口は世界の18.5％であった(『理科年表』1925年)。
3) 1978年末に天津で一人っ子の提議書が出されたのを契機として、1980年9月の中共中央・国務院の「人口増加抑制の問題に関する公開書簡」によって、全国的に一人っ子政策が徹底されるようになった。ただし、それらの実施内容は、各省・各市によって一律ではない。また指導内容も社会情勢の変化とともに変化がみられる。
4) 農林水産省統計情報部(1989)『ポケット農林水産統計―平成元年版』。

徴的なことは、国土の面積と人口との関係である。中国の人口は1989年に正式に11億人と発表されたが、これは世界の人口(推計52億人)の22.2％であり、国土面積(960万km^2)が世界に占める割合(7％)の3倍に相当する。この巨大な人口の96.2％は、国土面積の約半分(49.2％)に当たる内蒙古、チベット、青海、新疆の4つの省区以外の、あとの半分の地域に住んでいる。しかも、実際農業生産に直接関係する耕地面積は中国の国土の9.6％に過ぎないので、中国における農業と巨大な人口との関係は、見かけよりもさらに重要な意味をもつことを認識しておかなければならない。

　中国の農業経営の単位は、1970年代末以降の農村改革によって、人民公社時代の集団農業の体制から生産(責任)請負方式による家族経営へと変化した(元木 1989)。その新しい体制の下で、国民一人当たりの食糧生産量は1978年の319kgから1987年には377kgへと増加し、1960年代以来の停滞した状態から抜け出してきたように見える。世界的にみても、1987年の小麦と米の生産量において、中国はアメリカ合衆国とソ連を上回って世界一であるし、トウモロコシと大豆についてはアメリカ合衆国に次ぎ第2位の生産国である[5]。

　中国がこのように世界的な穀物生産国になった理由の一つは、農村改革の大きな成果であるとみてよい。S・ウィットワー(坂本監訳 1989)も最大級の称賛を与えている[6]。しかし、今日の中国が抱えるさまざまな問題を念頭に置いてみた場合、農村改革はそのごく一部について解決の手掛かりを与えたに過ぎない。中国の人々の生活水準がまだ極めて劣悪な条件の下にある。例えば1985年の中国の一人当たりの国民所得は129米ドルである。これはアメリカ(1万3,467ドル)の60分の1、日本(873ドル)の40分の1といった水準である。中国の近代化政策の目標が、世界の先進諸国と中国との間にあるこうした格差の解消に向けられてきたのは当然である。とはいえ、中国が近代化政策を開始して既に10年以上になるが、1989年6月4日の天安門事件に象徴されたように、解決すべき問題はいまだ数えきれないほど残されており、目標達成は厳しい情勢

---

5)　国勢社(1989)『世界国勢図絵1990/91年版』による。

6)　「どのような尺度からみても、どのような評価をとろうと、どのようなものを標準としようとも、またどのような指標によろうとも、他のどんな開発途上国の経験も、食糧生産において中国の農村の至るところで1980年代の前半に成し遂げられてきたことには匹敵しない」(ウィットワー／阪本訳 1989)。

にある。[7] 経済的には、確かに非農業部門の産業を育成・発展させることが重要な関心事項になっているが、その前提としてあるいは並行して、農業自身の体質改善を図ることの重要性がますます明らかになってきているように思われる。中国の農業は前述のことからも分かるように、多くの労働力によって支えられていることが最大の特色であり、人口問題と一体となっている。しかも、中国の農業はここ10年来の経済改革の動向とも複雑に絡み合い、最近では環境問題の様相をも呈しているところに、将来に向けた問題解決の難しさが横たわっているようにみられる。

第2節　人口増加と耕地の零細化

以上のように、人口増加の影響が最も深刻に現れているのは農業の部門である。中国における人口数と耕地面積の変遷を表4-1によって概観してみよう。これによると、中国では人口増加が激しくなった14世紀末以降、人口と耕地のバランスが崩れ、西暦2年を基準にすると1949年までに人口は9倍に増えたのに耕地面積は2.5倍に

表4-1　中国における耕地面積と人口の変遷

西暦年号	人口 (100万人)(A)	耕地面積 (100万ha)(B)	一人当たり B/A (ha)
2	59.6	38.00	0.64
1393	60.6	51.33	0.85
1685	203.4	40.52	0.20
1812	333.7	52.76	0.16
1949	541.7	97.88	0.18
1957	646.5	111.83	0.17
1971	760.6	100.70	0.13
1980	1,032.0	99.31	0.10
1987	1,081.0	95.89	0.09

（趙1984および『中国統計年鑑』より作成）

なったに過ぎない。また革命後でみると、人口は2倍に増加したにも関わらず耕地面積はほとんど変わらず、むしろ減少傾向を示している。

この間中国で耕地面積の増加が著しかったのは19世紀初頭から20世紀半ばの時期でほぼ2倍に増加したが、人口の増加も大きかったので一人当たりの耕

---

7) 例えば、以下の報告。「中国は今後、改革・開放路線を継続し、かつての大躍進政策のような重大な誤り、文化大革命のような動乱、自然災害、大規模な外国の侵略などがなくても、来世紀(21世紀)半ばまでに、経済発展の重要な任務の完成には至らず、後進状態からの脱却、先進国家への仲間入りは全く難しい」。「最も厳しい問題は人口の急増と食糧生産の停滞である」。（中国科学院国情研究グループ報告『生存と発展』、読売新聞1989年3月16日記事）

第4章 人口と農業・土地資源の関係

表4-2 主要国の一人当たり耕地面積の比較

	国民一人当たり耕地面積(ha)[1]	農業労働者一人当たり耕地面積(ha)[2]	耕地1ha当たり穀物生産量(kg)[3]
日　本	0.04	0.96	5,700
中　国	0.09	0.23	3,977
西ドイツ	0.12	5.88	5,052
イギリス	0.12	11.45	5,433
イタリア	0.21	6.10	3,906
インド	0.22	0.83	1,464
フランス	0.34	11.81	5,659
ブラジル	0.55	5.56	1,868
アメリカ	0.79	58.76	4,725
カナダ	1.83	91.19	2,425
オーストラリア	3.06	111.89	1,413

注）耕地面積は1985年、人口、農業労働者数は1986年、穀物生産量は1987年の値。
（1、2：『ポケット農林水産統計1989年版』、3：『世界国勢図絵1990/91年版』より作成）

地面積はごくわずかに改善されただけであった。

かくして、14世紀末に0.85haであった一人当たりの耕地面積は17世紀末には0.2haとなり、さらに革命以降は1949年の0.18haをピークに以後減少を続け、1987年現在では0.09haと史上最低の規模にまで縮小した。この一人当たりの耕地面積は世界の主要国と比べても極めて零細なものであることが明らかである（表4-2）。中国より規模が小さいのは日本の0.04haのみである。ところがこれを農業労働者一人当たりに換算してみると、外国との格差はさらに歴然とするだけでなく、中国の0.23haに対し日本は0.98haとなり、日本と比べても4分の1にしか過ぎないことが分かる。

第3節　農村改革と地域経済の不均等発展

1. 中国の農村改革

中国の農村改革は、もちろん人民公社の解体のみに終始してきたわけではない。農村改革の時期を1979年から1984年まで（第一段階）と1984年以降（第二段階）に分けてみると、改革第一段階では農業生産集団における所有権と経営権の分離に関心が向けられ、改革第二段階に入ってそれが都市経済全般とともに、農村の社隊企業（人民公社および生産大隊が経営する企業）にも及ぼされるようになった。そしてこの第二段階の戦略は、第一段階で顕在化してきた農村

の余剰労働力対策の問題と密接に関わるものであった。福田等(1989)によれば、中国は工業化の道を歩みはじめたものの、「国家の力で工業を発展させるだけの力がない」ため、「農民自身が工業を振興することが奨励されるようになった」(費孝道)、という。これが「郷鎮企業」、すなわち広い意味の農村工業の振興策であった。こうした企業が労働力を吸収する一方、農民自身の生活水準を改善する方式として、1984年頃から急速に普及するようになった。そしてそれと併せて、農村では「離土不離郷」(農業は離れても農付は離れない)、あるいは「進廠不進城」(工場に勤めても都市には住まない)のスローガンが大きく掲げられた。これらのスローガンは農村が農村の枠組の中で問題解決を図ることが、当面の目標であることを宣伝したものであった。

実際、この戦略は、中国の農村経済の動向を全国的に概観するかぎり、効を奏しているかに見える。例えば、中国の農村社会総生産額は改革2年目の1980年には2,791億元であったが、1987年には9,341億元となり、7年間で3.38倍の成長を示している。ただ、産業別の生産額では農業2.43倍、工業6.06倍、建築業4.02倍、運輸業7.11倍、そして商業・飲食業4.21倍であった。留意すべきことは、農業も2倍を超える成長をみせたが、他の部門はすべて農業を大きく上回る発展をみせたことである。運輸業と工業の発展はとりわけ著しい。この結果、中国農村の生産額による産業構成は大きな変動をみせ、1980年には農村社会総生産額の68.9％を占めていた農業は、1980年には50％を割ってしまった。一方工業は同期間内で19.5％から34.8％へと大幅に地位を向上させた。こうした変化は1980年から1984年までと、1984年から1987年までの期間に分けてみると、いわゆる農村改革の第一段階よりもその第二段階に入って急速に展開したのである。

これをリードしてきたのが、前述の郷鎮企業の著しい発展であった。1987年の調査によれば、全国で6,000万人の農民が土地以外の収入を得、8,800万人が郷鎮企業に従事していた。また中国の企業は郷鎮企業の他、集団所有制企業と国営企業とがあるが、近年では特に郷鎮企業の発展が著しい。張(1989)によれば、1988年1～9月期の工業総生産額に占める国営企業の比重は64.5％その前年同期比の伸び率は12.6％であったが、集団所有制企業は25％、農村郷鎮企業は33.8％に達している。また、農村郷鎮企業の生産の主力は消費材で

あるが、それを反映して1988年の軽工業生産の成長速度は初めて重工業を上回った。

2. 地域経済の不均等発展

しかしながら、以上のような農村の発展戦略がもたらしてきた影響は、すべてが効果的なものばかりではなかった。特に2つの点で重要な問題が生じている。一つは、前述のように工業などの非農業部門に比べて、農業の発展速度が遅いことである。とりわけ農業の中でも最も重要な位置にある食糧生産の伸びが停滞している。これは同じ耕種部門のうちでも経済作物への農民の関心が高まっているのとは対照的である。国民一人当たりの食糧生産は増加の傾向にあるとはいえ、厳密には1984年をピークに以後の伸びは芳しくない。これは自然災害などの要因以外に、農民が収益性の低い食糧生産を毛嫌いし、商品性の高い作物の生産や副業に走ったことが大きな要因とされている。同時に、化学肥料や農薬などの生産手段、あるいは基幹的な労働力は収益他の高い部門で優先され、食糧生産のための条件が劣悪化していることとも関係している。

もう一つは、農村における経済発展が、地域的に極めて不均等な形でしか達成されていないことである。例えば、農民一人平均の年間純収入を1980年と1987年の時期について比較してみると、全国平均は191.3元から462.6元(2.42倍)に増加したが、1980年に最低であった陝西省の場合は142.5元から329.5元(2.31倍)となり、一方最高の上海市の場合は397.4元から1,059.2元(2.67倍)に増加している。また1980年の時点で最低の陝西省と最高の上海市との収入の格差は254.8元であったのに対し、1987年では最低の甘粛省(296.1元)と最高の上海市との格差は763.1元となり、発展の著しい省と遅い省との格差がより一層拡大してきている。そして、こうした傾向は一人平均の国民収入からみた傾向ともほとんど一致している[8]。

ところで、これらを地域的にみると発展の著しいのは上海市の他、北京市、天津市、遼寧、江蘇、浙江、山東、広東省等のいわば大都市を含む大陸東部の沿海地域に集中している。前述の農村企業の場合も実は、江蘇、浙江、山東、広東など四省の発展が目立つ。張(1989)によると、この4省の郷鎮企業生産額

---
8) 『中国統計年鑑1988年』による。

は全国郷鎮企業生産額の58％を占め、また1988年1～9月の生産額は前年同期比で35.4％増となり、全国の郷鎮企業の総生産額を20％以上も引き上げたのである。

第4節　人口圧の背景となった地域間人口流動

　1970年代末に始まる農村改革によって農村に生産責任性が普及し、農家単位の経営となり、家族内でできるだけ合理的な労働力配分を求めるようになると、農業労働力の余剰問題が顕在化し、一方で人口問題が強く意識されるようになった。山口・王(1989)によれば、今日の中国農村の総労働力は耕地に対しては約5割(おおよそ1.8億人)が過剰であり、一方副業や農村工業などで雇用されている労働力を差し引いても約3割(おおよそ1億人)の労働力が過剰であるという。中国における人口問題は、かくて農村余剰労働力の転移問題として大きくクローズアップされるに至った(若林　1989)。

　1988年2月30日付けの人民日報の記事によると、現在の改革開放路線の下で沿海部と内陸部の間、および都市と農村間の格差が広がり、人口流動の傾向にも新しい様相が生じている。

　すなわち、今日最も規模が大きく、広範囲に及び、影響力の大きい形式が農村から都市あるいは都市周辺への人口の流動であり、都市化を促す第1要因となっている。第2には、内陸の中部地帯や西部地帯から経済が比較的発展した沿海開放地帯、とりわけ広州、深圳、上海、海南島などの都市や地区への流動現象。第3には沿海地区特に江蘇、浙江等の地区の農民が人口と耕地の二重の圧力によって、沿海地区から逆に中西部地帯へ流入する例である。これらの人々は生産技能を身に着けていて、流入地区の生産技術水準を高め、同時に沿海地区の人口と耕地の圧力を和らげることにもなる。さらに海外に向けた労務輸出があり、主に労働力が不足した石油輸出国、ソ連、オーストラリア、フランス等への出稼ぎである。

　以上のうち第1と第2の人口流動が今日の最も特徴的な現象であることは言うまでもない(図4-1)。第3の流れは注目されるがまだそれほど大きな比重は持っていない。かつて人口流入地区となっていた内陸では人口流出現象が進

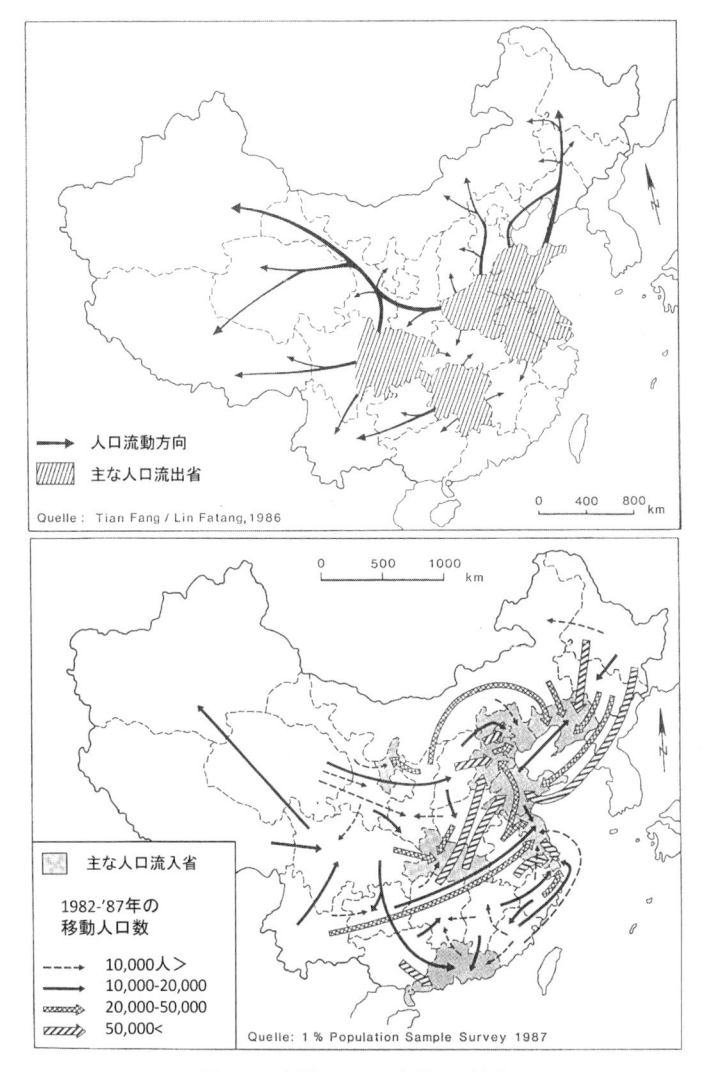

第4章 人口と農業・土地資源の関係

図4-1 中国における省間人口流動
(Taubmann 1991: Fig. 3, fig. 4 より編集)

凡例:
- 人口流動方向
- 主な人口流出省
- 主な人口流入省
- 1982-'87年の移動人口数
  - 10,000人>
  - 10,000-20,000
  - 20,000-50,000
  - 50,000<

Quelle: Tian Fang / Lin Fatang, 1986
Quelle: 1% Population Sample Survey 1987

み、そうした地域が全国の19省区に及んでいる。こうして中国では今、総人口の20人に1人、つまり5,000万人が流動人口とされている。具体的な例では、1989年3月初め、広東省の鉄道の駅や路上が四川省や湖南省など大陸内部か

ら流れ込んだ200万人を超す農民たちで埋め尽くされる騒ぎが起こった[9]。こうした農民移動の背景には自然災害に加え、金にならない農業が嫌われ、農村改革により金儲けが優先し、耕地の減少や農民の生産意欲の減退を招いたこと、1日4万人ともいわれる新生児誕生で加速されている農村部の人口圧力がある一方、経済発展地域での過度の建設ブームなどで労働力不足が生じていること等が原因となっている。

むすび

いずれにせよ、ここ数年来、こうして活発化している労働力移動の発生・拡大現象は、これまでの農村改革の矛盾を示すものであり、またマクロ的には中国全体の経済改革下において、1980年代前半から急速に進展した特定地域(東部沿岸地区)への資本、技術の集積と並んで、労働力の集積が起こりつつあることを意味している。さらに大島(1989)が指摘するように、こうした人口流動によって地域間の格差は解消する方向に進むのではなく、今後も再生産され、拡大する可能性がある。このような動きは前述の中国農村の発展戦略として提起されてきた「離土不離郷」が、実は一部の先進農村でのみ可能となるに過ぎないことを実証するとともに、また中国がこれまで行ってきた戸籍制度を揺るがし、ひいては中国社会一般にも大きな影響を与える可能性があることを示唆したものといえよう。最も重要視されなければならないのは、こうした産業の再編成と人口移動がもたらす農業・食糧生産への影響である。これまでの農村改革期間中(1980〜1987年)、中国の食糧生産は8,417.8万t(26.3％)の増加がみられた。しかし、この全国の増加率を超える伸びを示したのは吉林(95.0％)、安徽(67.0％)、内蒙古(53.1％)、新疆(51.4％)、湖北(51.0％)、山東(42.4％)、河南(37.2％)、江蘇(34.7％)、陝西(30.5％)の9自治区・省に過ぎない。逆に伸び率が10％に満たなかったところが10省も存在する。農業依存度の高い中国において、食糧生産の伸びが一部の地域でしか顕著でないことは、改めて耕地の動向に注目すべきことを示唆している。

---

9) 読売新聞、1989年3月10日記事。

<文　献>

ウィットワー, S. 等／阪本楠彦(訳)(1989):『10億人を養う―詳説中国の食糧生産』、農山漁村文化協会。[Sylvan Harold Wittwer *et al.* (1987): *Feeding a billion: Frontiers of Chinese agriculture*. Michigan State University Press]

大島一二 (1989):「中国農村における地域間労働力移動の現状分析―江蘇省農村の事例を中心に」、アジア経済 XXX-8、44-57頁．

張紀濤 (1989):「調整のなかで前進する中国経済―1988年中国経済、労働情勢の回顧と展望」、日本労働協会雑誌 35号、52-61頁．

福田歓一 等 (1989):「発展を求め、改革を進める中国」、『第二次日中交流学生訪中団報告書』。

ボズラップ, E.／安澤秀一・安澤みね(共訳)(1975):『農業成長の諸条件―人口圧による農業変化の経済学』、ミネルヴァ書房。[Ester Boserup (1965): *The Conditions of Agricultural Growth: The Economics of Agrarian Change Under Population Pressure*, London: George Allen & Unwin Ltd.]

元木 靖 (1989):「中国の農村改革―その意義と農村経済に与えた影響」、歴史と地理 407号、1-11頁．

山口三十四・王朝才 (1989):「中国農業の地域差と生産関数―過剰就業問題について」、農林業問題研究 95号、1-11頁．

若林敬子 (1989):『中国の人口問題』、東京大学出版会。

趙松橋 (1984):「我国耕地資源的地理分布和合理利用」、自然資源学報 1号、13-20頁。

Taubmann, W. (1991): Räumliche Mobilität und socio-ökonomische Entwicklung inder VR China seit Beginn der 80er Jahre. *Die Erde 122*, 161-178.

第5章
経済改革初期段階の土地資源問題

はじめに

　中国では農村改革を基軸としてはじめられた経済改革の過程で、農村を支える土地基盤である農地（とくに耕地）保全に対する関心が高まりを見せるようになる。本章では改革以来1990年代半ば頃までの、いわば経済改革初期段階の耕地資源問題がどのような状況を呈していたのか、その背景となった要因と特徴について明らかにしよう。しかし、その前に耕地をめぐる歴史的な傾向について概観することによって、改革期の耕地問題の特徴の新しい点を明確にしておきたい。

　なお、中国の耕地動向を全国的に把握するためには統計数値を利用しなければならないが、統計的な手法の変更があって、必ずしも本章で扱う統計数値は、統計方法の変更後の今日の数値とは連続性を持たない。本章で述べる統計では改革期以前から耕地は減少を続けていたが、新たな統計方法のもとでのスタート時点の耕地統計では、第6章で示すように、さらに増加したところから減少に転ずる形となっている。したがって、本章では、両者の整合性を図ることは統一せず、経済改革の初期段階における耕地問題の新たな特徴を確認することとしたい。

第1節　過去における土地（＝耕地）資源問題

　グリッグ（1977）は中国について、前章で見たような耕地と人口の関係の歴史

---

1) 中国の耕地面積に関する統計方法は1996年を境に変更となった（日本総合研究所 2000）。「中国耕地資源数量変化の傾向分析とデータ再建：1949～2003」（自然資源学報 2005年 第一期）を参考と調整された。

的動向に注目し、18世紀まではそれでも黄金時代であり、さらに19世紀までは米の収量の増加は人口の増加と歩調を合わせていたが、19世紀初頭になると農場は非経済的な保有の状態にまで細分化され、危機の時代を迎え、過密、失業、飢餓の問題が華南でも表面化してくる、と述べている。

歴史的にみて、中国では農業生産にとって不可欠な自然資源の開発が重大な問題であり続けた[2]。中国における自然生態系の破壊状況は大変厳しく、その影響と被害は環境汚染問題よりさらに深刻との指摘もある[3]。

中国においては邑制国家時代には山林藪沢に恵まれていたが、領土国家時代になると森林を伐採して耕地を開墾してゆき、華北が開墾されると今度は南方に矛先を転じて「刀耕火種」の焼畑が波及して森林は漸減していった。凌(1989)によれば、紀元前2,700年には国土の49.6％は森林に覆われていたが、紀元1700年には26.1％に半減し、さらに1937年には8.2％にまで森林が減少してしまった。革命後は植林を進め、1977年には12.7％の森林比率になるまで回復してきたが、その後の改革の過程で1987年の比率は12.0％と後退している。土壌侵食の問題も古くから問題になってきたことである。しかし、人為的な土壌侵食については18世紀初め頃から激化するようになったようである。カーター・デール(1975)は、世界的な視野から、人為的な土壌侵食が過去1,000年のどの期間より、100年の間により多く進行したと指摘している。中国では18世紀中期の清朝時代に各地で発生した戦乱を背景として、漢民族が華南の山地斜面へ進出し、トウモロコシや甘薯の作付けをしたことで土壌侵食を助長したことも知られている[4]。

ところで、グリッグが18世紀までを黄金時代としたのは17世紀には明らかに減少傾向に転じていたにも関わらず、華南地方における耕地の拡大と農業の集約化に支えられ、殊に稲作農業の進歩を基礎とした生産性の向上があったからである。この間中国では南北が統一されて元.明.清となるが、人口の地理

---

2) この点に関する指摘は少なくないが、例えば、久保卓哉(1999)「『中国環境保護史話』訳注(四)」、福山大学人間科学センター紀要 14号、49-66頁。[袁清林(1990):『中国環境保護史話』中国環境科学出版社]。
3) 例えば、駒井(1989)。
4) 千葉(1973)による詳しい考察がある。

的分布における基本地帯も北方から南方へ移ってしまう[5]（表5-1）。ところが19世紀初頭にはこの華南地帯でさえ、稲作農業の集約度は高くなったものの労働生産性は低く、また負債、小作地、失業、栄養不良といった慢性的人口圧力の一切の兆候をもつようになっていた（グリッグ 1977）。

表5-1 中国における北方と南方の人口比率の変化

西暦(年号)	北方(%)	南方(%)
2　（西漢 元始2）	81	19
140　（東漢 永和5）	59	41
742　（唐 天宝元）	60	40
1002　（北宋 咸平5）	41	59
1491　（明 弘治4）	40	60
1820　（清 嘉慶25）	33	67
1932　（中華民国21）	38	62
1982　（中華人民共和国）	43	57

注）北方と南方の境界：秦嶺-淮河線
（胡 1987 論文より引用、一部改変）

したがって、新中国の誕生以来、農業面で従来利用されることが少なかった新しい土地を開墾しはじめた。沿海部のアルカリ土壌、東北の平坦草原地区、西北の乾燥草原地帯や砂漠、チベット高原の寒冷地にまで農業開発が進められるようになったのである（劉 1989）。しかし、近年ではその動きもスムーズではない。中国全体としては1957年をピークに耕地面積は減少傾向をたどっている。中国の一人当たりの耕地面積は人口の急速な増加と耕地の減少との二重の影響とによって、圧迫され、かつてない零細化に直面しているのが今日の姿である。ルネ・デュモン（1986）は、かつて、脱集団化へ向けて歩みはじめた四川省の農村の実態に触れ、「幸せになるには人口が多すぎる」と感想を述べたが、歴史的な問題としても提起されてきたのである。

第2節　経済改革期における耕地面積の減少

中国統計年鑑によると、1978年末の中国全体の耕地面積は約9,939万haであったが、1989年から1990年にかけてわずかに増加に転じたときを除いて、ほぼ年々減少をつづけ1995年には9,497万haとなっている。この間の減少総面積は442万ha、減少面積の割合は4％であるが、日本の総耕地面積にも匹敵するほどの規模に達している。

---
[5]　森（1958）および胡（1978）を参照。

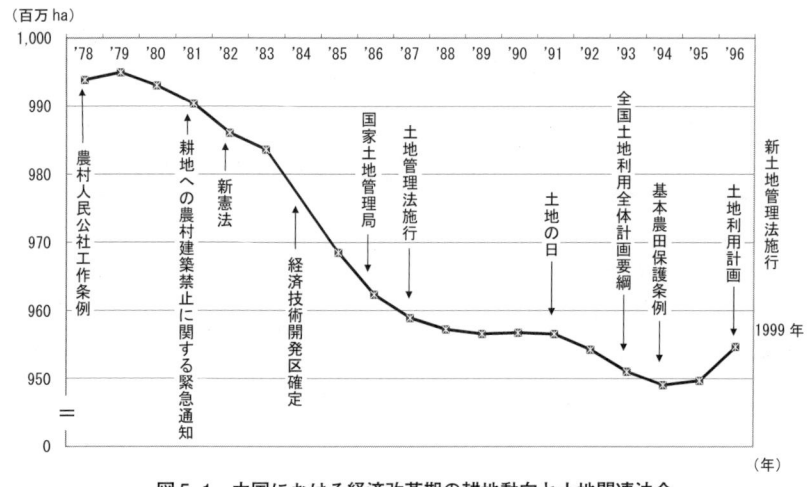

図5-1　中国における経済改革期の耕地動向と土地関連法令
注）1979年、1981年、1982年、1983年：中国国土資源据集第一巻(年末値)
　　1978年、1985年～1995年：中国統計年鑑1999年版(年末値)
　　1996年：中国農業年鑑1997年版(年末値)、により作成

第3節　耕地減少を引き起こした要因

　図5-1は、こうした耕地減少の傾向を年々の耕地面積の推移からみたものである。この図によって分かるように、中国の耕地面積は1980年代に入って急速に減少し、その後半に安定したものの、'90年代の前半に至ってさらに減少に転じた。その結果、全国の耕地面積は9,500万haを割るところまで縮小した。その後、'90年代後半には若干増加傾向に転じたが大幅な回復には至っていない。なお、図5-1にこうした減少に対して政府による諸対策がどのように実施されてきたかを示しておいたが、この問題については次章において取り扱う。
　表5-2は、以上のような耕地減少の要因を整理してみたものである。以下のような点を明らかにすることができる。
　第1に、全体として国家建設用地、郷鎮企業等集団用地、農民住宅用地などの非農業的土地利用への転換による耕地減少が増加傾向にある。
　第2に、耕地減少が極めて著しかった1980年代前半の時期には、耕地から非農地への転換によるものは全体の20％前後であり、その他の割合が80％前

表5-2 中国の経済改革期における耕地面積の減少要因

年	年末耕地面積		年内減少耕地面積と要因					
	計（千ha）	指数	減少面積（千ha）	減少要因の内訳（％）				
				国家建設用地	郷鎮企業用地	農民住宅用地	左記計	その他
1978	99,389.5	100.0	800.9	18.0	—	—	18.0	82.0
1980	99,305.2	99.9	940.8	10.4	—	—	10.4	89.6
1985	96,846.3	97.4	1,597.9	8.4	5.8	6.1	20.3	79.7
1990	95,673.0	96.3	467.4	14.2	6.5	7.9	28.6	71.5
1995	94,970.9	95.5	621.1	18.0	13.7	5.1	36.8	63.2

注）その他：農業構造調整による耕地の転換および自然災害による潰廃。

（『中国統計年鑑』により作成）

後に達していた。その他には、表5-2に注記したように、耕地から果樹園や養魚池への転換のような農業構造調整による場合と自然災害による潰廃を原因とする減少であった。ところが、1990年代に入って再び耕地面積の減少量が増えてきた時期の理由をみると、非農地への転換が比重を高めてきている。

　第3に、耕地から非農業的土地利用への転換の内容については、国道や都市基盤の整備・開発などに伴う国家基本建設のための利用が主となっている。この影響による耕地の減少は10％前後から20％前後で一貫して大きな比重を占めている。一方郷鎮企業の発展に代表される集団用地、および農民の住宅建設のための用地として耕地が利用される場合については、1980年代前半には農民の住宅建設の割合が高かったが、近年では逆に集団の用に役立てるための耕地転換が目立って増加する傾向にある。

　中国土地年鑑によれば、非農用地建設が減少したのは土地管理法に基づいて厳格な管理がなされたためであるが、1992年以降の拡大については都市部を中心とした不動産ブームに加えて都市周辺への経済開発区形成のブームが展開した結果である。

　最後に、いわゆる行政上の都市部に限り、都市内における耕地動向を指摘しておきたい。表5-3はそれを東部、中部、西部に3区分し、かつ都市内部を地区と市区に分けて整理したものである。

　これより、まず、都市内における耕地面積の割合は、1990年、1995年のい

6）ちなみに、中国における耕地概念に日本の場合のように果樹園・茶園・桑園を含まない。

表5-3 中国における地域別都市内耕地面積率の比較

面積単位：万km^2

地域区分		1990年			1995年			1990-1995年
全国	都市	土地(A)	耕地(B)	B／A(%)	土地(A)	耕地(B)	B／A(%)	耕地率の変化(%)
東部	地区	83.4	21.7	26.0	105.1	26.4	25.1	-0.8
	市区	24.3	7.2	29.5	44.7	12.2	27.4	-2.1
中部	地区	107.4	23.0	21.4	140.4	29.0	20.7	-0.7
	市区	46.4	9.0	19.4	62.5	12.1	19.4	-0.1
西部	地区	77.3	8.1	10.5	90.0	9.7	10.8	0.4
	市区	50.1	2.8	5.6	60.8	4.1	6.7	1.1

(『中国城市統計年鑑』1991年、96年版より作成)

ずれにおいても東部が20％代後半の高い割合を示すのに対して、中部においては20％前後、西部においては10％前後あるいはそれ以下となっている。

次に、そのような状況下において1990～1995年の地区および市区別の土地総面積に占める耕地面積の割合の変化をみると、大きな地域差が認められる。すなわち東部において耕地率の減少が著しく、中部ではやはり減少を示すが微減傾向にかわり、西部においては増加の傾向が認められる。都市の発展過程および構造が3地区間でどのような関係にあるかについては今後検討する必要があるが、耕地面積の割合が高い傾向を示す東部においてその減少傾向が明確なことは改めて注目すべきことであろう。中国の経済改革を主導してきた対外開放の拠点が東部の沿海部の都市域であって、それらの地域での耕地の転換が大幅に進んだことが推察できる。

第4節 特徴的な事例——レンガ製造による耕地の破壊——

過去における傾向と今日の状況の決定的な違いは、次の2つの点である。先ず前にも触れたように、農業の基盤である耕地が明らかに減少傾向にあること。同時にそれが国土の優良な農地が賦存する東部地帯でもはっきりと現れてきたことである。1980～1987年の食糧生産の地域的な動向について、農業地域の性格から全国を19に分けた最近の資料[7]によって分析してみると、地域差はあ

---
7) 中国統計出版社(1989)『中国分県農林統計概要』。

るもののすべての地区で増加が確認できる。しかし同じ期間で耕地面積を増加させたのはそのうち4つの地域だけである。その場合でも都市郊外の諸県を含む地域で4.4％の増加がみられるのを除くと、他は1％ないしそれ以下に低迷している。一方耕地面積が減少した地域については、黄土高原の諸県を含む地域のマイナス7.4％を筆頭に、国家あるいは省・区の援助を仰がねばならない経済的貧困地域の減少率が5～7％、さらに東南部の沿海開放地区の諸県を含む地域のマイナス5.7％の減少が注目される。そして残りの地域についても、減少率は綿花の生産地域と長江下流の2地域以外、すべて1％以上の減少を示している。

　最後に、以上のような耕地の減少の大きな要因であり、かつ今日の時代背景を最も象徴的に示す事例を紹介しよう。それは経済改革の中で生まれた建築ブームによるレンガ(粘土煉瓦)の製造と、それが耕地の減少に与える影響に関する問題である。筆者が1988年中国滞在中に新聞や現地調査などで収集した資料によれば、今日中国で人為的に改廃される耕地の多くは、レンガ製造と関係している(写真5-1)。中国にはレンガ製造のためにおよそ10万のレンガ工場や窯がある(写真5-2)。なお、それらの工場の約90％は極めて簡単な道具を使う郷鎮企業の経営によるものである。中国では、1975年から1984年までの9年間、毎年200億個の速度でレンガがつくられ、全体の生産量は1985年には2,800億個、1986年には3,760億個へと増大している。そして1986年の場合でいえば、そのうちセメントと石を利用したものは1割にすぎず、原料の大部分が耕地などの農業土地資源に依存している。ちなみに天津の例では、およそ1億個のレンガが耕地4.4haを犠牲にして作られた。また土レンガを作るには石炭も相当消費するが、1986年の調査によると全国で4,700万t以上に達し、中国の建築材料生産に使われた石炭の52％がレンガ製造のために消費された。

　都市の建設が発展するにつれ、レンガに対する需要は絶えず増大し、それに要する土地も拡大している。また農村では「有銭就蓋房子」(金がたまると家を建てる)の伝統があり、近年衣食の問題が解決するにつれ、質の良い立派なレンガの家を作ることに関心が高まっている。統計によると、1987年末までに全国で56億m^2の農家が作られ、農村の一人当たりの住宅面積は10年間で11m^2から19m^2に増加した。全国ではさらに毎年7,000～8,000万m^2の公共建

写真 5-1 レンガ製造のために潰廃される農地
（1988 年 7 月 22 日、ハルビン近郊）

写真 5-2 比較的大規模なレンガ工場
（1988 年 7 月 22 日、ハルビン近郊）

築物と 6,000～7,000 万 m² の生産施設が建てられ、建築ブームとなっている（経済日報、1988 年 10 月 15 日）。もしこの状態が変わらなければ、この次の 10 年間で 4 万 ha にのぼる農地が被害にあうだろう、との予測もある。いずれにせよ、これまでに潰廃された耕地の 65.5％は天津、北京、湖北、湖南、山東、安徽、江蘇省等に集中している。

このため、国はレンガの製造を抑制するためにコンクリート・ブロックの生産の発展を奨励する一方、それぞれの省においても、例えば上海、湖北、山東の各省では農地から土を採取する際に税を掛ける方式とともに、レンガ工場や窯を作る前に登記申請することを義務付けること、山西省の西安や河南のある市では土レンガを購入する人に対して 1 個当たり 2 分の税金を掛ける方式等が考えられている。

むすび

中国の農業は、人口増と耕地面積の減少によって一人当たりの規模が極めて零細化している。これは農村の将来を考えた場合、恐らく、すべてに優越する決定的に重要な問題といえよう。歴史的には耕地の拡大と農業の集約化（精耕細作）によって切り抜けてきたが、近年の二重の人口圧の下で、当面近代的な農業技術の採用も難しいとすれば、中国の農業はどのような途を歩むことになるのであろうか。

中国では人口増大の圧力が地域的には東部に一層大きな影響を与えつつあ

る。東部地帯は中国の最も有力な農業地域であるので、農業の基盤である農地の潰廃を極力防止する方法を見いだす一方、増大する食糧需要に応え、伝統的農業から脱却するための中国式の農業近代化が模索されねばならない(郭／渡部 1989; 孫 1989)。また生産を増大するには、未開あるいは低開発地区での本格的開発をするための受皿づくりも進めなければならないだろう。

中国では開発効果が期待される黄河下流の華北平原の開発に当面大きな力を入れているが、経済構造の変化と耕地の地域的な動向(趙 1984)からみて、今後は内陸の乾燥地域や三江平原のような寒冷地域の開発に向かわざるをえないであろう。これには海外からの資金・技術援助が求められているが、生態系の保全もその際の大きな課題となっている。なお、本章では触れる余裕がなかったが、以上のような課題を解決していくには、交通および資源・エネルギーの地域間の調整問題が今後ますます重要な課題となろう。

<文　献>

郭文韜／渡部　武(訳)(1989):『中国農業の伝統と現代』、農山漁村文化協会。

久保卓哉 (1999):「『中国環境保護史話』訳注(四)」、福山大学人間科学センター紀要 14号、49-66頁。[袁清林 (1990):『中国環境保護史話』、中国環境科学出版社]

駒井正一 (1980):「新中国の土地づくり」『自然と結ぶ文化』〈信州大学教養部環境科学講座編〉、共立出版、306-330頁。

孫潭鎮 (1989):「中国の経済発展地域における農業発展の新課題—浙江省の事例を中心として」、アジア経済 XXX-4、88-109頁。

千葉徳爾 (1973):「中国南部の土壌浸食と農耕文化」、『文化圏の歴史地理』、古今書院、73-96頁。

日本総合研究所 (2010):『平成21年度海外農業情報調査分析・国際相互理解事業海外農業情報調査分析(アジア)』、農林水産省大臣官房国際部国際政策課。

野村好弘・小賀野昌一(訳)(1996):『中国の土地法』、成文堂。[王　家福、黄　明川(1991):『土地法的理論与実践』、人民出版社]

森　鹿三 (1958):「中国(2)」、『アジア新大陸』(歴史地理講座 第2巻)、朝倉書店、77-114頁。

劉世奇／近藤康男・藤田　泉(訳)(1989):『中国農業地理—社会主義下の農業地域計画』、農山漁村文化協会。

デュモン，R.／服部伸六(訳)(1986):『脱集団化へ向かう中国』、社会思想社。

カーター, G.・デール, T./山路 健(訳)(1975):『土と文明』、家の光協会。
グリッグ, D. B./飯沼二郎・山内豊二・宇佐美好文(訳)(1977):『世界農業の形成過程』、大明堂。[D. B. Grigg(1974): *The Agricultural Systems of the World: An Evolutionary Approach*, Cambridge University Press]
胡兆量 (1978):「自然資源結構与経済重心的地域遷移」、自然資源学報 2(3)、205-211頁。
凌大燮 (1983):「我国森林資源的変遷」、中国農史 第二期、26-36頁。

第6章
経済成長期の都市化と土地資源問題

はじめに

　中国の経済は、1990年代後半頃からとりわけ2001年のWTO加盟以降、急速な経済成長を遂げ今日に至っている。経済成長期に入ってからの特徴は都市化が進み、それに伴い、土地資源対策も重要な問題となってきている。[1] 日本の場合、明治以来の近代化の過程で、日本の農地(＝耕地)面積は3つの段階、すなわち増加、停滞、減少というプロセスが進行した(元木 1992、1998)が、その一方で農地の減少が著しくなった段階には日本の食糧自給率は先進国の中でも最低レベルに低下してきた(元木 2006)。この時期は日本の経済が高度成長を遂げ、農村から都市への人口移動による都市化とくに特定大都市への人口集中化が大きな特徴となった。農地面積の潰廃や放棄は都市化と密接に関係していることに鑑みると、今日の都市(経済)文明の発展は農地の減少との交換の上に成り立っている、と言っても過言ではない状況が生じている。もちろん、こうした事態については、日本のみの経験というよりは世界経済のグローバリゼーション下における現代の都市文明に対する批判的な問題意識に着目した[2]

---

1) 野村・小賀訳(1996)『中国の土地法』、および曲・陈・陈(2007)『经济发展与中国土地非农化』に詳しい。
2) 「都市」は歴史時代を通じて、常に社会の中心に位置し、社会にダイナミズムを与えてきた存在である。しかし高度経済成長とともに巨大な人口を収容しつつ、広域的な影響を及ぼすようになった現代の都市と従来の都市には大きな違いがある。地理学者であり哲学者でもあるオギュスタン・ベルク(1996)は次のように指摘している。「現代の都市(city)はそれ自体が何よりも文明(civilization)として人々の前に姿を現した」。その「環境に対する否定的な影響は不可逆的なものかもしれず、しばしば制御不能であり、地球上での人類の居住可能性をも危機に陥れている」。これまで「文明の進歩は善として受け取られていた」が、「それとはまったく別な見方が60年代に普及しはじめ、今日支配的となっている」。
　日本においても、生態学者の吉良竜夫(1999)は、「すべての環境問題が、どれも一番激烈にあらわれているところ——それが都市である」、「そこへ人口が集中せざるをえない社会の

場合、近年の農地減少に対する世界的な関心の高まり(Deininger and Byerlee 2011)、あるいは地球上における都市面積が今後一層拡大するとの予測によっても指示されるかも知れない。

本章では、日本に続いて経済成長を遂げ都市化が進められてきた韓国、台湾等との比較を踏まえて、中国における土地問題の動向について考察する。第1に、最初に農地減少のしくみとその要因としての都市化の影響が増大していること、およびその影響が東アジアにおいて極めて重要な課題に繋がる問題であることを指摘する。第2に、その上で中国における都市化が農地減少にどのような影響を及ぼしてきたか、さらに今日の課題は何かついて明らかにしたい。

第1節　農地減少の要因としての都市化

1. 農地減少のしくみ

土地資源としての農地が縮小あるいは減少するメカニズムは、土地資源一般の場合と同様、自然的な要因と人為的な要因に分けて考えることができる(例えば、Conacher and Conacher 1995)。もちろん、実際にはそれらが個別に作用する場合より両者が複雑に関係し作用する場合が通常であろう(図6-1)。

自然的要因による農地の減少は、洪水などによる農地の破壊や埋没などに加え、水や風による土壌浸食、あるいは土壌の乾燥化などによって農地の機能が失われ、結果として農地の放棄が生ずるような場合である。水不足により農地や草原が劣化する場合、逆に過水に伴う土壌の湿地化やグレイ化が進み農地として使用不能になる場合、さらに風食や気候変化(乾燥)により農地が劣化し、

現状は、基本的なところでまちがっていると言わざるをえないだろう」と警鐘を鳴らした。同様に、社会学者の藤田弘夫(1993)は「近年の都市の数の飛躍的増加と大規模化とによって、資源の消費と環境破壊はかつて経験したことのない水準にまで達している」、「現在、都市のあり方は、その根底から問い直されている。」という。

3) 米国の研究チームが各種の経済・人口統計、アメリカ航空宇宙局(NASA)の衛星観測データなどを元に確率モデルを使って行った予測によると、地球上の都市の面積は現在のペースで進むと、2030年には2000年の3倍に膨らむだろう、という(朝日新聞 2012年10月25日記事)。なお、この研究は農地資源への影響のみでなく絶滅危惧種の生息地が開発によって荒らされ、森林が失われて温室効果ガスも増えるなど、環境への影響が懸念されることを強調している。

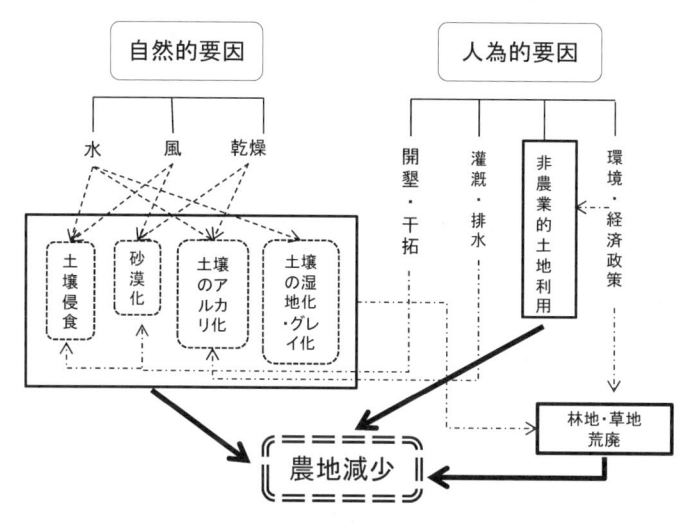

第6章　経済成長期の都市化と土地資源問題

図6-1　農地減少に影響する諸要因
（Motoki & Liu 1994：Fig.1を一部改変）

砂漠化をもたらすような場合もある[4]。また乾燥地における不適切な灌漑や管理によって農地が劣化（アルカリ化）し、結果として農地の放棄を余儀なくされた例もよく知られている。

　さて、以上のような自然災害などの影響を除けば、第二次世界大戦後農地減少に大きな影響を及ぼすようになったのが人為的要因である。この点については改めて取りあげるが、簡単に言えば、まず第二次世界大戦後の都市化に伴う住宅地、工場用地、交通路、観光地の開発などにより、いわば直接的に農地の減少がもたらされるケースである。

　一方、経営的な理由によって、農地減少がいわば間接的に引き起こされる場合がある。工業化・都市化が進むにつれて農民に農外就労の機会が形成されると、農村の労働力不足が一方で問題となり、それへの対応として農家の作物選択に変化が生じ、究極的に作目を維持できなくなり、農地の放棄がもたらされる。図6-2は、東南アジアにおける米作地帯において、農外部門への労働力移

---

4)　ちなみに、最近15年間の地表における土壌劣化（soil degradation）に関する評価によれば、世界の土地の。半分以上（55％）は水による土壌浸食による影響の結果であるが、15％は人間活動による退化、28％が風食、12％が化学的な土壌劣化（塩化を含む）、4％が水に関連した圧密、沈下などの物理的な障害による（Conacher, A. and Conacher, J. 1995）。

動が進む中で稲作経営の省力化が進み、それへの対応が困難になると樹木作物が導入される段階を経て、最終的に樹木作物でさえ管理ができなくなる中で農地が放棄されることを示している。

以上のように、農地の減少をもたらすメカニズムは決して単純ではないが、基本的な要因としての自然的要因と人為的要因との相互関係に着目してみると、人為的な要因の影響が自然的要因に影響を及ぼすようになってきていることが注目されねばならない。この点はとくに人口支持力の高いアジア諸国において重要である[5]。

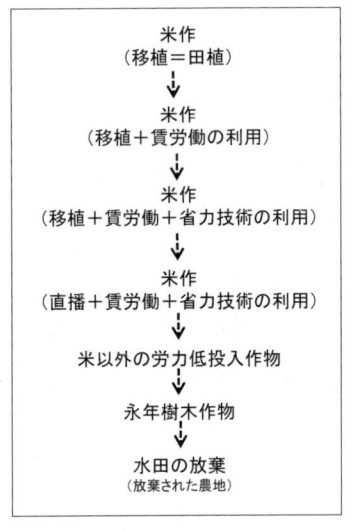

図6-2 米作における労力不足下の農業変化の経路
(Rigg 2001：Fig. 7.4を一部改変)

2. 都市化の負の側面としての農地減少

1) アメリカ合衆国の例

第二次世界大戦後、アメリカ合衆国でも都市化が農地減少に及ぼす影響について多くの議論があった。例えば、ハート(Hart 1963)は合衆国の農地が1950年を境に、従来の拡大基調から縮小に転じたことに着目して、この変化について東部の31州すべてのcountyを対象として検討した。すなわち、農地減少に影響する要因を、(1)都市の成長、(2)石炭採掘、(3)特産物の作付後退(例えば、綿花栽培の後退)、(4)政府の施策(例えば、土地保全計画にもとづく地域指定)、(5)林業資本による農地取得、(6)自然的障害に分けた上で、農地が減少したすべてのcountyを減少の主因別に分類した。その結果、数の上では(1)が、農地減少の理由であることを認めたが、実際の減少地域は(2)、(3)、(4)、(5)など

---

5) 渡辺監修／原嶋・島崎(2002: 図1)によれば、世界の中でアジアはアフリカと並んで、土壌劣化が最も深刻な地域である。土壌劣化をもたらす原因としては農業、過放牧、森林破壊、過剰開発があげる一方、アジアでは、世界の他の地域に比べて一人当たりの国土面積が極めて狭いため、土地利用はきびしく制約され、そのことが土地の劣化を加速させる要因となっている。とくに、「アジア諸国では沿岸の平野部において都市化が進み産業やインフラストラクチュアが整備されてきた結果、農地を確保するために森林が開墾され、傾斜地など条件の悪い場所が農地に転用されてきた。」(下線は筆者)。

の農業上の土地条件がかなり悪い所に限られている点に注目し、大量の農地減少の根底に横たわる原因は、かかる自然的土地条件に還元しうるのではなかろうか、と結論づけた。

これに対して、フラベガ(Fravega 1970)は、都市化の影響が土地条件の悪い農地の減少を引き起こしていることを重視したハートの仮説に対して、テネシー州西部地区の例から、地力の低いあるいは限界的な農地の減少ではなく、都市(urban complex)の拡張に伴う優良農地(good farm land)の減少が進んでいる事実を示し、将来的に重大な農業問題が横たわっていることを指摘した。しかも爆発的な都市的土地利用による優良農地の占拠は、大規模な機械化農業に不向きな限界農地の農業生産のなかに持ち込まれ環境破壊の原因となることを示唆した。

またロケレッツ(Lockeretz 1989)は、全く別の観点から、農村への大都市地域の拡大は農業に著しく有害な影響を与える原因となっていることを指摘した。すなわち住宅建設、商業の発展、交通開発のために農地が直接転換される巨大都市の開発は、その対策としての農地保全(開発権、農業のゾーニング、優先的な農地の評価)、および非農業人口の増大により派生的に農地が減少することを示唆した。以上のようにアメリカにおいて大都市地域の拡大が農地に対して直接・間接に、さらには潜在的な減少要因として作用することが明らかとされてきたのである。

2) 日本の例

日本においても第二次世界大戦後の高度成長期に入ってから、歴史上未曾有の変革期を迎え、激しい都市化が展開した。地理学者の西川治(1979)は、「その第1は、工業生産力の著しい増強であり、地域的拡大化である。第2は、農村部から大都市地域への急激な大量の人口移動である。」とした上で、「特筆すべきは、農地転用が進み、多くの優良な耕地が減少したことである。」と問題提起した。この指摘は、アメリカ合衆国において経験されたのと同様の変化が日本においても生じたことを示すものであった。

ただし、日本に即していうならば、このようなことは、第二次世界大戦後の復興期に、「土地はわれわれの生活の母体である」(太田 1952)とか、土地利用において「農地或いは耕地が中心課題になる」(地理調査所地図部編 1955: 23)

というようなかたちで農地への関心が著しく高まったことを思い合わせると、隔世の感がある。

　しかし、農地減少の傾向は日本でも1960年代後半頃から注目されはじめ（例えば、坂口1968）、本格的には1970年代以降になってから大きな問題となった。西川大二郎（1972）は日本列島に進行している経済やその地域的特性の編成替えの動向に注目しつつ、「農業の最も基本的な生産手段である農地の変動（農地潰廃の増加）をみること」の必要性を指摘し、まもなく農地変動は「過去に培われた高い生産力を持つ優良農地の減少」（農業基盤整備研究会編 1977: 7）問題と結びついていることが明らかにされた。また、唯是康彦は将来を展望して、「備蓄されるべき最大の生産手段は農地である」（唯是1990）と警鐘を鳴らした。

　以上、アメリカと日本双方において、現代の都市化の負の側面としての農地の減少に対する関心が高まったことについて確認した。しかし、農地の減少がその基本的な役割である食糧生産に及ぼしてきた影響に就いてみると、今日では両国の間で対照的な状況を呈している。アメリカはこの間食糧の輸出国としての地位を保持してきたが、日本の場合は急速に食糧自給率を低下させてきたのである。

　この違いは両国の国土面積の広狭、あるいは人口密度の相違に単純に換言してしまってよいかどうかはさらに検討の余地がある。しかし日本の場合、現代の都市（経済）文明の発展が農地の減少と引き替えに成立してきたことは否定できない明らかな事実である、といって過言ではないであろう。しかも、モンスーンアジアにおいては「一人当たり耕地面積の減少に応じて輸入依存度は強まるであろう」（平沢 2005）という予測に留意してみるならば、日本に特殊な現象として現れたのではなく、その影響が日本に早く現れてきたに過ぎない。

第2節　東アジアにおける都市化と耕地減少

1. 都市化の状況

　さて、ここで日本を含む東アジアに目を向けてみよう。各国・地域の都市化の進みかたを都市人口率によってみると、表6-1の通りである。日本は第二次世界大戦後の1950年の段階で都市人口率は50％に達し、東アジアの他の地域

表6-1 東アジアの都市化(都市人口率)

単位：％

	1950年	1960年	1970年	1980年	1990年	2000年	2010年
世　界	29.8	33.7	36.8	39.6	43.5	47.2	51.5
東アジア	18.0	22.6	24.7	27.4	34.3	41.6	49.9
日　本	50.3	62.5	71.2	76.2	77.4	78.8	80.5
韓　国	21.4	27.7	40.7	56.9	73.8	81.9	86.7
台　湾	─	─	─	47.2	50.6	55.8	─
中　国	12.5	16.0	17.4	19.6	27.4	35.8	45.2
北朝鮮	31.0	40.2	54.2	56.9	58.4	60.2	63.5
モンゴル	19.0	35.7	45.1	52.1	57.0	56.6	58.0

United Nations: World Urbanization Prospects, 台湾はADB Key Indicatorsにより作成。
(参考)台湾の都市人口率'75年：60.2％、'90年：66.9％、2003年：69.1％(全球主要地區都市人口比率概況)

に比べ突出していたが、韓国は1980年に56.9％となり、1990年からの経済成長期に入った中国の現在の姿も47.0％[6]に達している。

このように、東アジアにおける都市居住者の比率は、経済成長の過程で著しい高まりを示している。日本の2010年現在の状況(80.5％)を基準にみると、韓国は83.0％に達して日本以上に都市化が進んだ。中国については1970年当時の17.4％から現在は47％となり、韓国を上回るスピードで都市化が進んでいる。すなわち、東アジアでは経済成長を通して人々の都市への集積(とくに農村部から都市部への人口移動)が急速に進む傾向が強まっている。しかも、人口1,000万人規模の巨大都市(メガ・シティ)が、東京を筆頭にソウル、重慶、上海、北京に誕生してきた。

2. 日本、韓国、台湾の耕地の減少

それでは、以上のような日本の状況に比して、韓国と台湾の土地資源の動向はどのようであったか。結論的には経済成長、そして都市化が進む中で、韓国でも台湾でも土地資源としての農地は減少傾向にある。図6-3に日本、韓国、台湾の1970年から2005年までの最近35年間の耕地面積の推移を示したが、

---

6) 中国の都市居住人口の割合は2010年に50％に達した。ジョン・フリードマン(谷村訳 2008: 5)は、「2030年頃(筆者補注)に、中国の人々の60％以上は都市に住むようになるであろう」とみている。

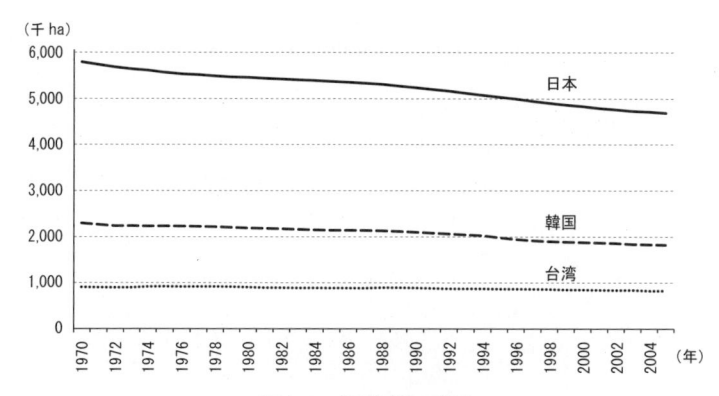

図6-3 耕地面積の推移

注)日本:『耕地及び作物統計』、韓国:『東アジア長期経済統計別巻1韓国』(2006)、2004年以降は『韓国統計年鑑2010』、台湾:『台湾総覧』、1997-2003年:郭(2005)『台湾地理』表5-1。

いずれも耕地面積が減少傾向にあることを確認できる。この間に減少した耕地面積は、日本は-1,104,000 ha(-19.0％)、韓国は-473,489 ha(-20.6％)、そして台湾は-72,263 ha(-8.0％)であった(表6-2)。減少率についてみると、日本と韓国は20％前後で類似するが、台湾の場合は8％程度にとどまっている。台湾の場合、1976年から2006年の間に、耕地面積には大きな変化はなかったものの、耕作されている面積は1976年の160万haから2006年の75万haへと大幅に低下した(林 2010)。このことを踏まえていうならば、日本や韓国との違いよりは、共通点を強調しなければならない。

とくに1990年代以降、韓国や日本と同様に台湾でも減少傾向が明瞭になってきている。最近(2000～2005年)5カ年間の減少率は日本(-2.9％)、韓国(-3.4％)、台湾(-2.2％)はともに類似した傾向を示す。つまり、これらの国・地域においては、高度成長を果たしてから、今日に至る過程で農地資源の減少が加速されてきている点に共通した特徴が認められる。

このような農地資源の減少は、日本の経験から明らかなように都市化による直接の土地利用転換の影響とともに、農村からの労働力流失や貿易自由化による農産物価格の低下による耕作放棄が大きく影響している。

このような耕地の減少傾向に対して、農地の保全対策がなされなかったわけではない。

表6-2 最近35年間の耕地面積の増減傾向

単位：ha

	1970-2005年の増減	5ヵ年毎の耕地面積の増減						
		'70-'75	'75-'80	'80-'85	'85-'90	'90-'95	'95-'00	'00-'05
日本	-1,104,000 (-19.0%)	-224,000 (-3.9%)	-111,000 (-2.0%)	-82,000 (-1.5%)	-136,000 (-2.5%)	-205,000 (-3.9%)	-208,000 (-4.1%)	-138,000 (-2.9%)
韓国	-473,489 (-20.6%)	-57,836 (-2.5%)	-43,870 (-2.0%)	-51,407 (-2.3%)	-35,603 (-1.7%)	-123,555 (-5.9%)	-96,492 (-4.9%)	-64,726 (-3.4%)
台湾	-72,263 (-8.0%)	917,111 (101.3%)	-9,758 (-1.1%)	-19,693 (-2.2%)	2,430 (0.3%)	-16,712 (-1.9%)	-21,883 (-2.5%)	-18,495 (-2.2%)

(『東アジア長期経済統計別巻1韓国』、『韓国統計年鑑』、『台湾総覧』、『耕地及び作物統計』などにより作成)

　日本では農地改革以降自作農主義を基本原則とした農地法によって、保護されてきた。しかしながら、高度成長期に入って農地転用と農業生産の縮小、機械化農業と兼業化が進む中で農地法の改正、農用地利用増進法の制定、市街化区域内農地を対象とした生産緑地法などが制定されてきた。近年耕作農地の売買は多くはないが、農業担い手の高齢化や利用権設定は増加している。このため農地資源の保全は農業をめぐる内外の問題によって、効果的な保全がなされないまま減少傾向が続いている。同様の傾向は韓国や台湾においても基本的に類似している。[7]

---

7) 　韓国では、岡部・李(2005)によれば、1949年の農地改革法の成立によって、耕作者有田、他耕禁止の原則の時代から、1972年に「農地保全および利用に関する法律」制定(主穀の自給達成に必要な農地の確保1960年代の工業化政策以降の農地転用防止を目的)、そして1975年から同法の全文改正、農地を絶対農地と相対農地に分け、農地の保全を強化する方針が採られてきた。しかしながら、韓国ではまもなく主穀自給はおおむね達成なれるようになると、(中略)農地の外延的拡大に関する法律は整備されたが農地保全のための法律は制定されなかった。
　台湾についても、林(2010)によれば、休耕面積は貿易自由化の開始(1996年)以降に増加している。休耕地には1ha当たり4万5千台湾ドルという多額の保証金が支払われ、いまでは22万ha(総耕地面積の26.5％)で休耕措置がとられている。また米の二期作は放棄され、一期作も十分にはおこなわれていない。大規模借地農の形成に向けた農業の構造改革の必要は叫ばれているが、農地の利用調整は市場原理では困難であり、その根本的な対策がなされないまま、休耕や耕作放棄が進み、土地資源の減少が防げない状況が続いている。

第3節　中国における都市化が耕地に及ぼす影響

　歴史的には人口問題として取り上げられることが多かった。中国では、人口が増加すると農地開発が進み、それによって災害を引き起こし社会に大きな影響を及ぼすことが、長い間環境問題の核心をなしてきた[8]。しかし、近代社会に移行するにつれて、いわゆる工業・都市文明が台頭するようになると、人間の生存基盤として開発・蓄積されてきた農地と都市文明の発展とは、二律背反的な矛盾した問題を招くことが認識されるようになった。

　そうした都市文明の発展は、とくに内陸部から沿海部への大量の人口移動(例えば、Taubmann 1991)による巨大都市(メガシティ)の形成(Zheng et al. 2009)によって特徴付けられる。ブラウン(1996: 136-137)は、次のように指摘する。「中国では、1990年代の熱狂的な工業化によって200以上の新しい都市が誕生し、1億人以上の農民が、よりよい生活を求めて農村から都市に移住した。さらに、都市の拡大によって侵食される土地は、農地の中でも最もすぐれた土地である場合が多い。歴史的にみて、都市は豊かな農業地域の周辺に築かれてきた。したがって都市が成長すると、その国で最も肥沃な土地の一部が生産から奪われてしまうのである」。シュミル(1996: 194)がこうした状況をみて、「一片の農地こそまず必要である」と述べたことは、決して誇張ではなく、問題の本質を突いている。実際、(1)人口圧力、(2)資源圧力、(3)生態圧力、(4)市場圧力により、一人当たりの占有量が世界平均水準の1/4しかない水資源と、1/3しかない耕地資源の不足問題は、すでに農業生産のネックになり、これからも重要な制約要素となりつづけるであろうと懸念されている(姜 2005: 56)。

1. 中国全体の耕地面積の推移

　中国の経済は1980年代前半の農村経済体制改革とその後半における都市経済体制改革を経て、1990年代に入ると急速な成長を見せるようになり、さらに2001年のWTO加盟後は社会経済構造に大きな変化が現れ今日に至っている。この間総人口は一貫して増加し、1978年末の9億6,259万人2008年には

---

[8]　例えば、袁清林『中国環境保護史話』(久保 1996)に詳しい。

図6-4 中国の経済成長期における耕地面積の推移
(『中国統計年鑑』(1997-2009年)より作成)

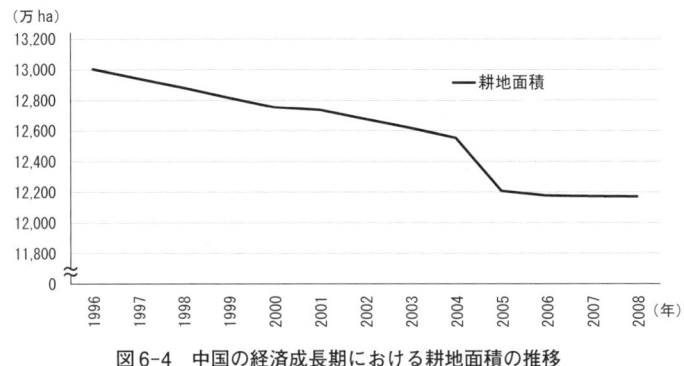

13億2,802万人に増加した。都市人口は表6-1に示したように、1996年にはじめて30％台(30.5％)となり、2003年には40.5％、そして2008年には47.0％に達した。

さて、中国における耕地の動向については、第5章において指摘したように、過去における傾向と経済改革が始まってからの状況とでは決定的な違いが認められる。第1は、農業の基盤である耕地が明らかに減少傾向にあること(元木1990)。第2に、それが国土の優良な農地が賦存する東部地帯でもはっきりと現れてきたことである(元木1999a)。この傾向は中国がWTO加盟を果たしてから、さらに強められる形で継続している。そこでここでは、第5章との重複を避け、1990年代以降のいわば中国の経済成長期の動向に注目する。

既述の日本の場合と比較してみると、日本は経済成長期に耕地の減小(増加から減少への転換)が明瞭になったが、中国の場合高度成長と共に耕地の減少が著しくなった(図6-4)。1996年に1億3,003.9万haであった耕地面積は、2008年には1億2,171.5haとなり、この間に832.4万haの減少をみた。今日の日本の2倍近い耕地に相当する面積がわずか12年間に減少した。しかもこの間の耕地減少のプロセスをみると、図から明らかなように、1996年から2004年までは一貫して減少をつづけ、2004年から2005年にかけてさらに急減した後、その後は減少の程度は少なくなり一定した耕地面積が保持され今日に至っている。このようなプロセスは日本の経験にはなかった中国独特の傾向である。それでは、こうした特異な耕地動向はどのように発現したのか。

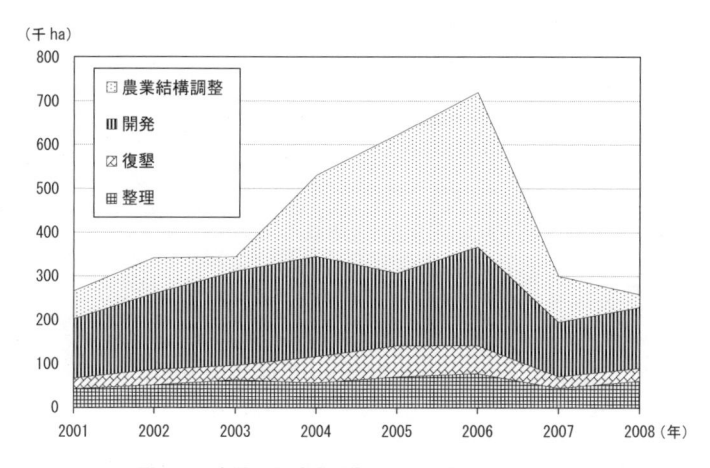

図6-5 中国の経済成長期における耕地の拡張
（『中国国土資源年鑑』2009年版により作成）

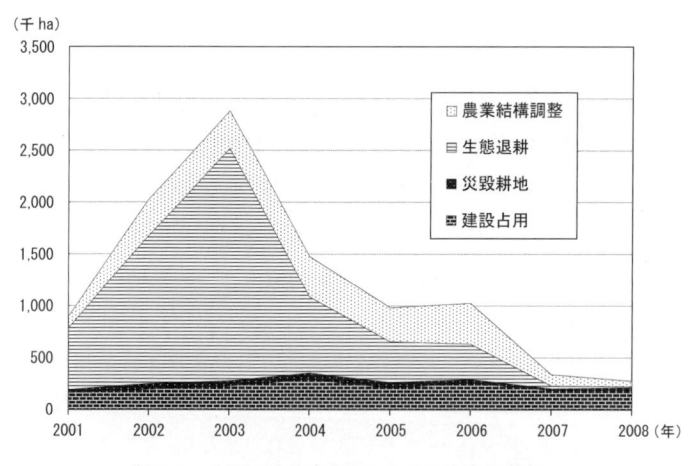

図6-6 中国の経済成長期における耕地の潰廃
（資料: 図6-5参照）

2. 耕地面積の動向を規定した要因

この点を検討するために図6-5と図6-6を示す。中国がWTO加盟を果たした2001年から2008年までの各年の耕地拡張の要因と潰廃の要因別面積構成の推移を示したものであるが、各年を通して拡張面積を大きく上回る潰廃が進行したことが分かる。日本の経験と比べてみると、日本では耕地の拡張がほぼな

写真6-1　退耕還林と退耕還草(河北省張家口市康保県)
左:耕地であったところに植林のための穴が掘られている。
右:耕地であったところがすでに草地に戻されている。

くなってきても耕地の潰廃が継続してきたが、中国では2000年代前半の大幅な耕地の潰廃が近年では急速に少なくなった反面(図6-6)、耕地の拡張が農業構造調整、開発、土地整理、復墾などのかたちで強化されている(図6-5)。

さて両図を比較してみると、耕地減少が進んだ時期の潰廃要因としては「生態退耕」が圧倒的な割合を占めていることが注目されよう。「生態退耕」とは、生態系保持のため、耕地をもとの草原や林地に戻すこと、の意味であるが、中国ではこの方針が国家政策として、強力に推し進められたのである。譚(2007)によると、1998年10月、中国政府は、同年に起こった大洪水の教訓から、『中国共産党・国務院による災害後の河川・湖の再建・整備、灌漑施設の建造に関する若干の意見』を取りまとめ、「計画的、段階的に耕地の林地化を推進し、林地・草地の回復を図り、生態環境を改善する」との指示を出した。1999年には四川省、陝西省、甘粛省の3つの地域をパイロット地域に指定して、耕地の林地化事業をスタートさせた。さらに、2002年は国務院が『退耕還林条例』を公布し、耕地の林地化事業を中国全土に拡大した(例えば、写真6-1)。

経済改革以降、中国では耕地保全が一貫して大きな問題となる中にあって、このような政策が実施されたことは、自然環境の変化に対するインフラ整備の脆弱性を物語るものであろう。しかしながら、中国国務院は、2007年以降『退耕還林政策の充実に関する通知』を公布し、「退耕還林」計画を止めることを決

---

9)　①一定の傾斜地の耕地を林にして植生を回復し、脆弱な生態環境を保護する。
　　②国が保有する過剰な食糧を植林農家に支給援助し、財政圧力を軽減する。
　　③生態林と経済林を発展させ、農村の経済構造を改善し農民の収入を増やす。

定した。逆に、中国政府は耕地面積が1億2,000万ha台になった2004年には『土地管理法』(新法)の一部改正、続いて同年末に国務院は『改革を進化させ、土地管理を厳格化することに関する国務院の決定』を行い、さらに2008年10月には『全国土地利用総体計画綱要2006-2020年)』を定めるなど、耕地の確保に強い関心を示すようになった。2005年以降の耕地の減少は極めて少ない状態で推移しており、危機意識に基づいた対策は一応功を奏しているように見える。図6-6からも耕地拡張のための土地整理、復墾、開発、構造調整等の努力を認めることができる。しかし、そうして拡張される面積以上に、都市化を反映した建設専用のための耕地の潰廃が続いている。

3. 耕地増減要因の地域別検討

図6-7は退耕還林政策がピークに達した2003年の状況であるが、沿海部の広東、福建、浙江、上海、江蘇、山東、北京、天津の各市省を除くと、いずれの地区でも生態退耕による影響が耕地潰廃の要因として圧倒的に大きな比重を占めたことが分かる。経済改革期以降潰廃要因として影響力の高かった都市化要因(図中の凡例では建設専用)、構造調整(耕地以外の経済作物地等に転換した場合)、あるいは自然災害などによる潰廃を大きく上回るかたちで、耕地減少が全国的に展開したことになる。

2003年は、農地減少が大幅に進んだ時期である。この1年間の増加面積と減少面積を比較してみると、各省を通じて減少が増加を上回っていたことが明らかである。その中で生態退耕(退耕還林等)による減少が圧倒的な比重を占めている。内蒙古を筆頭に、陝西、甘粛、河北、山西、貴州、四川、寧夏、雲南等の内陸・西部地域における耕地が大量に耕地から林地や草地へと転換された。なお、西蔵以外、北京、天津、上海、福建、広東における影響はわずかであった。構造調整による減少では新疆、江蘇、四川、雲南、重慶、河北、北京、広東が比較的目立った。これに対して、耕地の増加は土地整理が中心で新疆、江蘇、浙江、山東、河南、内蒙古などで進んだが、開発による増加は江蘇や浙江、復墾による増加は浙江、河南、山東、内蒙古に限られ、かつその規模も大きなものではなかった。

2008年1年間の耕地の増加と減少の動向(図6-8)については、各地域とも両

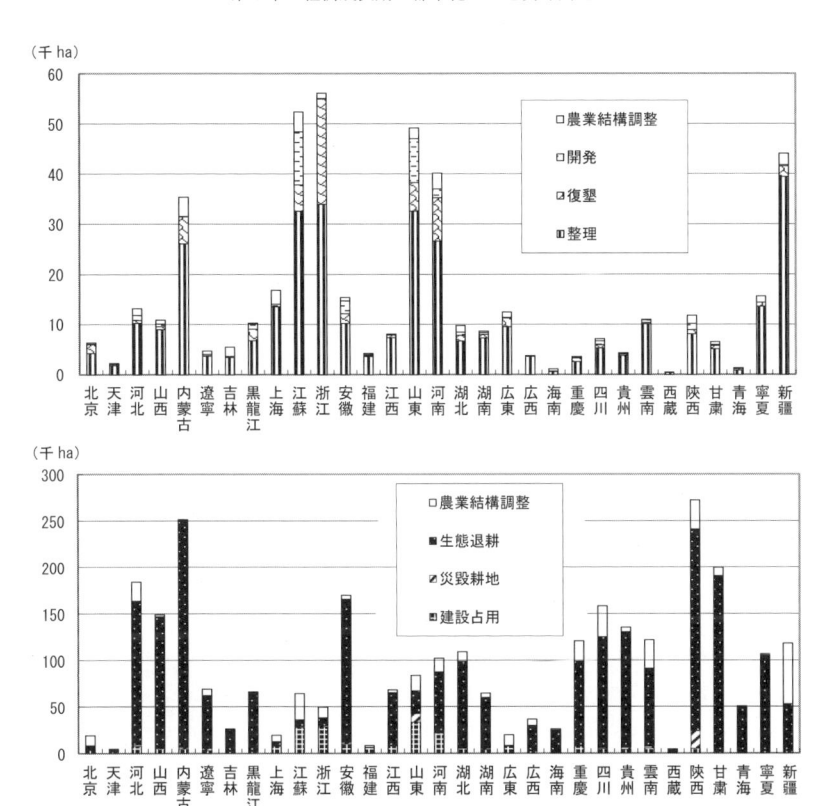

第6章　経済成長期の都市化と土地資源問題　　　　　　　　　　153

図6-7　2003年中の耕地面積の増加（上）と減少（下）
（『中国国土資源年鑑』2004年版より作成）

者の差は少なくなり、いわゆる耕地の動態平衡対策が奏功しているものとみられる。その中で、増加要因は全体に開発が主となったが、浙江、山東、四川では土地整理、江蘇と安徽では復墾、新疆、四川、山東、河北、浙江では農業構造調整が主となっており、地域差が大きい。一方、耕地の減小については、各地とも都市的土地利用、すなわち建設占用が主な要因となっている。なお、例外的なケースとして、広東、上海、黒龍江などでは農業構造調整による減少、また四川、重刑、貴州、天津などでは自然災害による減少が主であった。

　以上を要するに、この期には土地管理の政策が各地の動向にはっきりと現れている。ただ、こうした中で、人為的な潰廃が改革以来一貫して続いている。

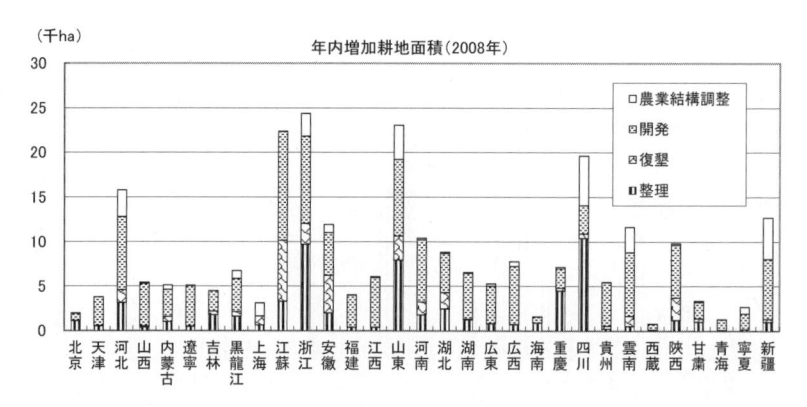

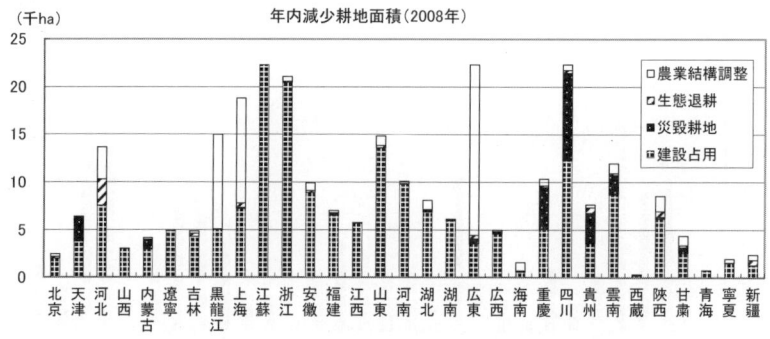

図6-8　2008年中の耕地面積の増加(上)と減少(下)
(資料: 図6-7参照)

これは農地保全策が採られてはいるとは言え、都市化の進行が、耕地減少に大きな影響を与え続けていることを示すものである。

4. 都市化と耕地減少の関係

そこでこの点を検証する矯めに、図6-9、図6-10、図6-11を示す。まず、図6-9は都市化率(＝城鎮人口率／対総人口)と耕地率(対土地総面積)の関係が2003年から2008年の間でどのように変化したかをみたものであるが、図によるとほとんどの行政域で都市化が進行したが、耕地の割合にも大きな変化が生じたことが分かる。図中の近似傾向線から明らかなように、安徽、甘粛、青海のように耕地率を高めた一部の省を除いて、他の大部分の省において耕地率

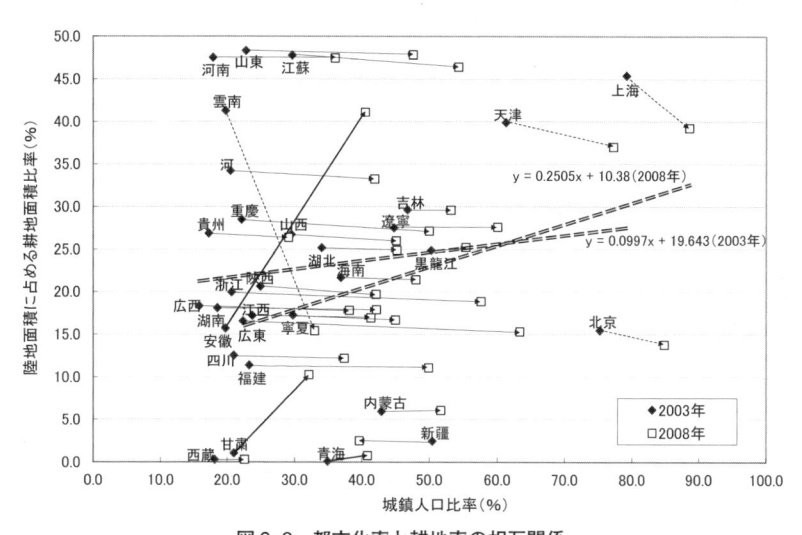

第6章　経済成長期の都市化と土地資源問題

図6-9　都市化率と耕地率の相互関係
(http://www.spc.jst.go.jp/statistics/yb09/yb09_03/list04.html)

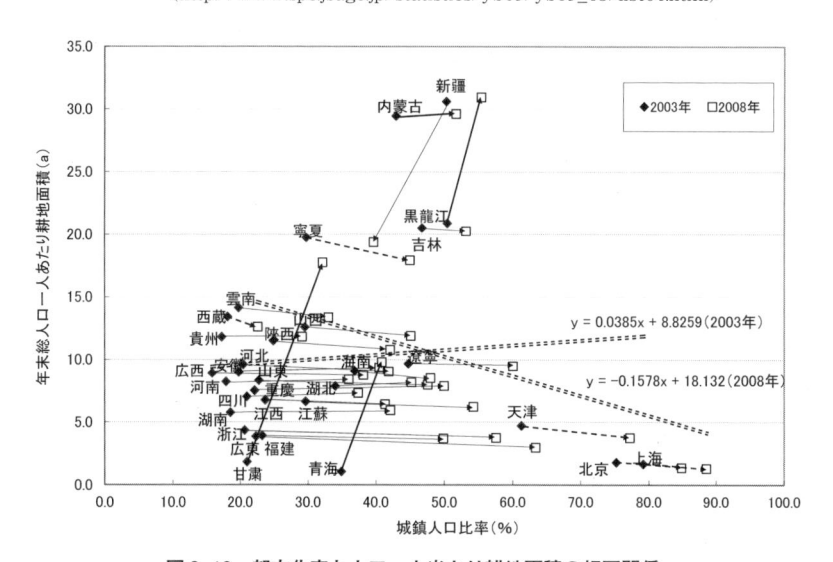

図6-10　都市化率と人口一人当たり耕地面積の相互関係
(資料：図6-9参照)

が減少したことが地域差を拡大した理由である。耕地率の減少が顕著であったところは、内陸の雲南以外は、上海、北京、天津等の直轄市と江蘇、浙江、

広東などの沿海部の省である。前者は都市化率が高かったところがさらに高めたところであり、後者は近年急速に都市化率を高める中で耕地率を減少させたところである。

　図6-10は、都市化率と総人口一人当たりの耕地面積との関係が2003年から2008年にかけてどのように変化したかを見たものである。この場合も両年次の傾向線から明らかなように、都市化が進行する過程で一人当たり耕地面積に大きな差違が生じてきたかが明らかである。黒龍江、甘粛、青海の各省、および内蒙古自治区が若干一人当たり耕地面積を増加させたが、他の大部分の行政域では一人当たり耕地面積は減少を示す。とくに、上海、北京、天津などの沿海部がその中心地域であるが、内陸部においても寧夏、雲南、西蔵等において、特筆される。沿海部では著し人口増加が、内陸部で耕地の減小が地域差を一層大きくしたものと推察される。とくに、沿海地区における大量の人口増加と一方における耕地の減小が、中国における一人当たり耕地面積を急速に減少させていると言える。もちろんこれは、直接農業に従事する人々の耕地面積が零細化していることではない。

　農林漁業に従事する人口をもとに一人当たりの耕地面積の変化をみると(図6-11)、その地域差は幾分解消される傾向が認められる。都市化の先進地域の上海において増加がみられるのを例外として、沿海地区での拡大傾向以上に2003年当時の規模が小さかったところを中心に、規模拡大傾向を示したからである。一般的に増加した結果である。最も一人当たり耕地面積が大きかった黒龍江省の増加があったが、全体的には甘粛、四川、青海などの内陸地域での増加が主導的な要因となっている。

　以上から明らかなように、近年の著しい都市化は、中国における耕地の賦存状況に大きな影響を与えているだけではなく、中国における農業活動の地域構造および生産力構造に大きな変動をもたらしている。都市化が優良農地の減少を招くかたちでこのまま沿海部から内陸部へと進行するとすれば、日本や韓国、台湾などが歩んできた方向性が中国においても顕在化してくる可能性がある、と考えられる。

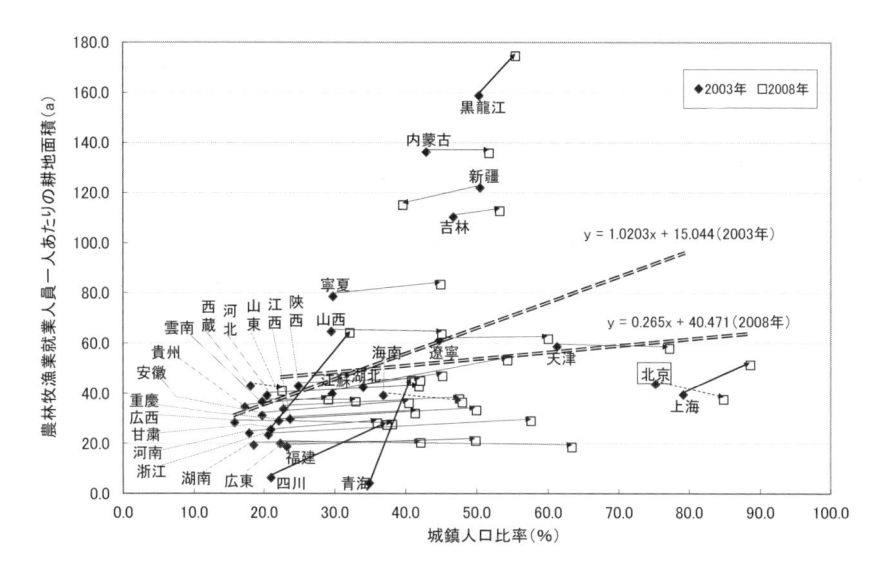

第6章　経済成長期の都市化と土地資源問題

図6-11　都市化率と一次産業人口一人当たり耕地面積の相互関係

（資料：図6-9参照）

第4節　土地保全政策の強化と土地資源の行方

　中国政府は、実は前章の図5-1に示したように、経済改革をスタートさせて間もない1986年に国務院に直属の「国家土地管理局」を設け、翌年に「土地管理法」を制定して統一的な土地の国家管理を行うようになった。しかも経済成長期に入って「国家土地管理局」を「国土資源部」に格上げする一方、旧土地管理法（「旧法」と略）を改正して、1998年には「新土地管理法」（「新法」と略）を制定、1999年1月1日から施行している。

　「新法」に明示された全体的な特徴点としては、第1に土地の社会主義公有制を維持しつつ社会経済の持続的発展を目指すために、土地管理を強化する方針が示されたこと、第2に土地の国家所有権と集団所有権の区別が明確にされ、土地使用権の譲渡に関する規定が整備されたこと、第3に耕地の保全が国策として明記されたこと、第4に土地の用途管理制度が実行されることとなり、土地の用途分類にしたがった土地利用の全体計画の作成が義務づけられるようになったこと、そして第5に土地管理の違反者に対する検挙・告発の規定が設け

られたこと[10]、等が指摘できる。また、こうした耕地保全のための対策として中国政府は写真6-2に示したような各種の広報活動を展開してきている(元木1996b)

　農地保全のための政策手法としては、第1に、1994年に定められた「基本農田保護条例」を法律として位置づけ、農地保護を「基本農田」を基準に行うことが明確にされたこと(写真6-3)、第2に、耕地を非農業的な土地利用に転換する際には、「耕地総量の動態平衡」の原則が示されたことが、大きな特徴である。耕地総量の動態平衡とは、各級政府の土地利用の全体計画に基づき、それぞれの行政域内で仮に耕地の減少が見込まれる場合、一方で新規の開発や復墾、その他の方法で減少分に見合う面積を確保し、耕地を減少させない、という考え方である。

　さらに、2004年には土地管理法の改正が行われ、農業用地から建設用地への転用を厳しく規制し、耕地に対して特別な保護を実施すること、耕地転用の補償制度を実施すること、そうして建設により耕地を転用する企業・団体は転用前の耕地の量・質と同じ耕地を開拓しなければならず、また開拓条件がない場合、耕地開拓費用を納付し、その資金は新しい耕地の開拓に使われるという

---

10)「土地管理法」新法による15の禁止事項
　①土地の不法占拠、売買、その他形式による譲渡。
　②土地所有権と使用権の法的保護の侵害。
　③地方各級人民政府の建設用地面積制限(一級土地利用全体計画の規制基準)。同耕地保有量の基準(一級土地利用全体計画で確定された規制基準)。
　④都市全体計画、町村計画における建設用地面積(土地利用全体計画で定めた建設用地の面積以下)。
　⑤土地利用全体計画の変更(最初に批准された機関による批准を受ける。なければ用途変更不可)。
　⑥非農業的建設行為(土地の節約、荒地の優先使用、劣等地先行使用)優良農地占有。
　⑦耕地に対するレンガ工場、墓の設置、勝手な住宅建設、砂利採取、採石、採鉱、採土等。
　⑧基本農田の林業、果樹栽培、養魚池等への利用。
　⑨耕地の休閑状態、荒地状態。
　⑩森林、草原の開墾(耕地化)、湖での水田造成、河川敷の占有。
　⑪土地の金銭による侵害、流用。
　⑫臨時の土地使用、永久建築物。
　⑬農村住民の宅地(一カ所、面積は省、自治区、直轄市が規定する基準)
　⑭農民集団所有の土地使用権の譲渡、非農業建設のための貸出。
　⑮人民政府土地行政主管部門の土地違法行為の監督検査への協力義務、土地管理監督検査者の職務執行の拒絶、妨害。

第6章　経済成長期の都市化と土地資源問題　　　159

写真6-2　土地管理法の制定後に作成されたポスター
左：土地管理法十周年記念の第6回"土地の日"に作成された。
右：鉱山(炭鉱)跡を耕地へ復墾することを奨励。

写真6-3　基本農田(優良農地)保全のための掲示
左：四川省彭州市　看板中矢印で示した網の区分が耕地。
右：内蒙古自治区通遼市。

ように、各レベルの政府が土地利用計画管理を強化し、建設用地の総量をコントロールに一段と力を入れている。

　果たして、以上のような一連の耕地保全政策は、21世紀のこれからどの程度実効を上げて行くであろうか。譚(2007)は、国土資源部の徐紹史部長が、か

つて記者会見の席上、「われわれは1億2,000万haのデッドラインを何としても死守しなければならない。これは絶対に負けられず、勝利しなければならない"耕地防衛線"だ」と語ったことを報じている。換言すれば、既述のような耕地保全対策によっても急速な都市化の影響との矛盾が避けられない状態に至っていることを暗示したのである。宮本(1990: 9, 11)は、「土地管理法」以後、土地の所有権と使用権を明確に分離して土地の有償使用と有償譲渡を導入し、市場メカニズムで土地の合理的利用と財源調達を図るため不動産業を育成(当時、全国に約2,000の土地産業開発公司ができている)していることに着目して、今後、資本主義と類似の土地問題が起こる可能性があると予見したが、かかる状況がいま顕在化してきているのである。最近中国が、韓国やインドなどとともに海外の耕地獲得に乗り出している姿は、国内の土地資源をめぐる矛盾解決の道を国外に見出しはじめたことを意味するものであろう(NHK食糧危機取材班 2010)。いずれにせよ、これからの中国の耕地を中心とした農地資源対策の行方は、このような農業・食料の越境化(岩佐 2010)の問題とも密接な関係を持つに至っている。

むすび

　本章では、急速に進む都市化により農地が減少し食糧自給率が低下する事態を、現代の都市(経済)文明と農地資源の交換の現象であるという問題提起をした。都市化は世界的にみて現代の風潮を一般的に示す傾向であるが、人類の生存基盤である農地減少を誘発する要因として影響力が増大している。とくに東アジアにおいて、大きな社会および環境問題として取り上げられねばならない。零細土地所有の上に多くの人口(および人口密度)を維持してきた稲作アジアにおいて食糧自給率が大幅に低下していることに如実に反映されている。その典型的な事例は日本であり、さらに韓国や台湾に現れてきていることを指摘した。以上が本章の第1の結論である。

---

11) 中国では土地(農地)取引をめぐり、官と癒着したブラックマーケットの存在が合理的な土地利用調整に複雑・困難な問題を投げかけており、耕地保全対策にも影響が及んでいると見られる(George and Sammuel 2005)

第2の結論は、こうした傾向が近年急速な経済成長を遂げ、それに併せて急激な都市化が進行している中国においても、今後生ずる可能性が予想される。つまり、中国はGDPにおいて世界第2の経済大国になったとは言え、依然として巨大な農業国であり、ただちに日本が歩んだ道を突き進むということはないかもしれない。そのことは近年の三農政策や国家的見地からの農地保全政策がどのように展開され、効果を上げていくかにかかっている。ただし、中国は経済成長の過程でさまざまな環境問題に直面し、退耕還林政策を余儀なくされてきたこと、また農地の質的な劣化が明らかに進行していること、また一方では、海外の資源確保によって問題解決を狙う動きもあり、必ずしも政策的に一貫した方向が定まっていず、大きな迷いが感じられる[12]。また中国の国土の自然環境を考慮した場合、今日の形で都市化が進行するならば、日本など周辺国と同様の課題が深刻化する可能性は否定できない。その意味で中国におけるこれからの経済および社会政策が、国土の自然環境とどのように調和的に展開されるかに大きな関心を向けることが必要になろう。

<文　献>

岩佐和幸 (2010):「農業・食料の越境化の矛盾と食料主権」、日本環境会議／「アジア環境白書」編集委員会(編)『アジア環境白書2010/11』、東洋経済新報社、292-295頁。

上野福男・山本正三(訳) (1974):『土地利用の生態学』、農林統計協会。[Edward H. Graham(1949): *Natural Principles of Land Use.* Oxford Univ. Press]

NHK食糧危機取材班 (2010):『ランドラッシュ―激化する世界農地争奪戦』、新潮社。

太田康一 (1952):『日本の食糧及び土地資源問題』、古今書院。

岡部守・李相赫 (2005):「韓国の農地保全政策」、農村研究 第100号、161-168頁。

吉良竜夫 (1999):「環境の危機」、安成哲三・米本昌平(編)『地球環境とアジア』(岩波講座 地球環境学2)、岩波書店、11-23頁。

久保卓哉 (1996):「『中国環境保護史話』訳注(一)」、福山大学一般教育部紀要 第20巻、154-174頁。[袁清林 (1990):『中国環境保護史話』、中国環境科学出版社]

---

12) 宋等(2011)は、耕地の量的安全性(例えば、耕地の減少率)、質的安全性(例えば、灌漑や耕地利用率)、および生態的安全性(土地自然条件、土壌流失や化学肥料や農薬よる負荷など)に関する計量的な分析をして、東部地区の安定性は低く、東北部は比較的安定しているとした。また、東部では建設用地への耕地の転換を抑制するとともに、化学肥料や農薬の合理的な利用に努め、東北部や西部では耕地の集約度を高める必要があると指摘して、逆に大きな課題に直面していることを示唆している。

坂口慶治 (1968):「廃村(Wustung)の研究」、人文地理 20(6)、51-67頁。
シュミル, V./丹藤佳紀・高井清司(訳)(1996):『中国の環境危機』、亜紀書房。[Vaclav Sumil (1993): *China's Environmental Crisis: An Inquiry into the Limits of National Development*, M. E. Sharpe.]
譚偉 (2007):「「退耕還林」見直し、一時停止に」、北京週報日本語版、11月1日。
地理調査所地図部(編) (1955):『日本の土地利用』、古今書院。
西川大二郎 (1972):「高度成長下の日本の農村」、西川・野口・奥田(編)『日本列島農村漁村その現実』、頸草書房、3-18頁。
西川 治 (1979):「国土の開発史と保全問題」、地学雑誌 89(1)、52-59頁。
農業基盤整備研究会(編) (1977):『わが国における農地の実態』、大成出版、196頁。
平沢明彦 (2005):「世界各国における穀物自給率の構成要素と基礎的要因—耕地、所得、人口に基づく157か国の比較と日本」、農林金融2月号、2-29頁。
藤田弘夫 (1993):『都市の論理—権力はなぜ都市を必要とするのか—』、中央公論社。
ブラウン, L. R.(編著)/松下和夫(監訳) (1990):『地球白書'90-'91 持続可能な社会への道』、ダイヤモンド社。[Lester R. Brown *et al.* (1990): *State of the World 1990*. W. W. Norton & Company]
フリードマン, J./谷村光浩(訳) (2008):『中国 都市への変貌—悠久の歴史から読み解く持続可能な未来』、鹿島出版会。[John Friedmann (2005): *China's Urban Transition*. Minneapolis: University of Minnesota Press]
ベルク, O./篠田勝英(訳) (1996):『地球と存在の哲学—環境倫理を越えて』、ちくま新書。
宮本憲一・植田和弘(編) (1990):『東アジアの土地問題と土地税制—台湾・韓国・日本』、勁草書房。
元木 靖 (1990):「中国の農業と人口」、大来佐武郎(監修)『地球規模の環境問題Ⅱ』(講座 地球環境 第2巻)、中央法規出版、250-267頁。
——— (1992):「日本の農地—過去約100年間における変動過程の把握」、埼玉大学紀要(社会科学篇)第40巻、15-30頁。
——— (1998):「農地減少問題へのアプローチ—「日本耕地変動地図」の試み」、埼玉大学紀要(教養学部) 33(2)、1-56頁。
——— (1999a):「中国における都市化と農地減少」、山下脩二(編)『現代の中国地理研究』、東京学芸大学、31-37頁。
——— (1999b):「中国における農地保全対策の検討(第1報)—農地保全のための広報活動について」、季刊地理学 51(3)、221-222頁。
——— (2000):「中国における農地保全対策の検討(第2報)—「新土地管理法」について」、季刊地理学 52(3)、200-201頁。

──── (2006):『食の環境変化―日本社会の農業的課題』、古今書院。
唯是康彦 (1990):『尊農開国』、講談社。
林慶國 (2010):「新農政下の台湾農業の課題と対策」、農業と経済 76(3)、47-56頁。
渡辺利夫(監修)／原嶋洋平・島崎洋一 (2002):『東アジア長期経済統計 別巻3環境』、勁草書房。
姜春雲(編著)／石敏俊・安玉発・周応恒・陳永福・于白平(訳) (2005):『現代中国の農業政策』、家の光協会。
柳长顺・杜丽娟・陈献・乔建华(2006):「近20年我国有效灌溉面积动态分析」、资源科学 28(2)、8-12頁。
曲福田・陈江龙・陈会广 (2007):『经济发展与中国土地非农化』、商务印书馆。
宋伟・陈百明・史文娇・吴建寨 (2011):「2007年中国耕地资源安全评价」、地理科学进展 30(11)、1449-1455頁。
Conacher, A. and Conacher, J. (1995): *Rural Land Degradation in Australia*. Oxford University Press.
Deininger, K. and Byerlee, D. (2011): *Rising Global Interest in Farmland : can it yield sustainable and equitable benefits?* The World Bank.
Fravega, E. M. (1970): "Farm Land Abandonment – Problem or Polemic?", *Southern Geographers* 10(1), 55-61.
George C. S. Lin and Samuel P. S. Ho (2005): "The State, Land System, and Land Development Processes in Contemporary China", *Annals of the Association of American Geographers* 95(2), 411-436.
Hart, J. F. (1963): Loss and Abandonment of Cleared Farm Land in the Eastern United States, *Annals of the Association of American Geographers* 58(3), 417-440.
Lockeretz, W. (1989): "Secondary Effects on Midwestern Agriculture of Metropolitan Development and Decreases in Farmland", *Land Economics* 65(3), 205-216.
Motoki, Y. and Liu, J. (1994): "An Overview of Chinese Farmland", 1949-1990. *The Journal of Saitama University (Social Science)* 42, 1-12.
Rigg, J. (2001): *More than the Soil: Rural Change in Southeast Asia*. Pearson Education Limited (Great Britain).
Taubmann, W. (1991): "Räumliche Mobilität und spzio-ökonomiche Entwicklung in der VR China seit Beginn der 80er Jahre", *Die Erde* 122, 161-178.
Zheng, Y., Chen, T, Cai, J., and Liu, S. (2009): "Regional Concentration and Region-Based Urban Transition: China's Mega-Urban Region Formation in the 1990s", *Urban Geography* 30(3), 312-333.

第Ⅲ編

食　糧

市場経済下の産業構造調整と食糧生産地域の変容

中国では近年、急速な経済成長を背景に都市と農村の間での所得格差の拡大とともに、農業が立ち後れ、農村経済が停滞し、農民が相対的に貧困化する、いわゆる「三農問題」が重要な政治的課題となってきた。また中国を一躍「世界の工場」として台頭させる契機となったWTOへの加盟(2001年)以降、それまで中国が抱えてきた食糧生産問題の内面をも浮き彫りにしつつある。

　本編では、中国の経済改革以降の産業構造調整下において食糧需給と食糧生産の関係がどのように推移してきたのか、とくに食糧生産をめぐる地域変化の側面について系統的に考察する。全国レベルの動向を把握し、次に重要性を高めてきた東北地区の動向を分析した上で、吉林省と黒龍江省の詳細な事例調査報告を加える。さらに、最近の食糧生産地域の状況について産業構造変化が著しい長江下流の3省と東北地区を対比して、中国の食糧生産をめぐる現代的な課題について考察する。

第7章 構造調整の概念と中国農業構造調整のプロセス

はじめに

「構造調整」の概念については、その明確かつ統一的な定義があるわけではない[1]。広い意味では社会・経済のシステムがそれぞれ閉鎖的かつ自立的な系から、開放的かつ他律的あるいは相互的な関係へと変化する中で提起されてくる、経済的諸関係の再編成に関わる政策の一環と理解できる。今日的観点からは世界銀行・IMFによって主導された構造調整政策がよく知られているが、それは世界市場を意識したものである。ただし、その場合でも構造調整の目標と具体化は、それぞれの国情に応じて、歴史的な流れに規定され、方向づけられるものであろう。

実際中国では、1970年代末に開始された改革開放政策の中で構造調整という言葉がくりかえし使われ、今日に至っている。周知のように中国の農業構造は、旧来から主穀生産を主とした小農の経済としての特徴を有してきた。新中国成立後の土地改革と人民公社化は中国にとって一大変革ではあったが、それはあくまで生産関係の変革であって、農業経済構造と生産力の状況を改めるものではなかった(童 1980)。

第1節　農業構造調整の内容の多面性

その意味で1979年以来の経済改革は、長期にわたる中国の産業構造とりわ

---
1) 日本経済新聞社(1996)『日本経済事典』(p. 891)によれば、「構造調整」(structural adjustment)あるいは「構造改革」(structural reform)の用語は、"マクロ的な総需要調整政策以外の、ミクロ的に制度の仕組みを変更する経済政策を総称して用いられる"、と説明している。ここでは構造調整と構造改革を峻別せず、かつミクロ的に制度の仕組みを変更する政策と位置づけているが、本稿では必ずしもこれにとらわれず、できるだけ中国での使用例に則して「構造調整」の用語を使うこととする。

け農業構造に対する実質的な調整がスタートしたことを告げるものであった。それではこの場合の構造調整とはどのような意味・内容をもつものであったか。李(1980)によれば、産業構造調整とは工農の比例関係の調整であり、農業内部に関しては第1に耕種農業、林業、牧畜業、漁業間の比例関係、そして第2には耕種農業内部における食糧作物と経済作物の比例関係における、著しい偏りを是正していくことである。耕種部門やその中での食糧生産に偏った農業構造が持続してきたことは、それ自体の低生産性のため、他部門の発展が制約されていたということであろう。したがって、構造調整とは、食糧生産部門の立て直しによって他部門の発展を導いていくこと、すなわち当該部門の生産性あるいは社会全体の生産力の向上を図ることを意味する。いわば「生産力運動の客観的規律」(姫 1986)であって、しかもそれは市場経済の場において、一時的にではなく長期的に解決されるべき性格をもつ政策概念として位置づけられている。

　さて、1979年以降四半世紀にわたって進められてきた改革・開放政策は、それ自体が社会主義的構造からの構造調整のプロセスであったといえよう、すなわち「産品型」から「商品型」へ、「計画型」から「市場型」へ、伝統的な「生産量、生産額型」から「両高一畳型」への転換である(孔 2002: 110)。農業構造の調整ということに限定してみると、このプロセスは食糧生産をめぐる多様なレベルでの需給調整という形で現れる。事例的には以下のように要約できよう。

　第1に、もっとも普通には基本食糧の自給が一定程度確保された段階で、穀物以外の食糧生産が求められる場合、あるいは過剰な作物を削減して他の新しい作物を生産しようとする場合に使用されることが多い。穀物等の過剰な農産物から将来的な需要の伸びが期待される油糧作物や野菜、畜産物などの成長作目に生産をシフトさせる政策であるという主張(例えば、池上 2002)がそれである。しかし、食糧不足を解消するために特定の重点穀物を生産できるようにすることも広い意味では構造調整の一環というべきであろう。

　第2に、生産農家や地域の対応という点からみると、例えば経営戦略的に特定の作物に専門化するような方向での作物選択を導く場合と、経営リスクを考えて多面的な作物選択を導こうとする構造調整もありうる。また非農業部門と農業部門間では農家の労働力や生産基盤(農地)の面での調整が引き起こされ

る。土地利用の面から「城郊型農村」(近郊農村)に対して深い関心が寄せられるのは、そこがしばしば地域的な構造調整の場として機能するからである。また、自然環境に配慮して合理的な土地利用を進めることも構造調整の一環である。中国では近年限界的な場所において「退耕還林」や「退耕還草」の動きがみられる。内蒙古自治区の傾斜地での事例(潘 2001)では、地域の食糧を確保するために必要な最低限の耕地を確保(基本的には灌漑条件の整った耕地にのみ食糧作物の作付けを限定する)して、残りの耕地への耕作は中止して、草地に戻し、畜産業の発展を促進しているという。

第3に、食糧の過剰な地域と不足地域が生じた場合の地域的な需給関係の調整という意味でも使用される。中国の場合、国土の面積が広大であることや交通・輸送条件が必ずしも充分に発達を見ていないことから、それが国際的な舞台の場を借りても引き起こされる。つまり、中国一国の枠内ではなく、海外からの購入と海外への輸出の有利性を活かして国内生産のあり方を調整しようとする手法である。さらにグローバリゼーションが進む今日では、単に国内の食糧需給問題の観点だけではなく、国際的な競争に対応するための食糧の生産構造調整への関心が高まってきている。

以上のように、「構造調整」とは一種の生産力的な概念であると同時に、用語としては実際上極めて多様な意味を含んで使われている。そこでこのような概念を念頭において中国における経済改革後の食糧生産はどのよう展開したのかを辿ってみよう。

第2節　中国農業の構造調整プロセスと食糧生産

1. 人口と食糧生産の推移

最初に、中国における食糧作物の総生産量と人口の推移を対比してみると、両者の間には強い対応関係が認められる(図7-1)。人口は社会の変化を総合的に反映する指標であるので、中国における経済発展は、常に食糧生産の増加を重要な前提として可能になってきたことを物語っている。

すなわち、経済改革のスタート以来一貫した人口の増加(当初の10億人未満から現在は13億人に達した)に対応して、食糧生産量も1978年の約3億tか

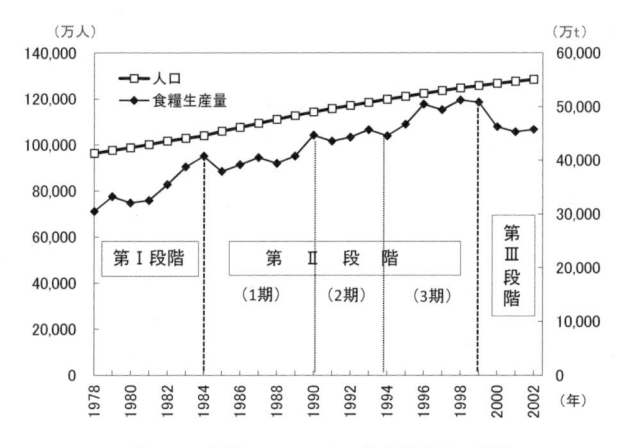

図7-1 中国における人口と食糧生産の推移

注1)「食糧」は、中国の「糧食」（米、小麦、トウモロコシ、高粱、粟、その他の雑穀、薯類、豆類）の定義による。なお豆類の生産量はサヤを除去した後の干豆の重量
2)人口は1978～84年：中国統計年鑑1990、1985～97年：同2000、1998年～：中国国家統計局資料。食糧生産量は中国統計年鑑2001、02年版。

ら80年代には4億t前後に達し、以後90年代前半に4億5千万t、90年代後半には5億t台、そして98年には史上最高の5億1,230万tを記録した。経済改革のスタート以来の過去約20年間に、2億754万t(68.1％)という驚異的な増産がみられた。なお2000年以降は減少傾向にあるが、それでも02年現在の生産量は4億5千万t台を維持している。したがって、一人平均の食糧生産量は1978年には317kgであったのが79年に341kgに達し、その後80年と81年に325kgに減少したのを除いて、82年には349kgに回復、83年から2002年までは350kg以上の水準で推移している。

2. 農業構造調整のプロセス

さて、構造調整の視点からみると、このような食糧生産の展開過程は図7-1中に示したように、第Ⅰ段階(1978～84年)、第Ⅱ段階(1985～99年)、第Ⅲ段階(2000年以降)に分けてみることができる。食糧作物の播種面積の動向に着目して言うならば、第Ⅰ段階は作付面積の急減期、第Ⅱ段階は変動調整期、第Ⅲ段階は急減期と位置づけることができよう。第Ⅲ段階の特徴はさらに次のように考察できる。

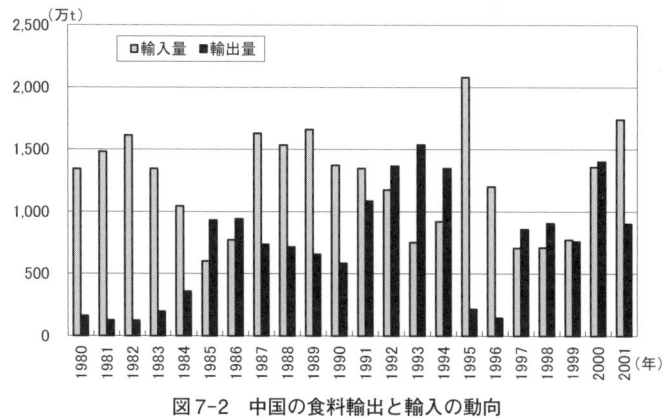

第7章　構造調整の概念と中国農業構造調整のプロセス

図7-2　中国の食料輸出と輸入の動向
（『中国農業年鑑』2003年により作成）

　第Ⅰ段階は、食糧が絶対的に不足していた状態から、生産量の大幅な増加によって、食糧事情が基本的に改善されはじめた時期である。この期の食糧貿易からみると、中国からの食糧の輸出は極めて少なく圧倒的に輸入超過となっており、食糧が絶対的に不足状態であった（図7-2）。ところが食糧生産量の動向については、80年代当初の3億2千万t程度の水準から、84年には一挙に4億tに達している（表7-1）。

　こうした食糧生産の飛躍的な向上をもたらしたものは、この段階での構造調整が食糧生産部門（あるいは食糧作物間）を対象に進められた結果である。つまり、ハイブリッドライスの普及や化学肥料の多用に象徴される中国版「緑の革命」を基礎に、全国的に広まった請負制が農業構造調整のために有利な条件をもたらした（姫1986）。中国の食糧（「糧食」）についての概念は、周知のようにトウモロコシや大豆、雑穀、イモ（薯）類などの粗糧と、米や小麦などの細糧に二分されるが、両者の比重は1979年に粗糧から細糧へと逆転し、1980年以降は細糧の増産が進み、その割合が急速に高められてきたのである。

　この結果、一人当たりの米、小麦、イモ類、食肉の年間消費量を示した図7-3から明らかなように、この段階には薯類の消費が急速に減り、米や小麦の消費が増え、米と小麦を基本とした食の構造が成立した。従来、粗糧と細糧を一括して食糧（「糧食」）としていたのは、量や質を問題としていなかったことを物語っているが、その認識において大きな変化がみられた。

表7-1 中国における食料の輸出入

単位: 万t

年	輸出量	輸入量	参考 (国内生産量)
1980	162	1,343	32,056
1981	126	1,481	32,502
1982	125	1,612	35,450
1983	196	1,344	38,728
1984	357	1,045	40,731
1985	932	600	37,911
1986	942	773	39,151
1987	737	1,628	40,298
1988	717	1,533	39,408
1989	656	1,658	40,755
1990	583	1,372	44,624
1991	1,086	1,345	43,529
1992	1,364	1,175	44,266
1993	1,535	752	45,649
1994	1,346	920	44,510
1995	214	2,081	46,662
1996	144	1,200	50,450
1997	859	705	49,417
1998	906	708	51,230
1999	758	772	50,839
2000	1,400	1,357	46,218
2001	903	1,738	45,264

(資料: 図7-2参照)

第2段階は、1985年から90年代末までの時期である。期間を通してみると、小島(2003a)が巧みに総括したように「旧来の方法と新しい動きとのせめぎ合いの時代」であった。米や小麦などの一人平均の消費量が安定的に推移した。しかし一方では、産業構造変化(＝経済成長)の影響を受けて食糧の消費構造、および生産地域の構造にも大きな変化が現れた。食糧自給のための構造調整の必要性が解消されたわけではないが、徐々に農産物の消費が生産を誘導するようになった。政策内容に立ち入ってみるとこのプロセスは、さらに3期に分けてみることができる(図7-1中の細区分を参照)。

第1期には、前年の食糧生産量が4億tを上回ったのを契機に、85年に農産物の買い付け制度が従来の統一買い付け(強制的な供出)制度から契約制度に変更された。ところがこの期には食糧生産は一転して停滞した。山内(1989)によれば、第1段階での「常軌を超える」増産の原因となった請負制への移行がこの時期までにほぼ全農家にゆきわたり、改革による効果がほぼ組みつくされてしまったこと、加えて実際の契約による買い付け価格が低下したため、積極的に増産を誘導できなかった。実は、すでに東南部の沿海部地区においては工業化・都市化の影響による農地の人為的な潰廃や食糧生産の後退と経済作物生産への傾斜が進んでいた。その結果1987年には食糧生産の地域構造は伝統的な南糧北調から北糧南調へと逆転する(崔 2001)。また同年に国務院は潰廃が進む農地を保護するために「土地管理法」を公布したことにもその

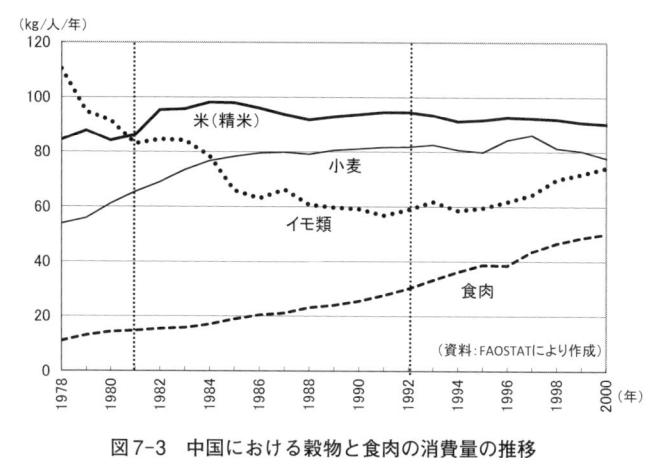

第7章　構造調整の概念と中国農業構造調整のプロセス　　　173

図7-3　中国における穀物と食肉の消費量の推移
(日中経済協会『中国の農業2003』p.65の資料により作成)

ことの問題性が現れている。しかし食糧生産の地域的な不足は解消されず食糧貿易は輸入超過となった。

　第2期は90年代前半の時期である。食糧生産量は1期の水準から向上し4億5,000万t台で推移した。しかし1992年以降工業化は一層加速化する。中国政府はこうした状況を背景に93年に農業法(7月)を公布、94年には2000年を目標とした食糧自給のための5,000万t増産計画を発表する。また、同年には自治区や直轄市政府に対する責任制、さらに96年には農地の減少を阻止し食糧を確保するための省長責任制の実施を通達した。

　90年代初期の食糧の需給状況について崔(2001)は、中国の農産物の97.3％は需給が均衡する、いわゆる供給過剰の局面となり、作物別では供給過剰の商品(作物)が56.7％に達していた、と指摘しているが、その意味でこの時期の

---

2)　食糧5,000万t増産計画のために示された8大対策と10大プロジェクトの内容は、森・大島(1997)によれば以下の通り。化学肥料などの農業生産資材の供給を保障する。⑥総生産量と地域バランスの原則に基づいて、それぞれの実情に合わせた指導を進める。⑦農村の経済体制改革を継続的に進化させ、関連する政策を整備する。⑧農業に対する指導を強化する。10大プロジェクト：①生産力の低い水田を改良する。②可耕地を新たに開墾する。③商品食糧基地を建設する。④優良品種の育成システムを確立する。⑤全国レベルで重大病害虫の観測システムを確立する。⑥農業技術を普及させる総合サービスシステムを設立する。⑦農業・科学技術の研究・教育システムを設立する。⑧農業機械サービスシステムを設立する。⑨食糧作物・経済作物・飼料作物のバランスのとれた生産を行うモデル県を設立する。

増産計画は将来に対する食糧の安全確保と、いわゆる成長作物に対する選択的な拡大のための対応措置であったとみることができよう。図7-3によれば、この期には一人当たり消費量において穀物（米や小麦）やイモ類はほとんど変わらず推移したのに対して、食肉消費量の伸びが目立つ点に大きな特徴が認められる。食糧生産の面では主食用食糧から飼料用食糧の増産が期待されはじめた。なお、この期の食糧貿易は輸入が目立つが、米・トウモロコシ・大豆などを輸出し、良質の小麦を輸入する傾向が現れた（図7-2、森・大島1997）。

　第3期は、90年代後半の時期で食糧生産の総量が5億t前後の最高水準に達した時期である。食料貿易も95、96年の一時期の輸入国から輸出国に変わった。中国農業部はこうした状況を背景に「当面の農業生産構造調整に関する若干の意見」（1999年8月16日）を発表し、「温飽（衣食足る）」から「小康（より余裕のある）」状態へと移りつつあることを宣言した。

　しかし一方では、新たな課題として①農産品の品種が単一的で優良品種が不足していること、②低品質の商品が売れずに大量の在庫を抱えるようになっていること、③どこでも同じような作物の生産が卓越して地域特性が勘案されていないこと、などの問題点も提示されたのである。中国では地域的には、過剰作物から成長作物への転換ということが繰り返しいわれてきたが、ここで初めて、「農業生産構造調整」がはっきりと提起された。

第3節　農業構造調整の新局面

　第3段階は2000年以降の時代である。明らかにこの時期には食糧生産量が減少に転ずる。しかも中国政府は2001年の7月に食糧を間接統制に移行させ、同年12月にはWTO加盟[3]を果たしてゆく。またこの段階になると、食料の消

---

3) WTO加盟と農業との関係については、中国は2005年度までに全品目の平均関税率で10.1％、うち工業製品を9.3％、農産物を15.5％に引き下げることを約束した。とくに食糧は関税割当品目となっており、穀類、砂糖、肉類の最終関税率は20％前後と高い。長田(2003)はこうした関税措置を理由に、WTO加盟に伴う2002年の実績について評価し、影響は限定的であるとしている。しかしながら、他方で競争力のない肥料については輸出が減少しだのに対して輸入増加が顕著で、すでに明確な影響が出ているとしている。一方中国からの食糧作物の輸出との関連では、池上(2003)が指摘したように、中国政府は輸出価格の不利を克服するために制度上認められない輸出補助金にあたる措置を講じている。2002年4月

第7章　構造調整の概念と中国農業構造調整のプロセス

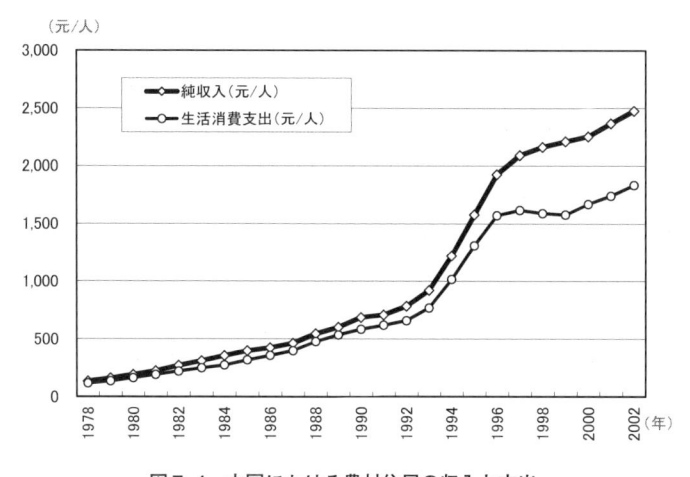

図7-4　中国における農村住民の収入と支出
（『中国農業年鑑』2003年より作成）

費構造においても米や小麦の消費量が微減傾向を示しはじめ、一方食肉の消費は一層伸びる傾向にある。イモ類の消費が増加傾向に転じたことも新しい傾向であるが、これはジャガイモの消費（ポテトチップスなど）の伸びを示すものと考えられる。

しかし最も注目すべきことは、冒頭にも述べたように、いわゆる「三農問題」が提起されたことであろう。つまり、食料の過剰生産のもとでの農業収入が伸びないまま、都市と農村間の所得格差の拡大が深刻化するようになった。図7-4によれば、この段階になると農村住民の所得は伸び、生活に余力が生じてきたことが伺える。しかし農業収入の伸び率は、第2段階までに比べ急激に低下し、農村の収入の向上は農外収入に依存するものであった。

このような中で2002年、中国政府は農民の収入増加を基本目標にした「農業・農村経済の戦略的構造調整」（中京中央農村工作会議）を示した。ここにおいて農産物の地域特化政策（優勢農産物区域配置計画）が打ち出されたのである[4]。

　　より米・小麦・トウモロコシ大豆などについて、鉄道建設基金（鉄道運賃に上乗せされる賦課金：一般にこの鉄道輸送費に対する割合は30～40％に相当）の全額免除を決定し、さらに同年輸出に関わる増値を免除した。この2つの措置を合わせると、輸出コストの削減額は前年の1t当たり400元の輸出補助金にあたるという。

[4]　小島（2003b）によれば、農畜産物が全般的に過剰という状況の下で、食品工業との結合に

以上を要するに、市場化をテコとしながら国内の食料需給調整に最も大きな関心が払われてきた経済改革以来の農業構造調整政策は、農村経済や農民の経済生活の向上あるいは国際農産物に対抗しうる農業生産体制の構築を目指して開始されるようになった。中国農業部の見解(原研究室 2004)に即して言うならば、2000年以降の新たな農業構造調整は作物の品目別調整のみではなく、農業と農村の近代化を目的とした構造改革の一環としてスタートしたことになる。

　国際的な観点からみると、こうした政策変更は、例えば世界銀行・IMFに導かれて実施されたインドネシアにおける農業構造調整が、食糧自給を果たした段階でスタートしたのと類似している。そしてインドネシアでは、構造調整の結果として食糧問題が発生するという事態を招いたが[5]、中国においても最近の食糧生産の減少傾向は、単に過剰対策の結果というだけではなく同様の問題を含むものとして注目しなければならない。

　もちろん、中国の場合、農産物の種類や地域の特徴によって出し入れ(輸出入)によって需給調整してきた事情(小田 2004)が反映している面にも留意する必要があろう。

　例えば、インドと比較して中国の貿易構造をみると(図7-5)、インドでは品目によって輸入か輸出のいずれかに偏る傾向がみられるのに対して、中国では両者が似たようなかたちで出し入れをする傾向が強いことがわかる。ここには食糧生産の発展が食糧の輸出を可能にしている反面で、食糧の一部については

　　より加工を進め、付加価値を高めるために、全国を以下のように9つの特化地域に分ける構想である。
　　　1. 黄淮河優良専用小麦地帯
　　　2. 東北内蒙古の大豆トウモロコシベルト地帯
　　　3. 長江流域優良ナタネ地帯
　　　4. 中原区牛羊肉畜産地帯
　　　5. 東北華北西北に酪製品ベルト地帯
　　　6. 環勃海湾地域、西北高原リンゴ生産加工地帯
　　　7. 華中華南西南地域のミカン及びその加工業地帯
　　　8. 沿海重点河川湖沼の優良水産物加工地帯
　　　9. 茶業生産加工ベルト地帯
5)　インドネシアでは、世銀・IMFの指導下、財政負担の軽減を目指す構造調整の一環として1990年代の農業開発が推進された。その結果、米をはじめとして食糧生産の不安定化という大きな代償を払わざるを得なかった。(米倉 2003)

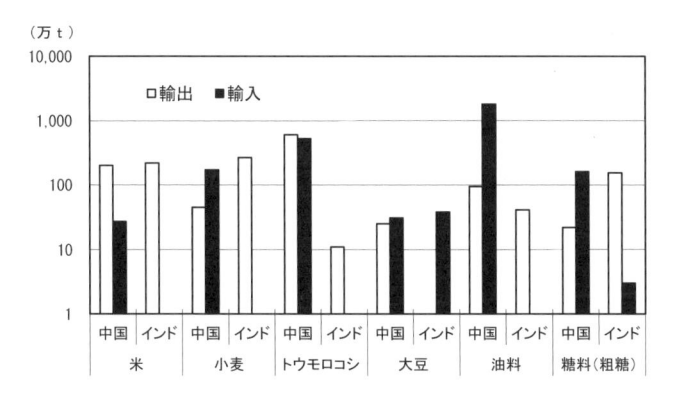

図7-5 中国とインドの食糧の貿易構造──2001年──
(『中国農業年鑑』2003年により作成)

地域的には輸入するより経済的に合理的であるという考え方が反映しているものと見られる。

むすび

以上、概観してきたように、中国における食料生産をめぐる構造調整は、いわゆる糧食(食糧)確保の段階(第1段階)から米や小麦、トウモロコシに中心をおいた生産(食糧増産)の段階(第2段階)へ、さらに食料を経済手段として位置づけ農村や農民の生活向上を目指しはじめた段階(第3段階)へと移行してきた。この変化は今後の動向を見極めていく上で、極めて重要な意義をもつものと思われる。果たして伝統的に自給を目指して調整してきた食料部門を農村住民の経済手段として活かしていくことができるか、またそれ以前の問題として新たな構造調整によって食糧確保の問題はうまく解決できるのかどうか、という問題である。

中国の食糧生産政策は1999年の生産構調整以来大きく変化し、その結果近年の食糧生産量は大幅に減少し、それに呼応して再び輸出が減り輸入が増える傾向が認められる[6]。食糧生産量の減少は過剰対策の結果とみられるか、一方で

---
6) 最近の新聞報道によれば、中国は1997~2003年の間、農産物の輸出額が輸入額を上回る純輸出国で、年平均43億ドルの黒字を続けたが、2004年には55億ドルの赤字で、輸入額が

食糧の輸入が超過傾向に転じたことについてはどう理解すべきことであろうか。ここにはWTO加盟の影響が反映されていること、同時に食糧生産構造に依然として大きな問題があることを顕在化させたこと、の2つの意味が含まれているように思われる。一体中国における食糧生産問題は解決されたとみて良いのかどうか、問題が所在するとすればそれはどのようなことなのか。

<文　献>

池上彰英（2002）:「農業」、中国研究所（編）『中国年鑑2002』、156-159頁。

――――（2003）:「WTO加盟条件の履行状況」、『2002年の中国農業―対外開放をめざす農政』、日中経済協会、35-46頁。

長田　博（2003）:「中国のWTO加盟による短期的影響と貿易をめぐる諸問題」、国際開発研究フォーラム24、1-21頁。

小田紘一郎（2004）:「世界の穀物事情[13]―不安定市場（最終回）」、農業および園芸79(4)、509-517頁。

孔麗（2002）:『中国における非国有企業の実態と発展条件』、共同文化社。

小島麗逸（2003a）:「農政の動向」、『2002年の中国農業―対外開放をめざす農政』、日中経済協会、1-18頁。

――――（2003b）:「中国農業の苦境」、問題と研究33(1)、1-18頁。

――――（2004）:「2003年の中国農業」、『平成15年度海外情報分析作業 アジア・大洋州地域食料農業情報調査分析検討事業実施報告書』、（社）国際農業交流・食糧支援基金、1-40頁。

江振昌（2003）:「「新東北現象」から中国の食糧生産問題を考える」、問題と研究33(1)、34-50頁。

原　剛　研究室（2004）:「第一回中国社会調査・研究報告」、http://www.hat.hi-ho.ne.jp/miyazakiakira/haralab/researchs/china1st-j/1-01j.html。

潘志華（2001）:「内モンゴル自治区後山地域における自然資源の合理的な配置に関する技術的研究（大島一二要約）」、農村研究（東京農業大学）93、154-160頁。

森 路未央・大島一二（1997）:「中国における食糧需給バランスの中長期展望―1996年中国農業白書から」、農村研究（東京農業大学）84、106-111頁。

山内一男（1989）:「中国経済近代化への模索と展望―建国四十年の軌跡」、山内一男（編）『中国経済の転換』（岩波講座 現代中国 第2巻）、岩波書店、1-36頁。

輸出額を上回る純輸入国に転じた。このうち穀物輸入は04年1～11月で895万tと、前年同期の3.7倍になり、穀物輸出量は76％に後退した（産経新聞2005年2月1日）。

米倉 等（2003）:「構造調整視点から見たインドネシア農業政策の展開―80年代中葉からの稲作と米政策を中心に」、アジア経済XLIV-2、2-39頁。
童大林（1980）:「中国農業到了一箇新的歴史転折点」、『中国農業年鑑1980』、農業出版社、183-184頁。
李炳坤（1981）:「調整農業生産構造」、『中国農業年鑑1980』、農業出版社、147-148頁。
姫業成（1986）:「農村産業構造調整」、『中国農業年鑑1986』、中国農業出版社、111-113頁。
崔暁黎（2001）:「農業産業構造調整的重心"商重千蔓"」、農業経済問題(北京) 5、12-15頁。

第8章

中国における食糧生産構造変化の特徴

はじめに

　第7章でみたように、産業構造の調整下において食糧生産を含む農業構造の変化は地域的にはどのように展開したのであろうか。いわゆる中国経済が成長期を迎えるWTO加盟以降の最近の傾向については第12章で改めて扱うこととし、本章ではそれ以前の全国的な動向について概観しておこう。

　本章ではとくに、改革開放政策以降における食糧生産の構造変化と生産量の向上、および中国の土地利用において骨格にある水稲、小麦、トウモロコシ生産の地域変化について検討すると共に、伝統的に食糧生産の分布に特徴を与えてきた南方と北方との関係がどのように変化してきたかについて傾向を整理する。

第1節　食糧生産の構造変化

　一般的に、経済発展の過程では、土地利用上穀物のような伝統的な作物は後退し、収益性の高い商品作物に向かう傾向がある。中国でもこれは例外ではない。中国統計年鑑によると、農作物は穀物（米、小麦、トウモロコシ、大豆、芋類）、換金作物（例えば、ピーナッツや菜種油などの含油作物、綿花、繊維作物、サトウキビ、ビート＝砂糖大根、タバコ、桑、茶、果物）、そして野菜を含むその他の作物、の3つのカテゴリに分類される。

　中国全体の食料生産構造の変化の特徴を把握するため、まず表8-1を示そう。1978年から2001年に至る23年間における、農作物全体の播種面積と果樹および野菜の栽培面積の推移をみたものであるが、この表より農作物全体の播種面積は1,501.1百万ha（1978年）から1,557.1百万ha（2001年）となり、5,120万ha

表8-1 中国における農作物播種面積の推移(1978-2001年)

単位: 万ha

年	播種面積		b／a (％)	作物別の構成(対糧食、％)					面積	
	農作物全体(a)	糧食作物(b)		稲	小麦	トウモロコシ	豆類	薯類	野菜	果樹
1978	150,105	120,587	80.3	28.5	24.2	16.6	—	9.8	3,331	1,657
1980	146,381	117,234	80.1	28.9	24.6	17.1	—	8.7	3,163	1,783
1985	143,626	108,845	75.8	29.5	26.8	16.3	—	7.9	4,753	2,736
1990	148,363	113,466	76.5	29.1	27.1	18.9	—	8.0	6,338	5,179
1991	149,586	112,314	75.1	29.0	27.6	19.2	8.2	8.1	6,546	5,318
1992	149,008	110,560	74.2	29.0	27.6	19.0	8.1	8.2	7,031	5,818
1993	147,741	110,509	74.8	27.5	27.4	18.7	11.2	8.3	8,084	6,432
1994	148,241	108,544	73.2	27.8	26.7	19.5	11.7	8.5	8,921	7,264
1995	149,879	110,060	73.4	27.9	26.2	20.7	10.2	8.6	9,515	8,098
1996	152,381	112,548	73.9	27.9	26.3	21.8	9.4	8.7	10,491	8,553
1997	153,969	112,912	73.3	28.1	26.6	21.1	9.9	8.7	11,288	8,648
1998	155,706	113,787	73.1	27.4	26.2	22.2	10.3	8.8	12,293	8,535
1999	156,373	113,161	72.4	27.6	25.5	22.9	9.9	9.2	13,347	8,667
2000	156,300	108,463	69.4	27.6	24.6	21.3	11.7	9.7	15,237	8,932
2001	155,708	106,080	68.1	27.2	23.3	22.9	12.5	9.6	16,402	9,043

(『中国統計年鑑』2002年により作成)

(約3.4％)の増加をみたことが分かる。しかし、糧食(食糧)作物は停滞ないし減少傾向にあり、食糧作物の播種面積の割合((対農作物総播種面積))は、1980年には80.3％と圧倒的な地位を占めていたのが、年々その割合を低め、2001年には68.1％まで低下した。一方、野菜の栽培面積は4.9倍(33百万haから164百万ha)、果樹については5.5倍(16.57百万haから90.43百万ha)の増加をみせた。また、食糧作物についても種類別にみるならば、中心的な稲と小麦が減少傾向を示したのに対してトウモロコシは増加傾向を示しており、食糧作物内においても構造調整が進んだことが確認できる。

次に、糧食作物の播種面積の推移とその生産量の推移を対比してみると、播種面積は減少傾向を示すが生産量は逆にはっきりと増加傾向をたどったことが分かる(図8-1)。ただし、2000年代に入ると播種面積と生産量が共に減少に転ずるが、それ以前の段階で主要作物別の生産量とピーク年次と1978年に対する増加率は、稲の場合1997年(20,074万t)で46.6％、小麦も同年(12,329万トン)で129％、トウモロコシは1998年(13,295万t)で138％、大豆は1993年(1,950万t)で158％、薯類は2000年(3,685万t)で16％という状況であった。

第8章　中国における食糧生産構造変化の特徴　　　　　　　　　　　　　　　　183

■水稲　小麦　トウモロコシ　|||豆類　薯類　その他

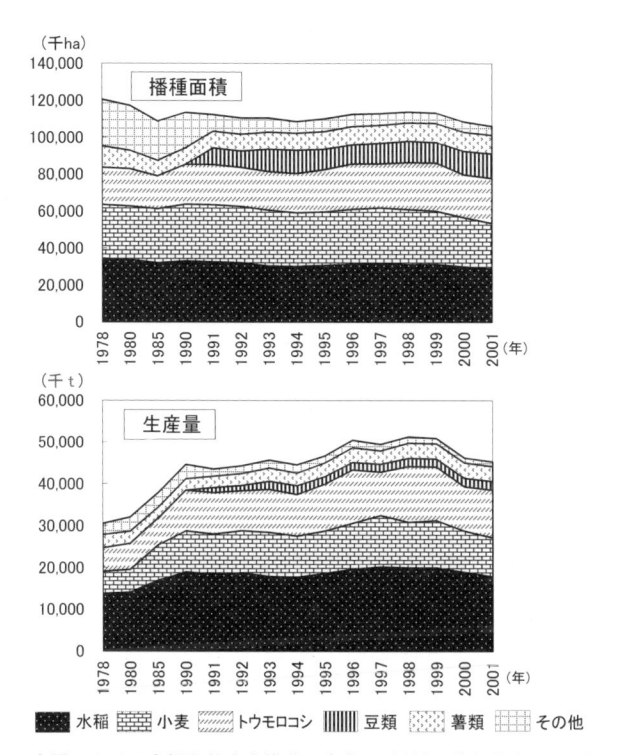

図8-1　中国における食糧作物生産構造の変化――播種面積と生産量の比較――

(資料: 表8-1参照)

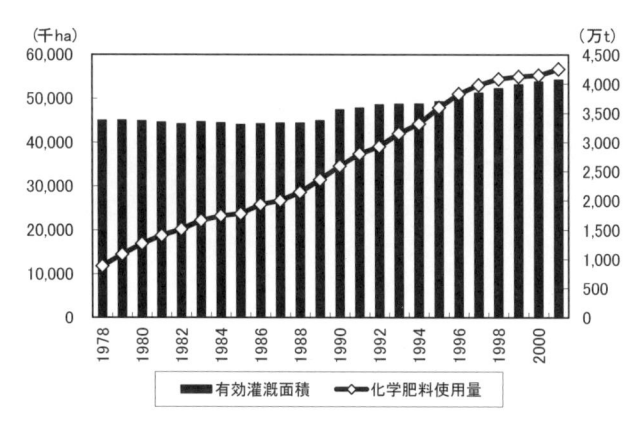

図8-2　中国における耕地の有効灌漑面積と化学肥料の使用量の推移

(『中国統計年鑑』2001、2002年により作成)

作物により若干の差異がみられるが、計画開放政策が実施されてからこれらの作物の場合作付面積減少したものの、近年まで生産性（とくに単位面積当たりの土地生産性）が、いちじるしく向上したことを示している。

それでは、なぜこのように単収が向上し得たのか。これには高収量品種の普及、灌漑の普及、そして化学肥料の普及が重要な要因とみられている。図8-2はこれらのうち耕地の有効灌漑面積と化学肥料の使用量の変遷を示したものである。この図で注目すべき点は、1990年代以降食糧生産が4億t台からさらに飛躍した時期に食糧生産の重要な条件である灌漑面積の増加と化学肥料増投とがみごとに対応していることである。とりわけ化学肥料の使用量が著しい伸びを示している。化学肥料の使用量において中国がアメリカを追い越して世界1位となったのは1986年であった（ブラウン 1995: 93）が、化学肥料の使用量はむしろそれ以降の時期に一層大幅な増加したことが分かる。その意味では、中国における食糧作物の播種面積と生産量ともに、2000年代に入って減少傾向にあることについては、灌漑耕地と化学肥料の役割がどのように関係してくるかさらに検討が必要である。

第2節　三大穀物の「南方－北方」の比重の変化

ところで、中国における食糧作物生産の地位が低下傾向にあるとはいえ、食糧作物は依然として高い割合を保持している。とくに米、小麦、トウモロコシの三大穀物についてみると、1978年に高い比重を占めていた米と小麦播種面積が減少傾向にあり、逆にトウモロコシは増加傾向にある。1978年と2001年の間に米は-16.3％（344.2百万ha→288.1百万ha）、小麦は-15.5％（291.8百万ha→246.6百万ha）となったが、トウモロコシは+22.6％（199.6百万ha→242.8百万ha）となった。このことは、土地利用構造調整という点から見た場合、どのように展開しているのであろうか。

図8-3は、一級行政区別に米、小麦、トウモロコシの生産動向（1985～2001年）を見たものである。この図から次のような傾向を指摘できる。第1に、3つの穀物のうち変動が激しいのは米とトウモロコシであって、小麦の変動は比較的少ない。第2に、米と小麦の場合、播種面積および生産量が上位にある地

域は減少傾向が明瞭であるが、トウモロコシの場合は上位地域がさらに生産を伸ばしている。第3に、米は湖南、広東、四川、江西、江蘇、河北、福建など南方の主要な地域において減少が明瞭であるが、最北の位置にある黒龍江省における伸びが著しい。一方トウモロコシについては、吉林を筆頭に、河北、山東、河南、黒龍江、遼寧、四川、内蒙古、雲南などにおいて生産が著しい伸びを示している。このうち雲南、河南、四川を除くと、北方の地域あるいは内陸で著しい伸びが認められている。

ところで、ロッシング・バック (1939) は第二次世界大戦前、『中国の土地利用』[1]という彼の著書において、農業的土地利用を8地域、すなわち北方における春小麦、冬小麦／雑穀、冬小麦／コーリャン(粗粒穀物)と、南方における米／小麦、米／茶、四川米、米二期作、南西米に区分し、全体として米を主とした南方に対し、麦を主とした北方との間の地域差を明らかにしている。中国の風土は、秦嶺山脈と淮

1) この成果は、1929～33年に実施された、中国22省168地区16,786カ所の農村、および38,256農家の調査をまとめたものである。

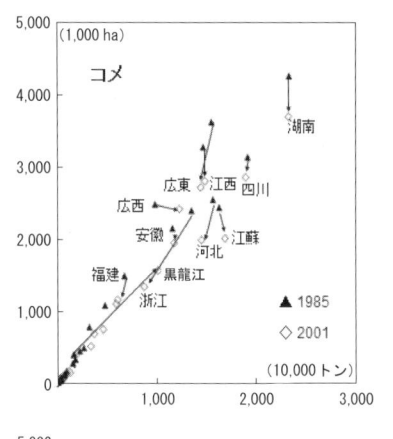

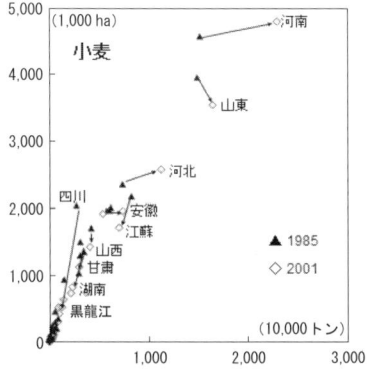

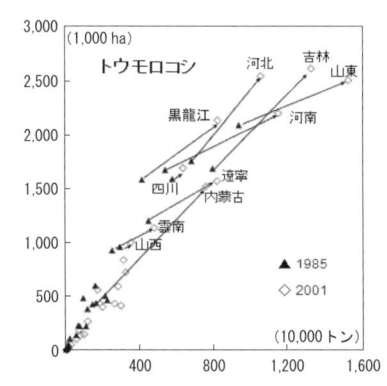

図8-3 三大穀物の分布変動 (1985-2001年)
(『中国農業年鑑』1986、2002年により作成)

表8-2 主要穀物の構成比の変化——北方と南方の比較——

	年	北方[1)]の割合(%)		南方[2)]の割合(%)	
		播種面積	生産量	播種面積	生産量
米	1985	7.0	7.1	93.0	92.9
	2001	13.4	13.4	86.6	86.6
小麦	1985	69.3	68.4	30.7	31.6
	2001	68.2	73.2	31.8	26.8
トウモロコシ	1985	72.7	76.1	27.3	23.9
	2001	74.9	77.6	25.1	22.4

注1) 北京、天津、河北、山西、内蒙古、遼寧、吉林、黒龍江、山東、河南、陝西、甘粛、寧夏、新疆、西蔵、青海
2) 上海、江蘇、浙江、安徽、福建、江西、湖北、湖南、広東、広西、四川、貴州、雲南

(『中国統計年鑑』1986、2002年より作成)

河を結ぶ東西の線(帯)を境として北方と南方に大きく区分され、北の乾燥と寒冷に対し南の温暖と湿潤の違いが南北の農業的な土地利用を特徴付けてきたのである。食糧需給の面から「南糧北調」ということが昔から食糧の地域間調整の方式として言われてきたが、これは生産に恵まれた南方から不足する北方への食糧の需給調整が行われてきたことを物語っている。

ところが、最近の主要穀物の生産動向は、「南糧北調」の形に変化が生じてきたことを示唆している。表8-2によって、1985年と2001年の間で主要穀物の生産比重が北方と南方の間でどのように変わったかをみると、米については播種面積、生産量とも依然として南方の比重が圧倒的に高いが、傾向としては南方の比重の低下と北方の向上がはっきりと認められる。小麦とトウモロコシについては南方に比べて北方の比重が圧倒的に高く、傾向的にも小麦の生産量、そしてトウモロコシの播種面積と生産量の両方において、北方における比重の高まりが認められる。このことは、改革開放政策以降、南東部の沿海地方を中心に工業化・都市化が進み、農業(とくに穀物)生産部門が縮小し、食糧不足の傾向がみられるようになったことを考慮すると、伝統的な「南糧北調」の構造がすでに成り立たなくなってきたことと推察される。もちろんここで北方とは、バックの区分にはなかった東北3省を含むが、食糧生産の地域的な関係は、北方が南方に比べ優位な構造変化が生じている。殷ら(2006)は、北方農業区の食

糧生産が全国の食糧生産に占める割合は、1982〜85年には平均38.4％であったが、1998年には69.4％に上昇したことを明らかにしている。

米に注目して言うならば、次章に詳述するように、傾向としては類似した現象がみられる。とりわけ中国の東北への稲作の発展は品種的には、インディカタイプ（南方）からジャポニカタイプ（北方）への変化であって、この意味では、完全に南北逆転による「北糧南調」の需給構造が生じているのである（Motoki 2004）。

むすび

本章の検討結果は以下のように要約できる。

第1に中国の食糧生産は、商品作物や野菜などの作物の生産が伸びた反面、食糧作物の栽培面積は減少傾向をたどってきた。播種面積に占める食糧作物の比重は、1978年には80.3％であったが2001年には61.8％に低下した。しかしながら、化学肥料の多投や灌漑などの生産技術の向上により食糧作物の生産量は増加を続け、食糧需給問題を顕在化することはなかった。ただ、WTO加盟以後、食糧生産は播種面積、生産量ともに減少傾向にある。

第2に、食糧作物のうち三大穀物については、水稲と小麦の生産比重が減少傾向を示す反面、トウモロコシの比重が高まる傾向がみられた。播種面積では水稲が依然として第1位、小麦が第2位であるけれども、それに迫る勢いでトウモロコシの栽培が増加している。また、水稲と小麦に比べてトウモロコシ生産の拡大地域は、東北地区を中心に広い範囲に及んでいることが明らかとなった。

第3に、以上のような農業生産の変化の結果として、南方に比べて北方の生産比重が増加していることが事が明確になった。小麦とトウモロコシについては北方が圧倒的に優位にある。水稲については依然として南方の比重が高いが北方への展開の方向は明らかであり、伸び率でみると北方における水稲の伸びは、トウモロコシや小麦を大幅に上回っている。

以上を要するに、中国全体における食糧生産の動向は北方における発展によって導かれているが、その中で最も重要な役割を果たしてきたのが北方地帯、

とくに東北部に位置する各省である。

<文　献>

バック，J. L.／三輪　孝・加藤　健(共訳)(1939):『支那農業論—支那における土地利用(上巻)』、生活社 (1941年、5版)。[John Lossing Buck(1937): *Land Utilization in China.*]

ブラウン，L. R.／今村奈良臣(訳) (1995):『だれが中国を養うのか—迫りくる食糧危機の時代』、ダイヤモンド社。[Lester Russel Brown (1995): *Who Will Feed China?: Wake-Up Call for a Small Planet*, W. W. Norton & Company]

殷培红・方修琦・田青・马玉玲 (2006):「21世纪初中国主要余粮区的空间格局特征」、地理学报 61(2)、190-198頁。

Motoki, Y. (2004): "Transformation of grain production and the rice frontier in Modernizing China", *Geographical Review of Japan* 77(12), 838-857.

第9章

東北地区における食糧生産の地域的展開

はじめに

　中国の食糧生産は、改革開放政策以降の農村改革の過程で著しい発展をみせた。しかし、これはあくまで全国平均的にみたときの傾向であって、地域的には、第Ⅱ編の第5章および第6章で明らかにしたように、南東部の沿海地域を中心とした工業化(都市化)地域と他の地域との間で激しい消長があった。その中で新しい担い手としての地位を高めてきた最も代表的な地域が遼寧、吉林、黒龍江の東北3省(以下、東北地区と略)であった。

　本章では、まず、東北地区における食糧生産の特徴を中国全体の中に位置づけて確認し、つぎに東北内部における食糧生産の変動方向について明示するとともに、その典型的な事例が水稲作の北進現象にみられることを明らかにしたい。最後に、東北地区における食糧生産はWTO加盟直後頃から新しい課題に直面することについて考察する。

第1節　食糧作物生産への傾斜

　中国の統計によると農作物は、前章でも触れたように糧食作物、経済作物、その他農作物に大きく3分類される。(1)糧食作物(以下、食糧作物とよぶ)は稲・小麦・トウモロコシ(玉米)などの穀物と豆類および薯類、(2)経済作物は綿花、油料(落花生＝花生、油菜)、糖料(甘蔗＝サトウキビ、甜菜)、煙草、桑葉、茶、果樹等、そして(3)その他農作物とは蔬菜、青飼料、緑肥などである。ここでは、まず、このような作物によって構成される土地利用の内容を土地利用構造と呼ぶこととし、それが東北地区においてどのように変化してきたかを、全国の場合と対比し明らかにする。対象とした時期は、農村改革が一段落した

表9-1 東北農業の地位

年	全国		東北		東北の比率		食糧作物の比率	
	A(千ha)	B(千ha)	c(千ha)	d(千ha)	全農作物 c/A(%)	食糧作物 d/B(%)	全国 B/A(%)	東北 d/c(%)
1985	143,626	108,845	16,352	13,389	11.4	12.3	75.8	81.9
1991	149,586	112,314	16,319	14,059	10.9	12.5	75.1	86.1
1999	156,373	113,161	16,966	14,667	10.8	13.0	72.4	86.5

注) A, c; 農作物総播種面積　B, d; 食糧作物播種面積　東北：黒龍江、吉林、遼寧の3省
(『中国統計年鑑』1986、1992、2000年より作成)

あとの、最近15年間(1985～1999年)である。

表9-1は、東北地区(以下、東北と略称)が全国の中で占める農業の地位を示したものである。これによると、東北の農作物作付面積(播種面積)は中国全体の約1割で、しかもその比率は15年間に減少傾向にある。

ところが食糧(糧食)作物に限ってみると、東北は全国の12～13％を占め、逆に微増傾向を示す。しかも食糧作物作付割合(対農作物総播種面積)の動向を比較すると、東北では81.9％(1985年)から86.5％(1999年)に増加し、全国の場合は75.8％(1985年)から72.4％(1999年)へ減少している。つまり、東北においては近年その割合だけではなく、実質的にも食糧作物生産への著しい傾斜がみられる。これは東北における農業的土地利用構造変化の大きな特徴である。

食糧作物というと従来、東北では「大豆、高粱、粟、トウモロコシ(玉蜀黍)、小麦の五穀」が中心であり、旧満州時代にはそれらの作付率が総面積の約8割に達していた。しかも、この状況は1980年代当初までは基本的に存続していた。しかし、近年の食糧作物生産への著しい傾斜はそうした伝統的食糧作物によるものではなく、稲やトウモロコシが主となっていた。東北における稲(稲谷)、小麦、トウモロコシ(玉米)の生産動向を全国と比較してみると

---

1) すなわち旧満州時代に常に62～72％の生産を占めていたといわれる大豆、高粱、粟の、いわゆる三大作物(横田 1972: 65)、あるいはそれに小麦とトウモロコシを加えた五大作物によって、農業的土地利用が特色づけられていた。いずれも耐寒性が強く、東北部の自然環境に適していたためである。たとえば、旧満州時代に特別に高い地位を占めていた大豆は、他力維持・増産効果があることや重要な換金作物として栽培されていた。また、高粱については土壌に対する要求が少なく、低湿地、乾燥地、アルカリ地においても生育し、連作に強いことを活かして、農民の主食として利用されてきた(横山 1972、p.69)。

表9-2 糧食作物に占める主要3穀物の比重の変化——東北3省と全国の比較——

	年	播種面積の割合(%)				生産量の割合(%)			
		稲	小麦	トウモロコシ	計	稲	小麦	トウモロコシ	計
東北	1985	8.9	15.8	33.3	58.0	16.8	8.0	45.5	70.3
	1991	12.3	13.9	41.8	68.0	18.1	8.0	57.7	83.8
	1999	17.6	8.0	45.7	71.3	25.1	5.1	55.6	85.8
全国	1985	29.5	26.8	16.3	72.6	44.5	22.6	16.8	83.9
	1991	29.0	27.6	19.2	75.8	42.2	22.0	22.7	87.0
	1999	27.6	25.5	22.9	76.0	39.0	22.4	25.2	86.6

注）東北3省＝黒龍江省、吉林省、遼寧省。　　（『中国統計年鑑』1986、1992、2000年より作成）

（表9-2）、全国の場合食糧作物全体の播種面積に対する3作物の割合は72.6％(1985年)、75.8％(1991年)、76.0％(1999年)と推移しているが、東北の場合も58.0％(1985年)、68.0％(1991年)、71.3％(1999年)へと変化してきており、全国の特徴に急接近している。こうした傾向は生産量比率の変化からも明らかである。これは、東北にとっては、雑穀類を主とした伝統的な食糧作物の生産が急速に後退してきたことを意味する。

ところで、表9-2から明らかなように、近年の東北における食糧生産の動向は全国的な傾向とまったく同一ではない。全国の場合、稲、小麦、トウモロコシのそれぞれの比重がほぼ拮抗してきているのに対して、東北の場合は小麦の比重が低下し、トウモロコシと稲が食糧作物の中心をなす方向で変化してきている。ここに、東北が食糧作物の比重を高めてきたプロセスでの注目すべき特徴がある。例えば、両作物が東北および全国で占める割合をみると、トウモロコシについては1985年時点ですでに東北は33.3％を占め、全国の16.3％をはるかに凌駕していたが、1999年には東北44.5％、全国22.9％となり、格差は一層開いてきている。稲については、全国の場合、播種面積では29.5％(1985年)から27.6％(1999年)へ微減傾向を示し、生産量でも44.5％(1986年)から39.0％(1999年)に後退している。これに対して東北の場合、播種面積では8.9％(1985年)から17.6％(1999年)へ、生産量では16.8％(1985年)から25.1％(1999年)へと伸び、急速にその比重を高めてきたことが分かる。

このように、東北における食糧作物生産への傾斜の傾向は、ほとんどトウモロコシと稲(水稲)の成長によって実現されている。その結果、現在、東北のト

表9-3 稲とトウモロコシの生産動向からみた東北の地位

		年	全国(a)	東北(b)	b/a (%)	黒龍江省 割合	黒龍江省 順位	吉林省 割合	吉林省 順位	遼寧省 割合	遼寧省 順位
稲	播種面積 (千ha)	1985	32,070.1	1,194.1	3.70	1.2	15	1	16	1.5	13
		1991	32,590.0	1,728.0	5.30	2.3	12	1.3	16	1.7	14
		1999	31,284.0	2,581.6	8.30	5.2	10	1.5	17	1.6	16
	生産量 (万t)	1985	16,856.9	610.0	3.60	1	16	1.1	15	1.6	13
		1991	18,381.3	1013.4	5.50	1.7	14	1.7	15	2.1	13
		1999	19,848.7	1764.8	8.90	4.8	10	2	16	2.1	15
トウモロコシ	播種面積 (千ha)	1985	17,694.1	4,454.2	25.20	8.9	6	9.5	3	6.8	7
		1991	21,574.3	5,882.6	27.30	10.3	7	10.6	2	6.4	7
		1999	25,904.0	6,705.0	25.90	10.2	3	9.2	4	6.5	6
	生産量 (万t)	1985	6,382.6	1,653.0	25.90	6.5	7	12.4	2	7	6
		1991	9,877.3	3,229.9	32.70	10.2	3	14.2	1	8.3	6
		1999	12,808.6	3,906.4	30.50	9.6	3	13.2	1	7.7	5

注) 各省の割合(%)および順位はともに対全国値である。
(『中国統計年鑑』1986年、1992、2000年より作成)

ウモロコシ生産は播種面積で全国の4分の1、生産量では3分の1を占めている(表9-3)。またトウモロコシ生産の全国順位(1999年)は吉林省が第1位、黒龍江省が第3位、遼寧省が第5位にランクされている。稲については播種面積および生産量のいずれの場合も全国の8％台の水準である。しかしながら、この15年間に3省それぞれの対全国比重は高まっている。中でも最北部に位置する黒龍江省の比重の高まりは著しく、同省の全国順位は1999年には第10位に上昇している。

第2節 食糧作物生産における地域構造の変化

それでは、東北地区における食糧作物生産への傾斜が、東北の内部ではどのように進行したのか。このことについて2つの点に注目しておきたい。

第1はそうした変化が東北の南から北へと波及してきたことである。図9-1は1985年を基準として、穀物栽培(播種)面積の動向と生産量の変遷を指数で示したものである。この図から東北3省とも栽培面積はほとんど停滞的であるのに対して、生産量がいずれにおいても急速に伸びていること、そしてトウモ

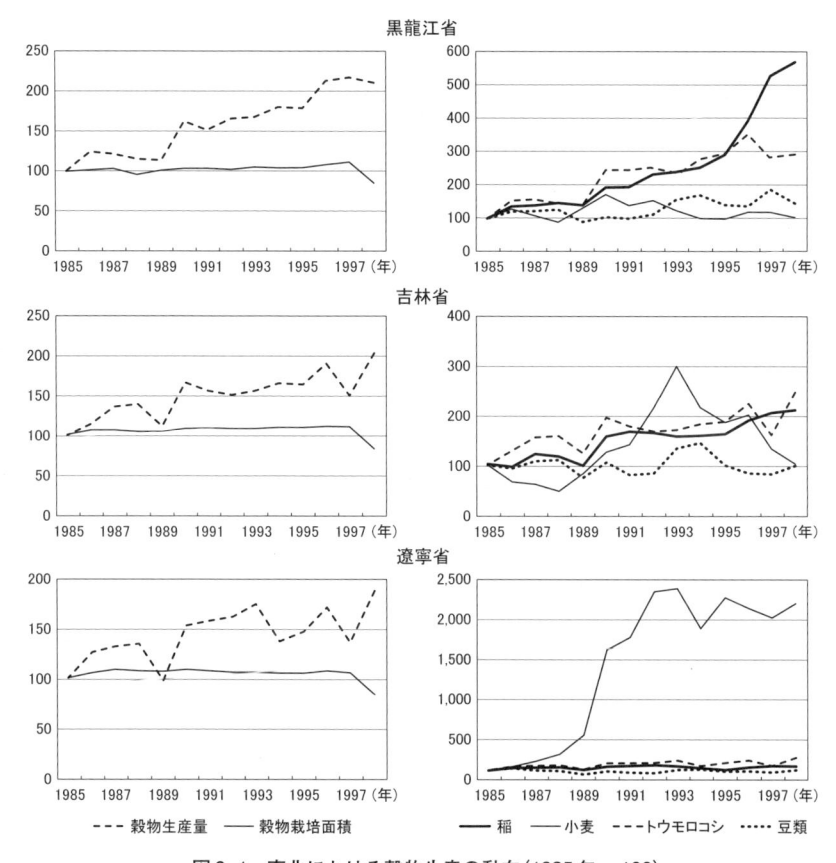

第9章　東北地区における食糧生産の地域的展開　　193

図9-1　東北における穀物生産の動向（1985年＝100）

ロコシと稲については東北の南から北の省ほど、近年激しい増加をしてきたことが読みとれよう。この場合、遼寧省の小麦の伸びが目立つが、絶対面積での増加は極めて少なく、みかけ上の値に過ぎない。したがってこの点を除外してみるならば、東北では食料作物への傾斜生産が、東北の南から北に向って進んできたことを確認することがでる。

すなわち、東北におけるトウモロコシと稲を主にした食糧生産、つまり土地利用構造の再編成の動きは1985年当時の遼寧省からはじまり、1991年には吉林省および、1999年の時点では黒龍江省へと時間差を伴って進展してきたことを物語っている。また、1999年現在の農作物総播種面積に対する食糧作

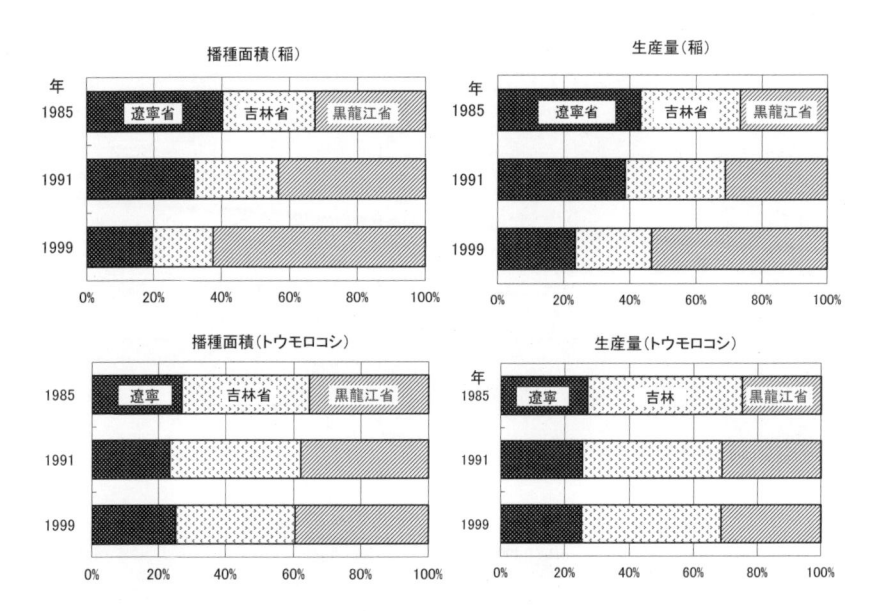

図9-2 東北における各省別地域構成——稲とトウモロコシの比較——

（資料：表9-3参照）

物の播種面積割合は、遼寧省83.9％、吉林省86.4％、黒龍江省87.4％となっているが、これはそれほど顕著な地域差ではない。このことは全国における東北の特徴を形成する動きと同様の傾向が、東北内部においても進展してきたことを示すものである。言いかえれば、このような地域変化の方向性は食糧作物以外のもう一つの新しい流れが、やはり南から準備されつつあることを示唆したものとみられる。ちなみに、果樹栽培面積の動向(1991→1999年)に注目すると、遼寧省390.5千ha→369.9千ha、吉林省60.8千ha→102.8千ha、黒龍江省22.8千ha→52.1千haとなり、南の省ほど果樹導入の進展が認められる。今後の土地利用変化を考える際に考慮されるべき点である。

第2は以上のような方向での地域変化の結果として、主要作物の東北3省間における地域構成にも変動が生じてきたことである。ここではその様子をトウモロコシと稲の場合について示す(図9-2)。両作物とも黒龍江省の比重の増大傾向が認められる。しかし、トウモロコシの場合は3省間の比重の差に拡大傾向はみられないが、稲の場合は遼寧省と吉林省の比重が低下し、反面黒龍江省が東北において大きな地位を占めるようになったことが分かる。1999年現在

では同省の稲作生産の比重は、播種面積で60％以上、生産量でも50％以上を占めるに至っている。東北における稲作の歴史は次節で明らかなように、南に位置する遼寧省や吉林省の南東部が古い、自然的には稲作のための気候環境が南ほど恵まれていたためである。最も重要な条件の一つである年降水量は、遼寧省＝400〜1200mm、吉林省＝350〜700mm、黒龍江省＝250〜700mm（王・周 2000）であって、南北間での差異が大きく、この点では日本の東北地方の気候と類似している。

第3節　水稲作の北進

　図9-3は、東北における稲作発展の現状を市県レベルのデータに基づいて、水田面積と水田率（対耕地面積）の分布状況を示したものである。これによると、1997年当時、東北では広い範囲にわたって稲作が普及していたことがわかる。とくにその中心となった地域は、遼河（遼寧省）、松花江（吉林省）、嫩江−松花江（黒龍江省）沿いの低地帯であった。

　ただし、歴史的にみると、東北におけるこのような稲作の展開は古くからみられたわけではない。東北における稲作の起源については、一般的には、「明治の初年頃、鴨緑江の流れを超えて、満州の地に足跡を印した鮮農が、父祖伝来の得意の業を、その新渡来の地に試みた」のが嚆矢であるらしい（南満州鉄道株式会社地方部農務課編 1922: 1）。その後、日本の植民地政策（Lee 1932）の下で灌漑と排水が進められ、稲作は各地で試みられるようになった。旧満州国政府が康徳四年（1937年）度から実施した農業増産五ヵ年計画で米は、高粱、粟、蕎麦、人豆、トウモロコシなどとともに全満に亘るものとして位置づけられていた。別技（1942）は、かつてこの計画が実現の暁には従前の作物分布度に相当の変化を生ずるであろうと示唆している。また氷見山（1999）は、1930年頃と1980年頃の土地利用概況図を比較し、農地面積はこの50年間でほぼ1.5倍に増加したことを明らかにし、中でも水田と草地の大幅な増加が目立つことを指摘したが、別技の予測が裏付けられたものといえる。

　ただ、中国科学院地理研究所経済地理研究室編（1983）では、東北地区農業に占める稲作の発展をそれほど評価する記載をしていない。たとえば、遼寧が

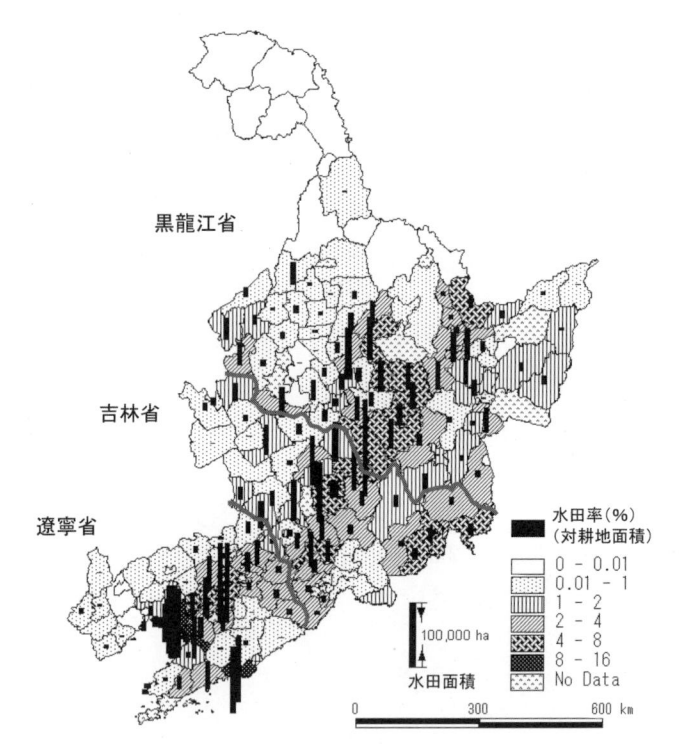

図9-3 東北地区における水田の分布──1997年──
(3省の市県別資料より作成)

最も多く、営口と瀋陽両地区に集中し吉林の水稲は吉林、通化、延辺の3地区に多く、黒龍江の水稲はわずかであるとしている。季・石(1988: 図133)によれば、稲を主力とした食糧生産地域は、1980年代でさえ遼寧省の南東部に限られ、東北地区全体としてはトウモロコシと大豆に僅少の稲を加えた複合的な食糧生産地域が、遼寧と吉林から黒龍江省へまたがる東北平原東部(長白山山脈の西麓)の土地利用を特徴づけていた。

　したがって、今日の東北地区の稲作発展は、経済改革以降の発展によるところが極めて大きい。しかもその発展の地域的特徴としては、図9-4から明らかなように、気候的環境に恵まれた東北の南部(遼寧省)から中部(吉林省)、そして北部(黒龍江省)に向かって、展開してきたということができる。つまり、このような稲作の北進現象に伴いつつ、一方で東北の全域にトウモロコシ生産が

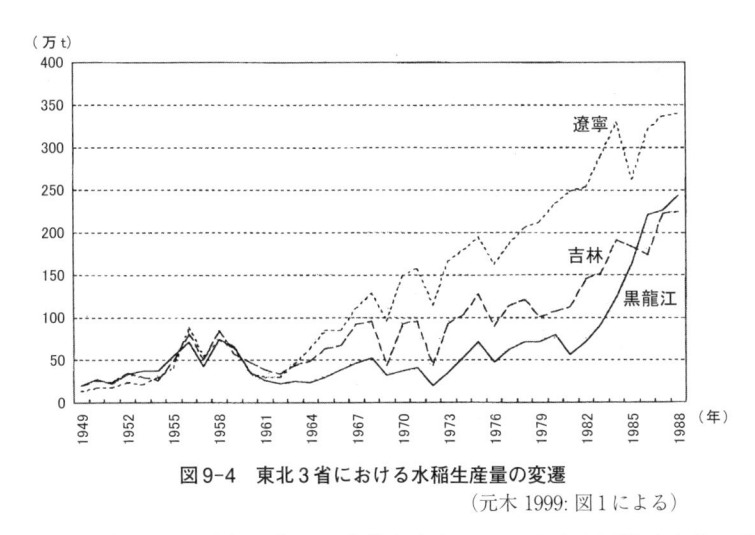

図9-4　東北3省における水稲生産量の変遷
（元木 1999: 図1による）

展開するというのが、近年の東北の農業生産あるいは土地利用構造変化の基本的な特徴、あるいは構図となっている。

第4節　食糧生産における「新東北現象」

東北においては経済成長期に需要が高まった米（稲）とトウモロコシ生産が大きな発展をみてきた。しかし、新しい構造調整期を迎えてここでも問題が顕在化した。象徴的には「新東北現象」（江 2003）というかたちで問題が突きつけられた。「新東北現象」とは、かつて経済改革が進められる過程において国有企業の中で工業が行き詰まり、企業が経営難に直面したことが「東北現象」として注目されたことの農業版である。この問題はWTO加盟後の2002年1月13日付の新聞で、伝統的な農産物が大量に滞貨、増産しても農民の収入が増えないという現象に対して「新東北現象」と指摘された。邢（2001）が指摘したように、黒龍江省では1990年代後半から食糧生産は大幅に増加したが、食生活構造の変化と品質の悪さなどの問題で需要は低迷するようになり、ここでも生産構造調整を余儀なくされた。大豆やトウモロコシ、小麦の作付面積は減少したものの、生産量は変わっていないという事態が続いている。しかし一方で実は、食糧生産コストも年平均で10％以上の伸びを示してきたため、食糧価格が急

上昇し、小麦、トウモロコシ、大豆等の国内価格は国際市場より20〜70％高くなっている(江 2003)。

東北地区の農業に対して「新東北現象」ということが言われるとき、作物レベルで問題とされたのが中国のコーンベルトといえるほど集中的に発展した吉林省(元木 2000)を筆頭に、黒龍江省や遼寧省で大きく伸びたトウモロコシ生産である。トウモロコシの品質がいわゆる多収型の普通品種(品質に優れず、高水分)のため加工に向かないものが多く、生産が過剰化していったのである(郭 2000)。前述したように、中国政府が2002年から進めている全国レベルでの各作物の生産特化地域[2]のうち、東北・内蒙古地帯を大豆・トウモロコシ地帯と定めているのはこうした点の改善をうたったものであろう。

むすび

以上を要するに、東北地区の農業は経済改革が進む過程で、従来の伝統作物を組み合わせた土地利用から、急速に食糧作物中心の構造へと傾斜し、その全国における地位を高め、食糧生産地域としての重要性を増してきた。このような農業構造の変化は、土地利用の面からは畑地におけるトウモロコシ生産の拡大と水田(稲作)地域の再編成の現象とみることができるが、東北内部における地域的動向としては、気候的に恵まれた南部から寒冷な北部に向かって進められてきたことも注目されよう。

その典型は、水田稲作の展開によって示されたように稲作の北進現象として理解することができる。ただし、トウモロコシと稲作を基軸とした農業の展開は、必ずしも生産力構造がそれに伴ったものではなかったことも事実で、いわゆる農業における「新東北現象」の問題が新たに提起されていることも判明した。

なお、土地利用構造という観点からみるならば、トウモロコシと水稲を主軸にした変化がそれぞれ独自に、進んできたものではないことに留意しておかねばならない。稲作あるいは水田地域の形成・発展ということを軸に、トウモロコシ生産の発展が導かれてきたことと推察される。東北におけるトウモロコシ

---

2) 第7章 注4)参照

生産は元来は、人々の直接の食糧供給源としての役割を担ってきたが、今日の著しい発展は圧倒的に間接的な食糧、すなわち家畜の飼料として栽培されていることとも深く関わっている。これらの現象の地域的な意味について、以下ではトウモロコシと稲作のそれぞれの変化を代表する事例として、前者では吉林省(第10章)、後者では黒龍江省(第11章)を取り上げ検討する。

<文　献>

氷見山幸夫(1999):「1930～1980年頃の中国東北部の土地利用」(未発表原稿、手記)。

別技篤彦(1942):「産業立地上より見たる満州国および北鮮の地域性」、堀　経夫(編)『満州国経済研究』、日本評論社、13-64頁。

南満州鉄道株式会社地方部農務課(編)(1922):『満州の水田』(昭和7年改訂版)。

元木　靖(1999):「中国東北地区の稲作概観―東北平原南部の土地利用調査」、LU／GECプロジェクト報告書V(国立環境研究所)、99-109頁。

────(2000):「吉林省における農業的土地利用の形成と地理的条件」、LU/GECプロジェクト報告書Ⅵ(国立環境研究所)、142-156頁。

郭慶海(2000):「加入WTO後商品粗基地的建設与発展―以吉林省為例」、山西農経(太原)4、4-14頁。

江振昌(2003):「「新東北現象」から中国の食糧生産問題を考える」、問題と研究33(1)、34-50頁。

李振泉・石慶武(主編)(1988):『東北経済区経済地理総論』、東北師範大学出版社。

王一凡・周毓珩(主編)(2000):『北方節水稲作』、遼寧科学技術出版社、表1-1。

呉伝鈞・郭換成(主編)(1994):『中国土地利用』、科学出版社(北京)。

邢玉昇(2001):「中国における食糧卸売市場の実態と役割の課題―黒龍江省の食糧卸売市場を例として」、農村研究93、129-140頁。

中国科学院地理研究所経済地理研究室(編)(1983):『中国農業地理総論』、科学出版社。

Lee, H. K. (1932): "Korean migrants in Manchuria", *Geographical Review* 22(2), 196-204.

第10章
吉林省におけるトウモロコシを主とした農業的土地利用形成の分析

はじめに

『中国土地利用』(呉・郭 1994)によれば、吉林省の土地利用は省の総土地面積18.74万 km^2 に対して、林地が46.2％を占め、ついで耕地21.3％、牧草地12.8％、水面5％、都市住宅および鉱工業用地3％、交通運輸用地1.3％、その他10.4％である。耕地について1998年現在の状況をみれば、総面積約4万 km^2、耕地率は21.5％である。なお、耕地面積のうち畑が88.4％ (35,420 km^2)、水田が11.6％(4,630 km^2)であるので、畑が卓越していることが農業的土地利用の基本的な特徴といえる。

現在の農業的土地利用の特徴を食糧作物の播種面積と生産量の面からみると図10-1のようになる。トウモロコシ(玉米)、水稲、大豆が主要作物であるが、トウモロコシと水稲に比べて大豆の地位は低いことがわかる。注目されるのはトウモロコシで、それぞれ総播種面積の67％と総生産量の76％で、圧倒的な地位を占めている。トウモロコシに次ぐ水稲も総播種面積の13％、総生産量の15％を占めている。したがって、両作物だけで総播種面積の80％、総生産

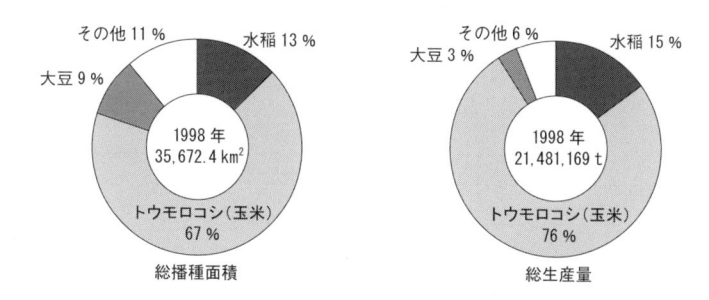

図10-1 吉林省における食糧作物の播種面積と生産量
(『吉林省統計年鑑』1999年より作成)

量に対する割合では実に91％に達する。このように両作物が卓越していることが、吉林省の農業的土地利用形成のきわだった特徴である。

第1節　トウモロコシを主とした土地利用形成の史的背景

それでは、こうした特徴はどのようにして形成されたものであろうか。第1に1980年代以降の農村経済体制改革の影響、特に最近10数年間の農家をめぐる急速な環境変化の所産ということができる。表10-1によれば、最も卓越した作物であるトウモロコシの場合、1950年以降の100万t台から1970年に初めて200万t台となり、1985年には

表10-1　吉林省における主要農作物生産量の変遷

単位：万t

年	水稲	トウモロコシ	高粱	粟	大豆
1950	26.6	129.0	155.5	87.4	96.3
1955	48.8	147.1	116.4	95.7	82.3
1960	47.2	106.4	67.8	50.3	80.3
1965	63.3	162.9	96.2	83.4	77.1
1970	93.1	250.4	121.6	119.8	84.6
1975	128.0	496.8	76.6	75.3	68.8
1980	107.4	506.9	67.6	55.9	60.7
1985	183.7	793.1	56.8	43.5	90.4
1998	385.5	1924.7	36.7	4.8	73.8

（1950～1985年：『吉林省社会経済統計年鑑』、1998年：『吉林省統計年鑑』より作成）

800万t弱、さらに1998年には1,900万tへと飛躍的な増産をみたことがわかる。水稲の場合も、こうした経過はトウモロコシの場合とほぼ近似しており、1950年時点では生産量が26万t程度であったのが、1970年に93万t、1985年に183万t、さらに1998年には385万tに急増している。

一方、この間に伝統作物であった高粱と粟は生産量を大幅に減少させた。高粱は生産量が最も多かった1950年の155万tから1998年には36万tに減り、粟に至っては1970年の120万t弱から1998年にはわずか4.8万tにまで激減した。また、第二次世界大戦前から主要商品作物として重視されてきた大豆の生産も伸び悩み、近年は減少傾向にある。つまり、いずれの場合も、トウモロコシと水稲の生産量が飛躍的に増加した最近10数年間に決定的になったことがわかる。

また、トウモロコシと水稲の生産量の飛躍的な増加と耕地の動向との関連

では、以下のことも注目されよう。すなわち、近年トウモロコシの生産量の増加が著しいが、畑地の面積は1950年以降ほぼ一貫して減少傾向にあること、一方水田については逆に1950年から今日まで増加傾向にあることである。その結果、吉林省全体の耕地面積は1990年の3,878千haから1998年には4,005千haとなり、近年は増加に転じてい

表10-2 吉林省における耕地利用の変遷

年	耕地 (千ha)	水田 (千ha)	畑 計 (千ha)	畑 うち灌漑 (千ha)	一人平均 耕地(ha)
1950	4,623	98	4,525	0.1	0.55
1955	4,636	139	4,498	1.4	0.54
1960	4,456	228	4,229	29.8	0.53
1965	4,338	176	4,163	28.9	0.39
1970	4,218	247	3,970	79.7	0.32
1975	4,101	250	3,851	30.3	0.28
1980	4,044	255	3,789	47.5	0.27
1985	3,999	320	3,679	37.6	0.27
1990	3,878	340	—	—	—
1998	4,005	463	3,542	78.8	0.27

(1950〜1985年:『吉林省社会経済統計年鑑』、1990年: 耕地は『中国分県農村経済統計概要、水田と畑は『中国国土資源数据集(第三巻)、1998年:『吉林省統計年鑑』より作成)

る(表10-2)。このことは吉林省における農業的土地利用形成の推進力としての稲作の役割が、トウモロコシに劣らず大きいことを物語っている。

つぎに、トウモロコシと水稲の生産量が近年増加している経済的あるいは農業技術的理由は何か。前者については既にいくつかの指摘がある[1]。吉林省では水稲とトウモロコシは請負耕作を行う農家が国有企業に売り渡す義務があり、いわゆる契約買付(定購)の対象作物であることと深く関係している。吉林省の調査によると[2]、1畝当たりの利潤は水稲428.02元、トウモロコシ209.71元、大豆138.48元(1996年の場合)で、大豆に比べ水稲とトウモロコシの経済的な有利性が明かである。とくにトウモロコシは従来食糧として栽培されてきたが、近年は肉類の需要が増加するのに対応して家畜の飼料として発展している。畑地が卓越する吉林省では、1985年以来、全国1位のトウモロコシ移出省としての地位を保持している。

---

1) 国際協力事業団・財団法人国際開発センター・エニコエンターナショナル(1988)。
2) 人民日報記事(1996年6月17日)および経済参考報記事(1996年12月10日)(日中経済協会 1997)。

表 10-3　吉林省における主要農作物の単収の変遷

単位：kg/ha、（kg/亩）

年	水稲	トウモロコシ	高粱	粟	大豆
1950	184 (2,460)	94 (1,410)	98	70	78
1960	141 (2,115)	71 (1,065)	88	48	62
1970	254 (3,810)	154 (2,310)	135	97	79
1980	284 (4,260)	201 (3,015)	193	90	73
1998	559 (8,399)	530 (7,949)	245	162	162

(資料：表10-1参照)

後者の理由としては、2つの点を指摘することができる。

第1は、水利条件の改善が生産の増加に貢献していることが予想されることである。前述のような水田の増加は、新規の水利の開発あるいは改善がなければ不可能なことである。トウモロコシについてもその効果が及んでいる可能性が強い。表10-2によると、1970年の畑地面積に占める灌漑地の割合は2％であったが、1987年に10.2％となり、1998年現在では22.2％に増加している。

第2は、トウモロコシと水稲の土地生産性が大幅な向上をみせていることである。伝統作物の高粱、粟、大豆の場合も最近では土地生産性の向上が確認されるが、トウモロコシと水稲の土地生産性は1998年でみるかぎり、伝統作物の2倍から3倍に達している（表10-3）。栽培技術的にはハイブリッド種子の作付け、薬剤コーティングした種子の作付け、さらにマルチ栽培法の導入が関係している。[3]

以上から、近年におけるトウモロコシと水稲を中心とした土地利用形成の特徴が、伝統作物からの転換を引き起こしつつ達成されていること、しかも大幅な耕地面積の増加を待たずに、むしろ畑地については減少を可能にしつつ実現していることが確認された。著者は先に、今日の中国東北部においては、かつて雑穀を食糧基盤としていた日本の北上山地（畑作地帯）における経験（自給的な水田開発が可能になったことが新たな商品性物の導入を可能にした事実）と近似する変化がみられることを予見したが（元木 1999）、以上の傾向は近年の土地利用変化の中にそうした論理が働いている可能性をさらに強く支持したものと言える。

---

[3] 日中経済協会(1997: 33)。

第2節　トウモロコシを主とした土地利用展開の地域的特徴

1. 自然環境と農業開発の背景

　吉林省は中国東北地区の中部に位置し、東部はロシアと接し、東南は図們江と鴨緑江を境に朝鮮民主主義人民共和国に臨み、南部は遼寧省、西部は内蒙古自治区、北は黒龍江省にそれぞれ接している。地形は東高西低で東西から西北に向かって低くなる。東南部は長白山脈があり山地と丘陵、中部は波状の山前台地、西部は有名な松嫩沖積平原である。熱資源は西部が東部より多く、中部平原が東部より恵まれている。降水量は逆の関係にあり、東から西に向かって湿潤－半湿潤－半乾燥の気候帯を形成している。

　吉林省の土地資源利用は比較的遅く、定着農耕が始まったのは明朝期になってからである。19世紀以降、土地資源の開発利用により農業と林業が発達し、19世紀末から20世紀には日本・ロシアの侵略により、大規模な略奪式開発利用が行われ、また内地からの移民による荒れ地の開墾と食糧生産が進められるようになった。長期間に渡って食糧生産を基本とした資源開発が進められ、林業、牧業、漁業のような副業の発展は遅れてきた。

2. 吉林省の農業地域区分

　図10-2は吉林省における従来の地域区分[5]を基礎に調整したものである。等高線によって地形の概要を表し、省内を東部地区、中部地区、西部地区に3区分した。これは、例えば呉・郭[6]による3区分、すなわち東部山地丘陵の農林区、中部台地平原の農業区、西部平原の農牧業区に対応している。ただし、図10-2の区分線は統計資料との調整を図るために県レベルの行政界に依拠して引いたもので全く同一ではない。

　地域区分した3地区の農業自然地理的環境について、呉・郭[7]にしたがって概観すると以下のようになる。

---

4) 呉・郭(1994)参照。
5) たとえば、丁(1984)、季・石(1988)、石(1990)。
6) 前掲1)。
7) 前掲1)。

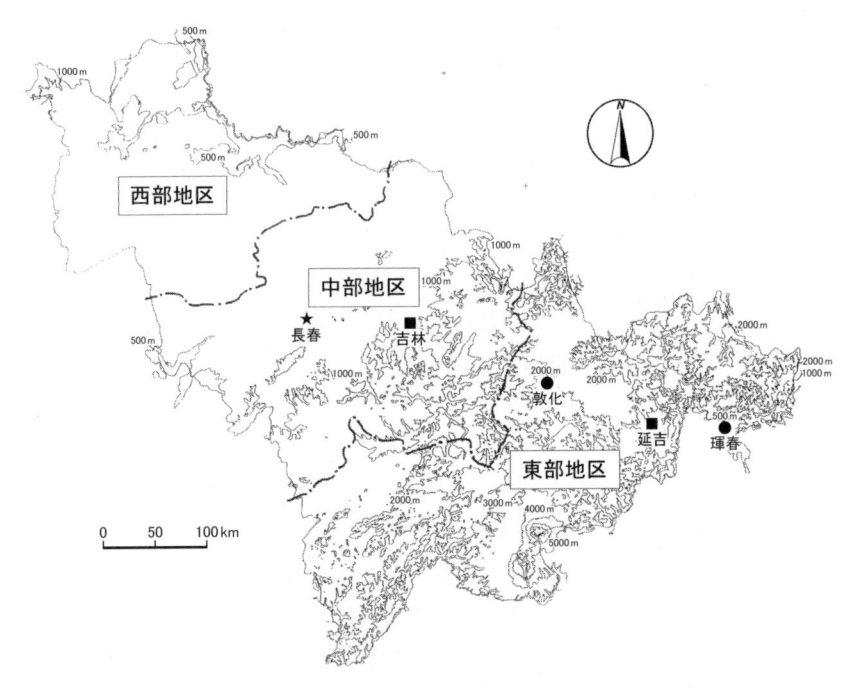

図10-2 吉林省の地域区分

注 1) 地域区分に対応する行政地区名は以下の通り。(1)〜(6)は3地区の再分単位である。
　　中部地区　(1)長春地区：長春市区、楡樹、徳恵、農安、双陽、九台
　　　　　　　(2)吉林地区：吉林市区、永吉、舒蘭、磐石、樺甸、蛟河
　　　　　　　(3)四遼地区：四平市区、公主嶺市、双遼、伊通、梨樹、遼源市区、東遼、東豊
　　東部地区　(4)通渾地区：通化市区、敦化、集安、柳河、梅河口市、輝南、渾江市区、長白、撫松、靖宇
　　　　　　　(5)延辺地区：延吉市、教化市、図們市、龍井、汪清、和竜、安図、琿春
　　西部地区　(6)白城地区：白城市、兆南市、通楡、鎮・、前郭、扶余市、大安、乾安、長嶺
　2) 図中の都市は1999年度の現地調査の主なルートを示す。

　(1)東部地区：山地部と丘陵部に大別される。山地部(全省面積の42％)の大部分は海抜750m以上である。年平均気温は2〜3℃、10℃以上の積算気温1,900〜2,800℃、無霜期間100〜120日(河谷平野と山間盆地では120〜130日)、年平均降水量700〜900mmである。耕地は全体の10％程度で主に河谷平野や山間盆地に分布する。今後若干の低湿地開発が見込まれるのを除くと、耕地の

拡大は期待できず、食糧の増産をはかるには耕地の土地生産性を高めることが主となる。

　低山・丘陵(全省面積の20%)部は東部山地の西側、大黒山以東の間(長白山地と中部平原の漸移地帯)にあり、海抜250〜750mの地域である。年平均気温3〜5℃、無霜期間120〜135日、年降水量650〜700mmである。河川が密に分布し、ダムが多く築造されており、水利灌漑の面で水田農業の発展に恵まれた条件を有している。

　(2)中部地区：東部半山地と西部平原の漸移地帯にあたる。総土地面積は省全体の17%を占める。大部分はレス性の台地で、海抜160〜200mの平坦な台地からなる。平原上には黒土(30〜60cm)が広く分布し、有機質の成分を多く含み、肥沃な土壌が発達する。年平均気温は4〜5で、10℃以上の積算気温2,900〜3,000で、無霜期間130〜145日、年降水量500〜600mmである。吉林省内では水、熱、土壌等の諸条件に恵まれ、食糧基地として開墾率は50%以上に達し、省と国家の商品食糧生産地となっている。

　(3)西部地区：全省の21%を占める。大興安嶺山脈東麓の低山地と丘陵部を除けば、大部分は松嫩平原(低地帯)で、海抜200m前後の平坦な地形が展開する。区内は半乾燥性の気候で、光熱条件には省内で最も恵まれ、年平均気温4.5〜5.6℃、10℃以上の積算気温2,400〜3,050℃、無霜機関140〜150日である。しかし年平均降水量は450mm程度で、しかも降水変動率が大きい。土壌は比較的やせ、砂丘と池沼が広く分布する。

3. 土地利用形成の地域差

　図10-3は一人当たりの平均耕地面積を指標として[8]、3地区毎の経営規模的な条件を1989年と1998年について比較したものである。両年次とも東部地区と中部地区は省平均以下であり、西部地区のみが省平均を上回って耕地規模が大きい。東部地区と中部地区の差異も明瞭であり、一人当たり平均耕地面積は最も小さい東部、ついで中部、西部の順に大きくなっている。しかも年次的に

---

8) ちなみに、図10-3によると、一人当たりの平均耕地面積が0.230haから0.154haへ大きく減少している。これはこの間の人口増加の影響が強く現れたためであって、実際の農民の平均耕地面積はこれを上回っている。たとえば農業人口一人当たりの耕地面積でみると、1987年0.27ha(吉林社会経済統計年鑑1988)、1998年0.27ha(吉林統計年鑑1999)である。

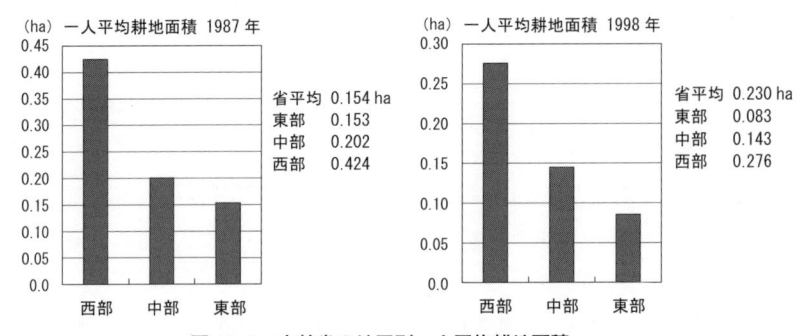

図10-3 吉林省の地区別一人平均耕地面積
(資料：図10-1参照)

一人平均耕地面積 1987年
省平均 0.154 ha
東部　 0.153
中部　 0.202
西部　 0.424

一人平均耕地面積 1998年
省平均 0.230 ha
東部　 0.083
中部　 0.143
西部　 0.276

みるとその格差は拡大傾向にある。

　耕地の動向を畑と水田別にみると(前掲、表10-3)については、省全体の傾向として、畑は1987年(36.948千km^2)と1998年(35.421千km^2)の間で減少(-4.133％)、水田は1987年(365.7千km^2)と1998年(462.5千km^2)の間で著しい拡張(増加率は26.5％)が認められる。

　しかし3地区別にみると、畑面積はいずれも減少傾向にあるが、水田面積は中部地区と西部地区においては著しい増加、東部地区は微減傾向にある。すなわち、一人当たり平均耕地面積が小さい東部地区では、畑だけではなく水田も減少傾向にある。

　さて、トウモロコシ(玉米)、水稲、大豆の主要3作物が吉林省内の東部、中部、西部の各地区においてどのような地位を占め、またどのように変化したのか。図10-4および図10-5を示そう。まず、トウモロコシは、1987年時点ですでに各地区を通じて最も主要な地位にあったが、'98年にはさらに地位を高めたことが確認されよう。この間の生産量の伸びは中部地区が突出しているが、その増加率では西部地区の伸びが大きく、東部地区も中部地区をわずかに上回る傾向を示した。つぎに、水稲については、吉林省内で栽培の歴史が最も古い東部地区において高い地位を占めているのが目立つ。しかし'87-'98年の生産量は減少傾向が明瞭である。逆に中部と西部地区では増加傾向にあり、とくに西部地区において増加率は突出している。一方大豆については、3地区共に生産は減少傾向を示す。しかも地区別には西部地区において減少傾向が明瞭で、次いで中部、東部の順となっている。東部では大豆は減少傾向にあるもの

第10章 吉林省におけるトウモロコシを主とした農業的土地利用形成の分析　209

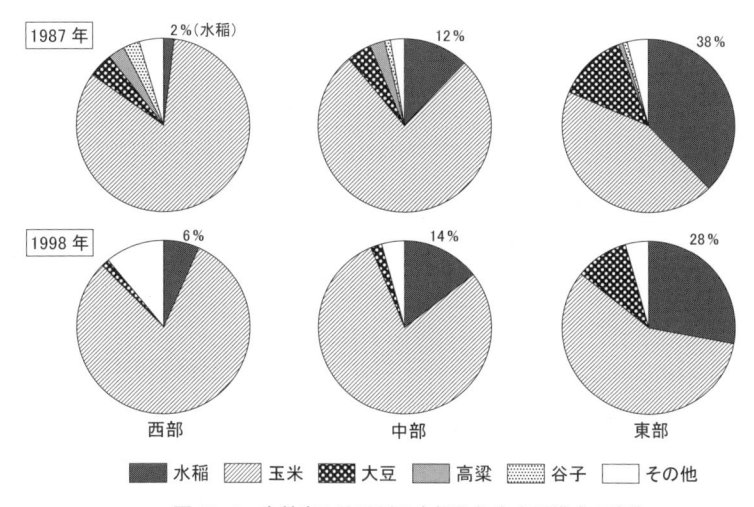

図10-4 吉林省3地区別の食糧作物生産量構成の変化
(『吉林省統計年鑑』1988年、1999年より作成)

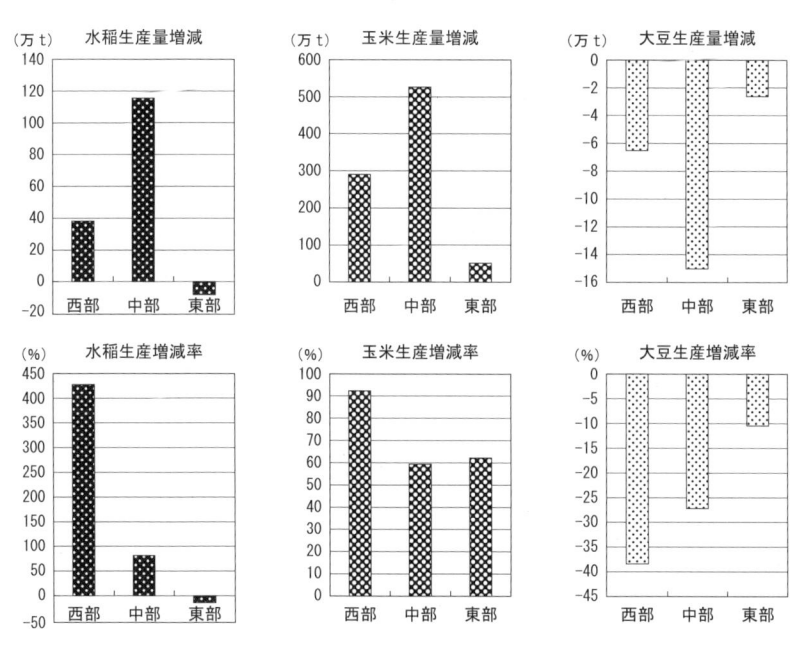

図10-5 吉林省3地区別の主要食糧作物生産の変化(1987-1998年)
(資料:図10-4参照)

の減少の程度は小さい。

　以上から判断すると、吉林省におけるトウモロコシを中心とした土地利用形成は、農業構造が東部から中部、さらに西部に向けて変化する中で生じている。これは土地利用の内容に即してみるといわゆる単作化の進行である。ただし、3地区の中にあって東部地区の場合依然として複合的であり、変化の方向は省全体の傾向と必ずしも同調していない。次節では東部地区の実体を検討するために行った、フィールドワークの結果について記述する。

第3節　複合的土地利用地域の変容——吉林省東部地区の実態——

　フィールドワーク[9]は、吉林－樺甸－敦化－安図－延吉－図們－琿春のルートで行った（図10-2参照）。図10-2の地域区分でいえば中部地区の東半部から東部地区にかけた範囲の一部にあたる。ここではそのうち、東部地区（この場合とくに延辺朝鮮族自治州）に焦点を絞り、農業的土地利用動向の実態を明らかにしてみたい。東部地区における農業的土地利用形成の実態に触れることは、吉林省の農業的土地利用形成の特徴、およびその地域的差異について理解する上で、重要な意義をもつと思われる。

1. 土地利用調査地域の状況

　最初にフィールドワークを行った地域の全体的な印象を要約しておく。

　第1に、長春市および延吉市は10年前と比較して、都市域の外延的な拡大と共に都市内部の再開発が進み、都市相に大きな変化が認められた。将来の土地利用変化を展望する場合の大きな要素として、長春～琿春間の高速道路建設が進められていること（長春～吉林間は完成）、および図們下流部を中心とした経済開発の動向が注目される。しかし今回の調査で確認されたことは、アジア経済の不況の影響を受けて経済開発の拠点である琿春の開発が停滞状態にあり、

---

[9] フィールドワークは、1999年9月7日～9月14日、中国科学院長春地理研究所張柏氏他2名の協力を得、日本側3名（北海道教育大学・氷見山幸夫、大分大学・土居晴洋の同氏と筆者）が参加して、吉林省東半部（長春－吉林－樺甸－敦化－安図－延吉－図們－琿春）地帯を対象として横断的な土地利用観察（車窓、数地点での聞き取り調査）を実施し、吉林省内の土地管理局および長春科学院地理研究所を訪問し質疑と資料収集を行った。

第10章 吉林省におけるトウモロコシを主とした農業的土地利用形成の分析　　211

写真10-1　吉林省東部の土地利用景観
1. 丘陵斜面に建てられた新しい住宅と周辺の土地利用(延吉近郊)
2. 地形による水稲とトウモロコシが棲み分け
3. 谷底を埋めるトウモロコシ
4. トウモロコシの乾燥

当面は国内経済の動向に関心が向けられよう。

　第2に、長春や吉林、延吉市等の主要都市を中心に都市近郊部に蔬菜園芸部門が発達しているが(写真10-1の1)、その外縁部に続く農・山村地帯に入ると、一部に果樹栽培の景観が見られたのを除いて盆地と谷あいの低地は水田、台地および丘陵斜面はトウモロコシと大豆を中心とした土地利用が調査コース全体に共通する特徴であった。

　第3に、山間地域においては、局地的に泥炭の採取、炭焼き、たばこや朝鮮人参栽培、山菜や茸の採取・加工、肥育牛や蛙(林蛙)の養育など自然資源の略奪的な利用ないし活用によって商品経済に対応する傾向がみられた。しかし、都市周辺などと比べ生活水準には大きな格差が存在しているようである。

　第4に、水田は昨年度調査した松花江最上流部の梅河口市周辺と比較して良く発達しており、谷間にトウモロコシが作付けられる例(写真10-1の3)は極

めて少なかった。水田の立地は水利の開発によって支持されているが、吉林省の西部において地下水利用が多く見られたのとは対照的にダムおよび山間の溜池などの用水に依存しているのが大半と見られる。水利末端部では自然灌漑が卓越しており、水田は微妙な段差を伴って畑地と棲み分けている(写真10-1の2)。ただし、いわゆる棚田の景観は極めて少なかった。

　第5に、近年まで注目されていた日本稲の代表的な多収穫品種のアキヒカリから、良質の国内品種への転換が長春〜吉林間の大水田地帯で新しい傾向となっている。聞き取りによる知見であるが、これが確かなことであるとすれば、米の量的な需要を既に満たすに至ったことを意味するのであろうか、それとも水田地帯の農民がより以上に価格の高い米を生産し始めたことを示唆することであろうか。恐らく、両方の理由を考えなければならないであろう。水田農業がどう変化するかは、基本食糧の消費構造の変化と共に、農業経営内の論理および農業経営外部の論理との関連を検討することが必要となる。

2. 延辺朝鮮族自治州の人口——耕地問題と都市化

　延辺朝鮮族自治州(東西45.9km、南北94.3km、総土地面積103千km^2)の人口は218万人(1996年)で、うち朝鮮族が59％を占めている。図們江、牡丹江、その他の流域にあり、水資源が豊富で、水力発電が発達している。耕地については、一人当たり耕地面積が少なく、食糧自給ができない。耕地面積は1991年の3,900km^2(39万ha)から1996年には3,400km^2(畑2,700km^2、水田700km^2)と減少傾向にあるが、人口は増加傾向にあり、2010年には261万人になる見通しである(土地管理局)。耕地拡大の可能性については傾斜25°以上の斜面では自然災害の危険から開発が抑制されているので、今後耕地の「動態平衡」をいかに図っていくかが大きな課題となっている。

　こうした傾向は、中心都市である延吉市において典型的に現れている。人口は、1950年4万人→1980年16.1万人→1990年31.2万人→1998年38.1万人と推移し、近年の増加が著しく、2010年には50万人になると見込まれている。市街地面積は1952年に7km^2であったが、1980年には15km^2→1990年21.9km^2→98年31.7km^2と急速に拡大してきている。延吉市域には5カ所に経済開発区が設けられており、中韓合作企業、中日合作企業、リンゴ梨の加工、

ガラス、その他の関連企業が創業している。製品は図們－琿春－羅津（北朝鮮）経由で日本に輸出されている。また延吉市は長白山、鏡泊湖、琿春、七保山（北朝鮮）などへの観光の拠点としても役割を果たしている。

こうした中で市街地の拡大だけではなく、他の非農業的な土地利用開発が各所に進められ、耕地の減少は必然の勢いである。もちろん、内陸の山間盆地においては延吉周辺とは異なった変化のプロセスにあり、土地利用面でも延吉周辺では水田を比較的多く配しているのに対して畑地が圧倒的な地位を占めている。以下、延吉市と敦化市の調査事例について記述し、農業的土地利用の変化に関わる主な要因（および地域条件）について検討しよう。

3. 延吉市近郊の水田農村の変貌とその背景──水田減少の要因

延吉市が位置する延吉盆地には広大な水田が展開する。山麓から延吉市に向かう国道の両側にはコスモスが植えられ、黄金色の水田、白壁と赤い瓦屋根の集落が展開する景観が美しい。著者は10年前に同地域において白壁に灰色の草葺き屋根の集落を見た印象が強く残っているが、大きな変貌を遂げていることがわかる。延吉市中心部から西へ約15km離れた、国道沿いの仁坪村で調査を行った。交通が便利であるため、農村地帯の中に住宅の新改築や工場の進出等の景観が新しい変化を創出している。特に農村住宅の周囲には木や板で作った塀、レンガの塀、さらには飾りをした塀などが見られ、集落内の一部には破風屋根をもつ家や2階建ての家も見える。都市化が進む中で農家の階層化が引き起こされていることを示すものであろう。畑地にはりんご、ねぎ、さつまいも等の近郊野菜や果樹の作付けが目立つが、大豆、トウモロコシ、きびなどの菽穀類は少ない。

仁坪村を構成する7つの大隊のうち第6大隊（農村集落）を訪問した。聞き取りに応じてくれたのは同大隊の隊長である。彼は1945年生で妻と子供一人の3人家族であるが、父親が北朝鮮に住んでおり、時々生活資金を届けているという。彼によると、集落は45戸の農家からなり、漢民族の2戸を除いて、すべて朝鮮族である。一戸平均の家族数は平均3～4人で、他に外来人口（漢族）が89人住んでいる。耕作面積は12a／人の耕地と、5a／戸の家庭菜園の他、農家が集団で管理する新しい開発地が12.3ha（丘陵地）ある。土地利用は水田

が18.3％、菜園地が63.5％、集団地におけるトウモロコシ、大豆、西瓜、ジャガイモなどを栽培している。

　聞き取りの結果、このような特色は近年の新しい傾向であることが判明した。従来、この集落では水田経営が主力であったが、1991年に延吉飛行場（中国長春百聯航空就航）の建設用地として水田43haが売却された。この集落では、水田（その大部分はいわゆる優良農地であった）が大幅に減少し、その結果、園芸中心の農村に変化したという。飛行場建設のための水田売却の影響は、それだけではなく集落内の7名が飛行場への勤務する道を開き、さらに集落景観をも一変させた。水田の売却代金は総額80万人民元であったが、集落の各農家は一戸（両親を亡くした一人暮らしの農民）を除いて、売却で得た資金をもとにして新しい住宅に立て替えた。調査時には集落内の道路舗装が行われていた。この集落では農業の経営構造の変化だけではなく、生活環境や就業構造にも大きな変化が生じている。

　しかしながら、農家の収入は1,500元／（人・年）程度で少ない。そのため農家の若い人たちの中には、延吉で商業活動（例えば、衣服、紙）に従事している例が多いという。いずれにせよ、仁坪村に見られる事例は水田が都市化の中で転用されるというだけではなく、それが契機となって農業の形態や生活様式の変化が進行していることを端的に示している。

4. 敦化市における農業の商品化と地域条件——トウモロコシと大豆の併存

　敦化市は延辺朝鮮族自治州の西端、牡丹江上流の盆地を中心に形成された県級の市である。市域は市街地部分の他25の鎮（郷）で構成され、総人口は48万人である。市街地は面積16km²、同人口16.7万人、毎年1.3％ずつ人口が増加しており、内訳は建成区では0.9％、農村部では1.5％となっている。旧市街他の開発が進んでおり、調査時には紅旗大街が延辺建成区開発計画の一環として改造中であった。また市街地には1980年代に工場が建設されたが、その後市街地周辺に敦化東部経済開発区（大規模開発区）ができ、調査時には火力発電所建設の予定地であったところにラーメン工場を建設中であった。こうした変化は建設中の高速道路の効果を見込んで展開しているように感じられた。

　さて、敦化市周辺に展開する農業に注目すると、既述の省全体の傾向とは異

なった特徴が現れている。市の耕地面積は1,020 km²(102千ha)で、一人当たり約20.7a(3.1畝)である。ここでは低湿地で約5万haの耕地化の可能性があると見込まれているが、道路や排水改良のための資金と労働力不足が問題であるという。また、大豆栽培が多いことも特徴をなしている。水田は約25 km²(2.5％)で、大部分は畑作地帯からなり、現在畑面積の半分以上で大豆栽培をしている。実際、周辺の斜面の土地利用は大豆とトウモロコシが卓越した景観を展開している。

こうした土地利用の形成の経過(土地利用史)は以下のように説明できる[10]。まず、農村経済改革が始まる1979年以前には糧食(大豆、トウモロコシ、水稲、小麦)生産が中心で、畑作は小麦−大豆−トウモロコシの作付け体系が一般的であった(第1期)。ついで、農村改革が進められた10年間(1979〜1989年)に水資源に恵まれたところでは水田の開発が進められ、畑地においては大豆の栽培が急速に拡大した(第2期)。さらに、1990年〜現在では若干大豆が減少気味であるが、全体としてトウモロコシとともに畑作における主要な作物としての地位を保っている(第3期)。

ここで2つの問題が指摘されよう。1つ目は吉林省全体としては大幅に減少している大豆が、第2期においてなぜトウモロコシの減少をもたらすほどに生産を伸ばしたのか、2つ目には近年若干ではあれ大豆が減少傾向にあるのはなぜか、という点である。前者の理由は、食糧生産が安定化する一方、大豆の商品生産を中心とした土地利用が発展してきたことを示すものである。つまり水田の増加と生産性の向上により、食糧としてのトウモロコシが減少し、小麦の栽培もみられなくなった。土地利用方式は「大豆−大豆−トウモロコシ−トウモロコシ」の2年輪作が一般化してきた。大豆生産の大幅な伸びは輸出が盛んになったことである。しかも5年前から伝統的な大豆生産ではなく、日本から提供された小粒大豆(吉林1号)が栽培面積を増加させている。ちなみに、小粒大豆は50km離れた大山鎮から日本向けに輸出されている。

また後者の理由については、本章第1節でも指摘したように、飼料作物としてのトウモロコシの需要が拡大し、大豆よりも高価格で取り引きされていることが、一般的な要因と考えられる。しかしこの地域の場合、近年大豆栽培が減

---
10) 市土地管理局副局長(王福成)。

少傾向にある理由は単純にトウモロコシとの収益性の差に起因していると断定できない。たとえば、現在35 km²(3,500 ha)に普及している馬鈴薯は新しい土地利用変化を示す一例であって、これはインスタントラーメン「康師傅」の原料用に契約栽培(天津の頂新公司との)として成立している。農家は大豆栽培以上に収益性の高い経済作物を求める傾向にあるが、延吉周辺のような都市化の影響が少ない敦化市の場合、その可能性は少ないように思われる。とりわけ傾斜地においてはトウモロコシと大豆が重要な商品作物としての地位を占めている。しかも両者の間には単純にトウモロコシとの収益性の比較のみによって大豆栽培が減少するという関係は一般化していないとみることができる。そこに大豆の新品種の開発⇒輸出という新たな変化を受け入れる余地が残されていると考えられる。この背景にあるものは何かといえば、地力を増進する大豆の役割(窒素吸収作用)に対する期待が依然大きいことに加えて、大豆栽培が傾斜地に展開する畑地において地面の被覆度を高め、土壌侵食を防止する役割が重要な意味を持っていることである[11]。実際、敦化市の中山間農村において大豆はトウモロコシと間作されていることが景観的な特色となっている。ここでは中部地区や西部地区のように、仮に大豆が果たしてきた土地生産力向上の機能が他の手段によって軽減されたとしても、急速に作付けを減少させるわけにはいかない事情がある[12]。

むすび

吉林省の農業的土地利用は今日、トウモロコシと水稲が卓越していることによって大きく特徴づけられている。特に、トウモロコシは圧倒的な地位を占めており、省全体がいわばコーンベルトとも言うべき性格を有していると言っても過言ではない[13]。これに対して水稲の場合は東部地区における重要性は依然と

---

11) 陳・鄒(1999)。
12) なお、敦化市においては米、トウモロコシ、大豆を原料とした伝統食品があり、その商品が「関東」の商標で商品化され、健康食品として注目されている。
13) 今回の調査で観察された農業活動の変化(集約化)は個別経済の論理での動きを示すものと見られる。しかし、耕地の大半を占める畑地の利用とくにトウモロコシと大豆を組み合わせた土地利用は、個別的に商品経済の環境を確保しにくい位置にある地域の農家が国家の食糧政策に支援されつつ、顕在化してきたもののように見られる。もしそうだとすれば、今後の

して変わりがないものの、既に後退の基調が現れ中部地区および西部地区へ西進する傾向が認められる。

　東部地区においては、都市化前線における水田の潰廃や近郊野菜作への転換、果樹生産の発展、大豆生産に対する強い執着、その他様々な土地利用変化が生じている。東部地区の農家の平均耕地面積が小さいこと、農業の自然的な立地環境が多様性に富んでいること、この２つの条件が土地利用の変化に特徴を添えたものといえる。

　しかし、本報告を通して、東部地区にみられたような諸経験が中部地区や西部地区に及び、トウモロコシ生産に特色づけられた吉林省の土地利用構造を改変していくことが予想される。商品経済がさらに浸透した場合、農村の土地利用変化に及ぼす要因としての地域的諸条件に対する評価が今後一層重要になるであろう。その際、本章ではほとんど検討する余裕がなかったが、政府の農業政策、特に土地基盤整備にどれだけの力が入れられるかによって、それらは左右されよう。東北地区の農業は気候的に選択の幅は制約されており、このことは農家の自由な経済活動をも規定すると考えられるからである。

＜文　献＞

国際協力事業団・財団法人国際開発センター・エニコエンターナショナル株式会社（1988）：『中吉林省地域総合開発計画調査（長春―琿春）第２巻』、農業・水資源、1-73頁。

日中経済協会（1997）：『1996年の中国農業―功を奏した食糧増産政策』。

元木　靖（1999）：「中国東北地区の稲作概観―東北平原南部の土地利用調査」、LU／GECプロジェクト報告書Ｖ（国立環境研究所）、99-109頁。

陳穎・鄒超亜（1999）：「玉米大豆間作複合群体優化配置与生産力研究」、資源科学 21(4)、75-79頁。

丁士晟（1984）：「吉林省気候―農業産量区划」、地理科学（40）、21-28頁。

季振泉・石慶武（主編）（1988）：『東北経済区域地理総論』、東北師範大学出版社。

石慶武（主編）（1990）：『吉林省経済地理』、新華出版社。

呉伝鈞・郭煥成（主編）（1994）：『中国土地利用』、科学出版社（北京）。

　地域経済環境の変化によってはトウモロコシを中心とした土地利用は今後大きく変化する可能性がある。また経済性の論理でこうした土地利用変化が進むとすれば、トウモロコシが傾斜地あるいは山間地との関わりを強めざるを得ない。その場合、今回の調査でも確認された斜面の土地利用の土壌侵食問題がいま以上にクローズアップされることになろう。

第11章
黒龍江省における農業的土地利用の展開と水稲作発展の意義

はじめに

　黒龍江省における農業変化の著しい特徴は、トウモロコシと共に米作の飛躍的な発展がみられたことである。黒龍江省で米という場合は、もちろんインディカ系のものではなくジャポニカ系品種のことである。伊東(1997)によれば、中国では1990年前後から品質の向上を目指して、これまでのインディカ米からジャポニカ米へとどんどん切り替わっている。その変化は江蘇省や浙江省で著しく、また雲南省でも認められる。しかし中国でジャポニカ米の代表的な発展地域は東北の黒龍江省であった(Motoki 2004)。黒龍江省における稲作面積は1980年に22万haにすぎなかったが、1999年には156万haへと急速に拡大した。その結果、同省における米の生産量は年間900万tに達して日本の国内生産に匹敵する水準にまで向上してきている。このようなジャポニカ米の増産によって、東北地区では1980年代までのトウモロコシ、粟、高粱などの「黄色い主食」をほぼ完全に脱し、米と小麦粉の「白い食事」に切り替わった(山路 1992)。

　本章では、その実態について詳細な地域分析を進め、今後の発展条件と制約条件について考察する。なお、一般的には、三江平原の動向が注目されているが、ここでは普通の事例で発展をみた地域に注目することとし、三江平原については後述する。

第1節　水稲作を基軸とした急速な農業発展

　図11-1は、黒龍江省における主要な農作物の栽培動向を示したものである。これによると、水稲が他のすべての作物に比べて、突出して著しい成長を見せ

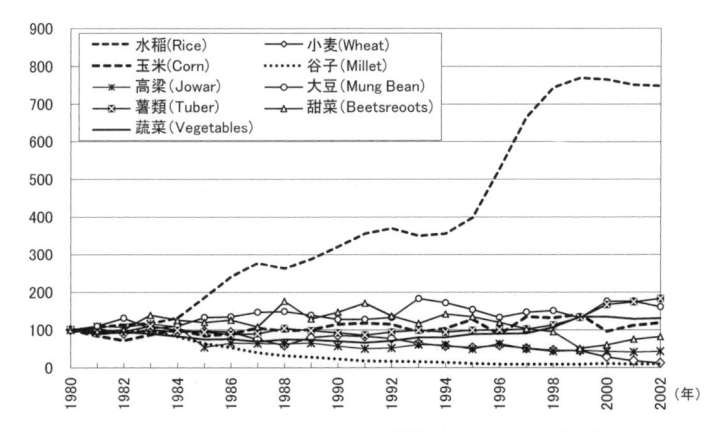

図 11-1　黒龍江省における主要作物の変動指数（1980 年の播種面積＝ 100）
（『黒龍江省統計年鑑』より作成）

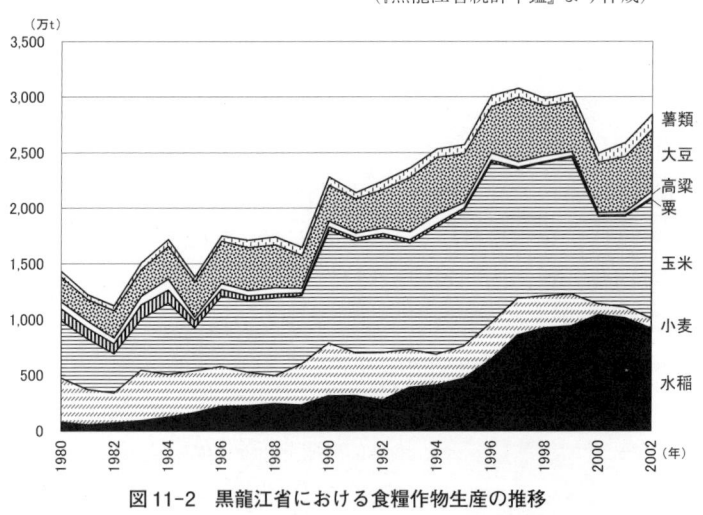

図 11-2　黒龍江省における食糧作物生産の推移
（資料：図 11-1 参照）

たことが明らかである。その変化は 1980 年代後半 1990 年代前半までの成長段階と、90 年代後半から 2000 年代にかけてさらに一層の発展を見せたことがわかる。1980 年に比べて 10 年間で播種面積は 7 倍以上に拡大した。こうした水稲の発展の一方で薯類、大豆、トウモロコシが増え、一方粟や高粱、小麦が近年減少気味で、薯類や大豆、さらにトウモロコシが微増傾向を示す。2000 年代に入って作物間での播種面積の消長が際立ってきている。とりわけ稲作の著

第11章　黒龍江省における農業的土地利用の展開と水稲作発展の意義　　221

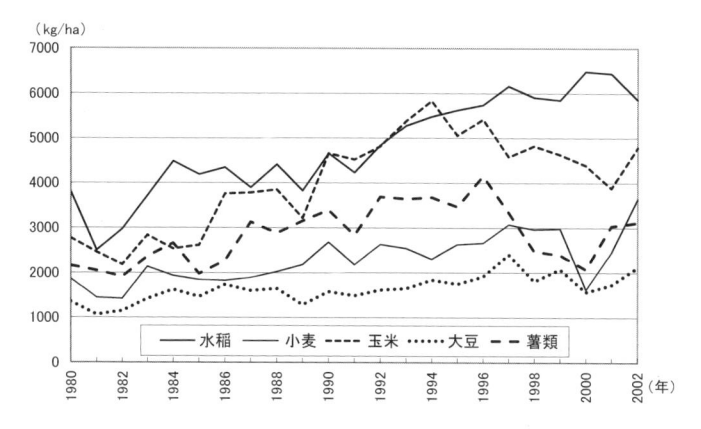

図11-3　黒龍江における主要作物の土地生産性の推移
(資料: 図11-1参照)

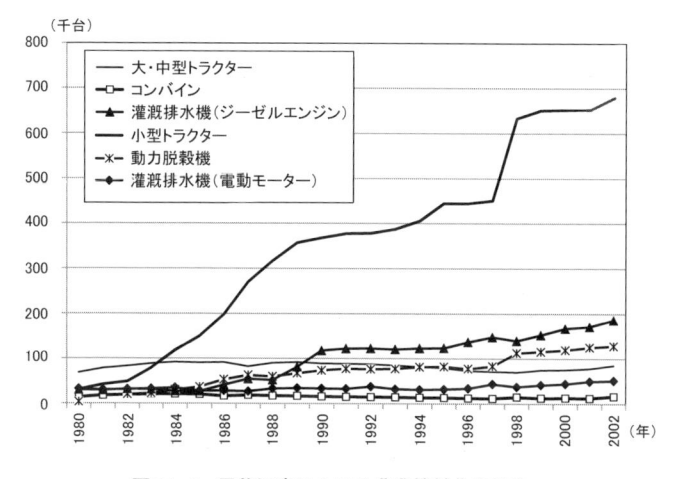

図11-4　黒龍江省における農業機械化の動向
(『黒龍江省統計年鑑』2003年より作成)

しい伸びが注目されるが、その結果、播種面積から見た場合従来は多様な作物構成であったが、近年では水稲とトウモロコシに大豆を加えた作物に特化してきている(図11-2)。この間最も特徴的なのは食糧作物では小麦に替わって水稲が発展してきたことを確認できよう。このような稲作の発展は土地生産力の向上に支えられたものであり、水稲は他の作物に比して生産性の向上が最も著しい。図11-3に示したように、主要作物の生産性(kg/ha)は1980年代以降

いずれも向上しているが、その中でも水稲と玉米(トウモロコシ)は1990年に4,000kg、1993年に5,000kgに達している。しかし、トウモロコシは90年代後半以降単収が低下傾向を示したのに対して水稲は6,000kgに向上してその水準を維持している。ただし、その機械化に関しては必ずしも生産性の伸びに同調しているわけではないように思われる。図11-4によると、1990年代以降整備される傾向は伺われるが、その中心は小型トラクターの利用が突出していて、大型トラクターの利用は進展していない。収穫についてもコンバインの利用は低調であり、動力脱穀機への依存が高い。また稲作における水利(灌漑・排水)に関しては電気揚水よりもジーゼルエンジンを主としており、全体的に機械化は今後の課題として残されている。

第2節　農作物分布の地域構造の変化

それでは、以上のような作目構成の変化は、地域的にみるとどのように展開してきたのであろうか。黒龍江省における農業的土地利用の基盤は、域内を流れる嫩江と松花江沿いの平原をを中心として、周辺の大興安嶺山脈(西側)、小興安嶺山脈(北部)、長白山脈(東部)にまたがる丘陵地に展開している。省内の地区別の農作物の播種面積構成の分布状況を1999年と2008年についてみると、図11-5および図11-6の通りである。1999年当時は各地区とも谷物(穀物)が卓越し、ついで豆類が主要な地位を占めていた。とくに黒河市は豆が穀類を凌駕していた。また両作目に続く薯類や油料、糖料などが省の西南に比較的多く分布していた。2008年になると、基本的には穀物が主要な作物となっていることは変わりないが、割合的には豆類の比重が増加するようになった。とくに黒河市、佳木斯市、双鶏山市、牡丹江市、伊春市などの省北部から東部においては豆類が卓越するようになっている。これに対して省南部の哈尔濱市(ハルビン)から中西部の綏化市、斉斉哈爾市、大慶市等では穀類が過半を占め、中には薯類や油料も若干の割合を高めている例も見られる。つまり、黒龍江省内においても穀物と豆類の播種面積構成にこのような地域差が生じてきている。

つぎに、地区別の穀類の構成に注目し、省内における分布状況を1999年(図11-7)と2008年(図11-8)について比較してみよう。まず、1999年時点の穀物

第11章　黒龍江省における農業的土地利用の展開と水稲作発展の意義　　223

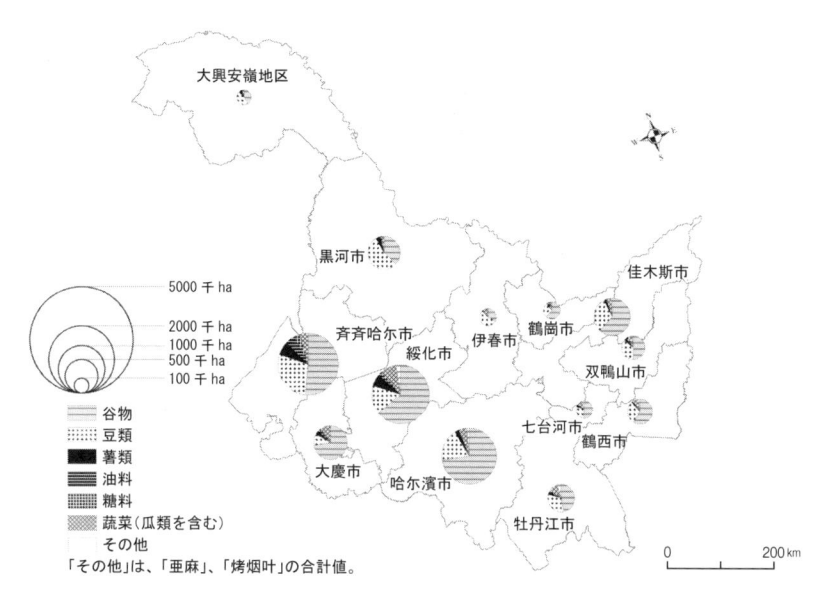

図11-5　黒龍江省における市区別の主要作物構成の分布（1999年）
（『黒龍江統計年鑑』2000年版より作成）

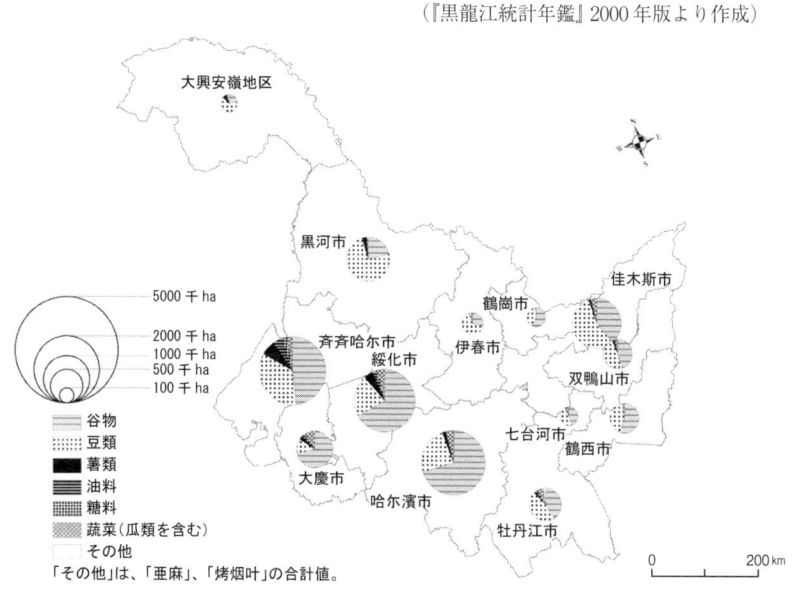

図11-6　黒龍江省における市区別の主要作物構成の分布（2008年）
（資料：図11-5参照、2009年）

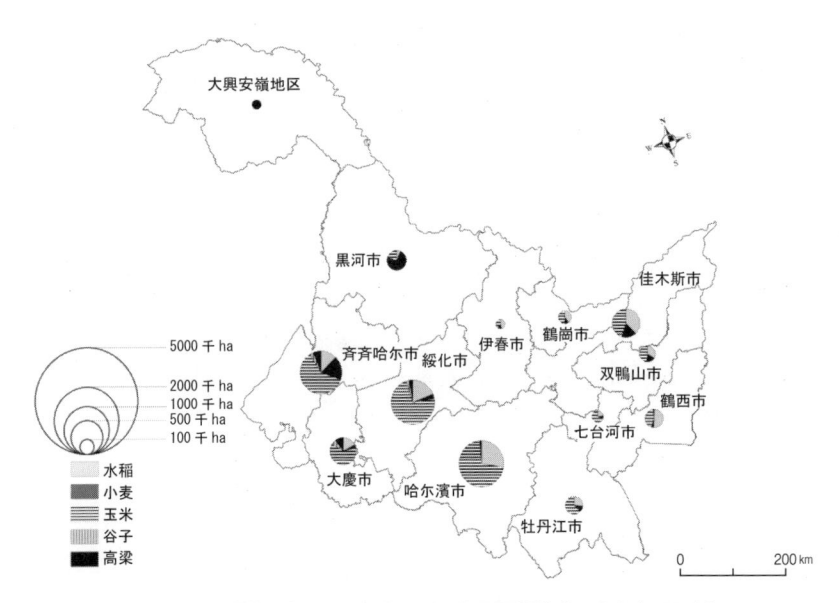

図 11-7　黒龍江省における市区別の主要穀物構成の分布（1999 年）
（『黒龍江統計年鑑』2000 年版より作成）

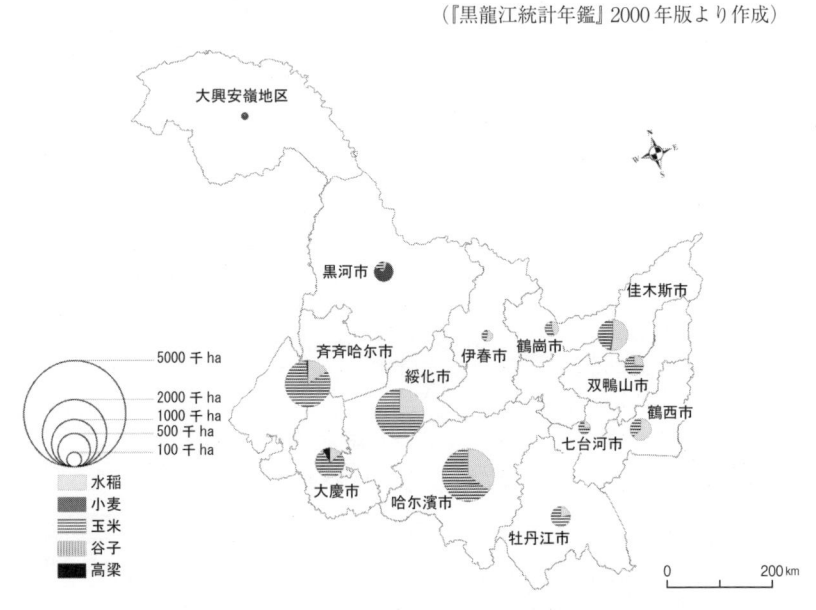

図 11-8　黒龍江省における市区別の主要穀物構成の分布（2008 年）
（資料：図 11-7 参照、2009 年）

の構成については、各地区共に玉米(トウモロコシ)が中心で、次いで水稲が主要な作物となっている。しかし、黒龍江省の東部と中西部の間では、両者の構成に明瞭な差があり、前者では相対的に水稲の比重が高く、後者では逆にトウモロコシの割合が依然として高い割合を占めている。しかも、中西部地区では両作物の他に、谷子(粟)や高梁が、また黒河市と斉斉哈爾市、佳木斯市では小麦が一定の割合を占めていた。ところが、こうした状況から、2008年になると構成上の第1位のトウモロコシについで水稲の播種面積割合が東部でも中・西部でも高まってきたことが特筆される。例外的な地区は小麦の比重が高い黒河市と、若干高梁が残されている大慶市のみである。

　要するに、黒龍江省においては、各地区共に水稲の播種面積割合が拡大しており、その傾向は東部から、中西部へと進展していることが伺われる。図11-5と図11-6からみた農作物全体の作物構成の変化は、こうした穀物に占める水稲の割合の増大と関連づけてみると、水稲の比重が高められた東部では豆類が伸長してきたのに対して、中西部においては水稲の発展の反面で同じ食糧作物である小麦や粟などの作付が後退したことがわかる。黒龍江の中西部の大慶市や斉斉哈爾市等の内陸部は乾燥地帯であるが、このような地域に対しても水稲が伸びる傾向を示している。前章でみたように、吉林省西北部の乾燥地域に水稲生産が拡大する傾向と類似の現象である。

　以上のように、黒龍江省においては、水稲生産の発展は従来の各地区における農作目構成にも変化を引き起こしつつ展開してきたのである。今日、水稲生産の中心地域は、改めて指摘するならば、図11-8から明らかなように、哈尓濱(ハルビン)市、佳木斯市、綏化市の3地域である。このうち伝統的には、五常(70～80万畝)を含む哈尓濱市が最も古くからの栽培地域であるが、他の2地区は比較的新しい。しかし、綏化市と佳木斯市を比べると、前者は広大な丘陵地両間の低地が中心となっているのに対して、後者はいわゆる三江平原が稲作発展の中核地となっている。そのうち、佳木斯市を含む三江平原は大規模な水田開発が進められたところとして注目されてきたが(例えば、朴等 2001)、綏化市の状況についてはほとんど明らかにされていない。しかし、黒龍江における水稲栽培がどのようにして発展してきたかを理解する上では、むしろ綏化市に注目してみることが重要である。次節ではこの地区について分析を行うが、合わせて前

節で見た吉林省における内陸への水稲栽培の拡大の動きと合わせて検討することとする。嫩江を挟んでいうと綏化市はその北側に位置し、吉林省の内陸に向けた発展地域はその南側に位置する。

第3節　水稲作発展地域の実態分析——松嫩平原の例——

1. 調査地域の状況

　調査対象とした黒龍江省の中央部から吉林省西北部からにまたがる範囲は、広い意味の松嫩(ソンネン)平原と呼ばれる地域である。2000年9月15～20日の期間に、吉林省の長春からスタートして同省の西北部と、さらに松花江をわたり黒龍江省の中央部において重点的に進めた。特筆しておきたいことは、この調査ルートの各地において、道路や橋梁の整備、そして市場経済化の影響が農村にも確実に浸透しはじめていることを示す景観に直面したことである。各種の農業プロジェクトあるいはモデル地区の看板が目立ったことはそれを何よりもよく示している。

　例えば、大慶市(ダーチン) 肇州県(ヂャオチョウ)の節水灌漑示範区、トウモロコシ示範区、国家農業自給項目、水利事業項目、蘭西農業開発区、欄西低生産田改造項目、大葱生産基地、秦家鎮モデル水田、農産物市場、卸売り市場、国家トウモロコシ種子示範区、香瓜生産基地等が、地域変化を象徴している。また土地利用作物の種類では、トウモロコシ、水稲、大豆、糜子(黄米)、高粱、なす、葱、白菜、大豆、キャベツ、ゴボウ、スイカ、馬鈴薯、向日葵、タバコなど多彩であった。経済作物が多くなる傾向が見られる。畑地ではこうした作物がトウモロコシ(荒土包米)と大豆の2年輪作あるいは大豆とトウモロコシ(包米)の間作として行われ、純作は主に水田区で行われる。しかしながら小麦は生産量が少なく、トウモロコシと水稲の両作物が土地利用を特徴づけていた。したがって前者は大豆とともに畑地の栽培景観を、後者は低地の水田景観を最もよく特徴づけている。

　調査ルートのうち、重点をおいて観察したのは2つの地区である(図11-9)。第1は松花江に嫩江が合流する付近の吉林省西北部の大安市(ダーアン)と前郭県(チェングオ)、第2は合流点付近からみて北東方向に位置する黒龍江省綏化地区の綏化市および海倫(ハイルン)市である。黒龍江省の省都・ハルビンからみると、前者はその西方の第二松花

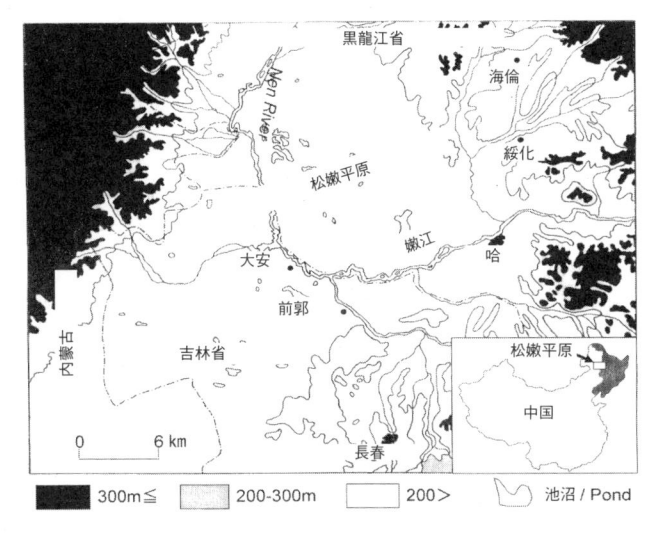

第11章 黒龍江省における農業的土地利用の展開と水稲作発展の意義　　227

図11-9　調査地域——松嫩平原——

江と嫩江の合流点付近の南西側に位置し、後者はその北方の小興安嶺山脈の西麓に展開する地域である。緯度的には綏化市・海倫市が前郭県・大安市より北に位置するが農業気候的には前者が恵まれており、後者は半乾燥の条件下にありアルカリ土壌地帯の中心地域でもある。しかしながら、前章でみた近年の稲作の発展を理解する上ではいずれも重要な地域である。まず、調査地域の概要について、北から南に向かう順に記述する。

　海倫市（綏化市と同様12の市県で構成される綏化地区の直轄市）は、面積4675 km^2、人口79万人である。海倫、海北、倫河、東風、共合、海興、祥富の7鎮および海南等22の郷からなる。[1]海倫市は図11-9に示すように松嫩平原の東端、小興安嶺山脈の西麓に位置する。西南部は松嫩平原、中部は高平原区、西南隅は県内で最も低所をなしている。1月平均気温は-22.6℃、7月の平均気温21.4℃、年平均気温は1.2℃である。無霜期間は118日。降水量は西南から東北に向かって多くなり、森林と草原が交錯する地帯である。経済的には、綏化市と同様全国50の商品糧基地の一つであり、農業現代化総合科学試験基地に指定されている。

1)　海倫とは満語で"カワウソ"の意で、清の時代にこの土地は皇室の猟場であった。

綏化市[2]は、1982年に市制を敷いた面積2,743 km²、人口80.1万の新興都市である。四方台、秦家、西長発、利民等10の鎮、永安、綏勝の2つの満族鎮および11の郷と2つの民族郷からなる。松嫩平原の東部縁辺に位置し、小興安嶺山脈の支脈が東北部に伸び東北が高く西南が低い地形となっている。主要河川は呼蘭河および支流の泥河、克音河、諾敏河等がある。年平均気温は2.2℃であるが1月の平均気温は-21.4℃、7月の平均気温は22℃で年間の気温較差が大きい。年降水量は523 mmで7月を中心とした夏季に集中する。無霜期間は128日である。1983年、第6次5カ年計画期に全国に定められた50の商品糧基地(商品食糧生産基地)のうち、黒龍江省の6地区の1つに指定された。

　前郭県[3]は、松嫩平原の松花江西側(左岸)にあり、25の郷鎮、17の国有農林牧場を管轄している。総面積7,076 km²、総人口は53万6千人で、蒙古、漢、回、朝鮮、錫伯等19の民族からなる。本県は中国の十大淡水湖の一つに数えられる査干湖があり漁業が発達している。農作物ではトウモロコシ、水稲、大豆が主である。

　大安市[4]は、吉林省西北部、嫩江平原の中部に位置する。人口は約42万で、漢族、満族、回族、朝鮮族等8民族が居住する。大安市は国務院が定める対外開放都市で、省レベルの経済開発区である。地形は平坦で起伏は少なく、海抜120～170 mの間にある。湖沼・沼沢地がおおく、アルカリ土壌地帯が広い。嫩江、洮儿河、霍林河があり、また月亮泡ダムは吉林省を代表する淡水漁業基地となっている。市域の草地の分布は広く、省内では牧畜業の重点県市の一つをなしている。鉱産資源としては石油、塩、アルカリ、硝酸などに恵まれている。

第4節　水稲栽培発展の諸相

1. 海倫市の場合

　稲作概況　海倫市における水稲作付面積は約3万haで、耕地面積(25万ha)の25％を占めている。双家鎮から海倫市に向かう途中の景観は、興安嶺山脈

---

2)　かつては森林に覆われていたが、解放前に森林資源は伐採し尽くされ、耕地化が進んだ。
3)　県内の文物古跡として、モンゴル族の旧城壁とされる塔虎城址(伝説によると遼の統治者の都)があり、庫裏には満語でかかれた碑文がある。
4)　大安市には「魚米の里」とか「駿馬の里」の美称がある。

から西南方向に伸びる支脈が何列も並び波状高原状の地形が特徴的で、その低地部には黄金色の水田が分布し、周囲の畑地へとつづいているのが印象的であった。集落は丘頂部付近と低地部付近の両方に見られるが、概して前者は漢族の、後者は朝鮮族の集落に別れている。水田の開発は低所で湿地性の未利用地が対象となった。海抜170m前後の一部に残存する池沼ないし湿地には菱の花が咲いていたが、開発前の景観の残照であろう。こうした場所の開発に当たっては、開墾した農民には50年間の土地使用権と納税上の優遇措置がとられた。[5]

開田は、聞き取りによると朝鮮族によってはじめられ、後に漢族の中にも追随するものがでるという形で展開したと言われている。この市は1982年に北海道農業試験場を退職後当地にきて技術指導をはじめた原正市[6]によって畑苗疎植法の試験（黒龍江省の方正県に次いで2番目）が行われた。当時の海倫市（県）の水田面積は1,780haで全耕地の0.7％、単収210kg/10a（玄米）程度であったが、1998年には3万ha、単収470/10a程度となり、水田が耕地の約4分の1を占める一方、米の市域内自給ができるようになった。

原(1999)はこの効果について以下のように述べている。「黒龍江省全体からみても黒龍江省では小麦が主食のため、降雨のため作付けが遅れ、収量減が見込まれても強制的な作付けが進められていた。1998年に訪れてみると、主食が米に変わったため小麦の作付けが減り、日本向け輸出のトウモロコシ作付けが多くなっていた」。

東太村の稲作 原正一氏が稲作技術の紹介を開始したところで（写真11-1）、今井（1998）および原（1999）による紹介がある。しかしここでは、崔忠乙（56）、崔永洙（51）の両氏からの聞き取り結果を記しておく。当村は総数135戸（700人）の集落であるが、住民の85％は朝鮮族である。耕地面積は4,500畝（15畝＝1ha）で、一人当たり6畝を経営している。1910年に丘陵部に漢族、低地に朝鮮族が居住し周辺の開拓が始められた。その後、1940年頃から水田化が試みられたが排水対策と耕起がそのネックになり、大きくは発展せず、低地の

---

5) 今井（1998）の愛知大学修士論文による。
6) 同氏による中国への日本式稲作技術の伝承の経緯と実態については、島田ゆり著『洋財神』（外国から来て懐を豊かにしてくれた神様の意）に詳しい。

写真11-1 海倫市東太村の景観
左：水稲収穫景観、右：農家住宅と道路。

90％近くは池沼や草地として放置されてきた。

こうした状況下で開田が本格化したのは1983年に原正一氏が来訪して稲作の技術指導、とくに畑苗育苗の指導が功を奏してからであった。現在ではすでに300畝以上を開田し、また近年は漢族も低地に水田をもつようになり、すでに新規の開田の余地は無くなってきている。田植機は当初8台導入されたが、労働力が村内に存在すること、さらに近年では米価が下がる反面、生産費が高騰するため、現在は2台が利用されているに過ぎない。

稲作は、合江19号（佳木斯）を主要品種（他にもち米を2〜3％）として、5月中旬（田植）から9月中旬（刈取）に行われ、ちなみに田植時の気温は12〜15℃である。灌漑は河川水（ダム）を主とし、一部地下水を利用している。かくして水稲の生産性は、原氏が技術指導をする前は300kg/10a程度であったが、現在は400〜500kg/10aを達成している。10a当たり粗収益は2,000元で、そのうち生産費は1,000元を擁する。生産費の内訳は化学肥料と農薬（12〜15％）、人件費と機械代金（40％）、水利費（40％）等が主なものである。ちなみに、田植えおよび収穫のための労賃は一人30元、作業量は一日に1畝である。

稲作の将来　東太村の訪問で注目されたことは、15年前にはなかったといわれる電話とテレビが普及し、カラーテレビも珍しい存在ではなくなっている。集落のうち40％が住宅の新築（家により異なるが一戸の新築には500〜700万元を擁するようである）を済まし、一部には2階建て家屋も見られた。しかし、こうした生活環境の変化は稲作発展の結果とは言い切れない。実は、この村か

ら70人以上が国内の経済開発区の他、韓国、日本、シンガポール、スペイン、ロシアなどへの出稼ぎに出ており資金稼ぎをしている。一方、経済生活を楽にするため子供を少なくする傾向があり、以前は7人程度であった家族人口が平均3～4人に減少している。朝鮮族の場合、一人っ子政策の下で子供を2人もつことができるが、就学費への出費が増えているため大部分は子供1人の家庭である。その結果20年前は集落内に150人の小学生がいたが現在では12人にまで減少している。こうした状況下で稲作の将来には労働力不足の問題が予想されている。稲作農家の中には100畝(15畝＝1ha)の経営を行う農家も現れてきたがまだ例外的な存在である。また、機械化や土地基盤整備等の問題は未解決であり、近い将来稲作の動向を左右する課題として浮上してくるであろう。

2. 綏化市における稲作の展開と課題

稲作概況 綏化市は海倫市とともに綏化地区の重要な稲作地域で、現在水田面積は4万haに達しており、市域の27の郷・鎮のうち半数以上が水稲を栽培している。1930年代に水田が開かれた興和郷を除いて、従来は低湿地と畑(「低洼旱田」)が多かったが、現在はそのような場所もほとんど水田として開発された。稲作の特色は1983年から始まった畑苗疎植法で、水稲作付面積の83％に普及している。残りの13％は直播き栽培でこれは朝鮮族の村で行われている。

新しい動き 今回の調査で注目されたことの一つであるが、水田の開発段階をすぎて土地生産性の向上および良質米栽培化にむけた動きが始まっていることである。省農業科学院綏化研究所によると秦家鎮のモデル水田では、水稲高生産研究示範田の看板によると、良質米の品種(綏98-176)を粗植(密度：33×16.5cm)し、9,750kg/haの高収量を目標に掲げている。その技術は有機・無機肥料を結合、窒素・燐酸・加哩の配合、灌漑水を浅くして温度管理に努め、いわゆる「稲株寒地水稲単本植」の栽培法である。これは日本の寒冷地で確立・実証された寒冷地型稲作技術に近い。

双河鎮の稲作 双河鎮人民公社時代に700haの水田で行われていた稲作が、現在は5,000haに拡大している。双河鎮栄花村の場合、400戸全員が水稲栽培しており、主要品種は4種類(80541、北優、牡、その他)である。立派な倉庫と種子公司、整形に区画された水田、未舗装の農道、稲穂を上に向けた乾燥景、

写真11-2　綏化市の農村景観
左：稲刈り取り(双河鎮)、右：住宅と家庭菜園(興和郷)。

深い排水路等がこの地域の特徴的な景観をなしていたが、その中で夫婦2人で刈り取りをしている光景が印象的であった(写真11-2)。なお、刈り取り前の水田の中には稗が目立つ水田もあったが、排水を効かせ地下水位が3m以下になったところでは、水がなく畑作時代の稗が多くなるためであるらしい。

双河鎮栄花村の王清友氏は、4人家族(51才の本人と妻、および息子夫婦)で44畝(15畝=1ha)の水田を経営している。人民公社の解体後に畑作から転換した単作農家で、現在の食生活は3食とも米を食べている。値段が高い粘米(糯)も作つけているが1割程度である。稲作生産は自然流下(自流灌漑)に依存し、400〜500kg/10aの実績を残している。生産隊当時の200〜250kg/10aから倍増している。10a当たり粗収入は4,000〜5,000元で、これに要した生産費は2,000元ということであった。その内訳は農薬、化学肥料、種子、労賃等が主なものである。労賃は田植えや刈り取りが手作業(一日一人の作業量は約1畝)に要する費用である。水利費については節水技術の進歩で減少傾向にある反面、化学肥料の費用が急に伸びてきている。

稲作の季節出稼　1988年に双河郷斗勝村の零細な稲作農家が、黒河の国営農場に田植えと収穫の時期に試みられたのが最初である。それが1991年からはより本格化し、三江平原に向けて特別列車を仕立てて行われるようになった。労賃は一日70元の現金収入が得られるという。この背景には三江平原の大興農場において、元来は荒土であったところが水田化されその経営が地域の内外から請負(承包)で行われることになったこと、すなわち稲作技術が後れていた

地域で水田が急速に拡大されたことから、その補完労働力として大きな期待がかけられたことが関係している。したがって、こうした出稼ぎ現象は長期間存続するものではないであろう。

生活環境の改善　綏化市北林区興和郷の副農業郷長金建華氏によると、興和郷では1984年から稲作が発展し、現在2万畝の水稲栽培が行われており、そのうち日本品種のフジヒカリが60％（12,000畝）を占めている。興和郷の下に江南村、興和村、中興村があるが、そのうちの興和村（1,000戸）は1930～1940年代はじめまで日本人が住んでいたところで、村の一角には開拓の文字と牛の像が残され、昔の国民学校第3回卒業（1939）記念写真には2人の日本人教師が写っていた。現在は住民の80％を朝鮮族が占めるが、耕地は3,600畝でその全部が水田として経営されている。一人平均の面積は6畝である。興和村は周辺の集落に比べて豊かな感じのする住宅や庭園が目を引いたが、これは必ずしも稲作のためではないらしい。農家では1980年以降広東省や上海等の沿岸部、日本、韓国、アメリカ等への労働力流出が増えており、その収入源によるところが大きいという。副郷長の奥さんも1997年から日本（東京）へ出稼ぎに出ており、明年帰国の予定であるという。こうした中で、興和村の悩みは人口が減少していることであって、15年前には4,200人あった人口が現在では3,800人にまで減少している。

稲作の課題　同市にある黒龍江省農業科学院での聞き取りによると、現在、周辺農家の一人当たり年収は約1万元である。そのうち稲作（農業収入）からは2,000～2,700元、農外収入がその5倍から6倍を占めている。稲作を維持する上での問題は米価であるという。米価は1997年以降低下傾向にある。自由米市場の場合、1996年には500g当たり1.2元であったが、現在は0.5～0.7元に半減している。国家買上げ価格は変動が少ないが、1996年の0.6元から現在では0.57元に低下している。こうした状況下で、米の収益性の低下に伴い、農家はより高い経営作物への転換あるいは出稼ぎを生み出している。しかも出稼ぎなどに伴う人口減少がかなり広い地域及んでいることを推測させる。人口減少に対しては稲作の機械化（1987年に日本から田植機を12台を輸入）も考えられているが、人口流出の中心が若年層であり機械化の進展が難しいようである。また水田は泥炭地を開墾して造られたものが多く、基盤整備が済んでいないた

め重機を入れると水田が沈むことがあげられる。

3. 前郭県における大規模河川灌漑

　前郭県は松花江と嫩江の合流点付近の南西側に位置する。調査時には1998年の洪水による決壊後の堤防の修築が進み、新しい灌漑水利工事が行われていた。吉林省側から黒龍江省側への渡航地点(標高138m)の周辺地域である。調査時には2000年7月25日に開始され、2000年10月30日竣工予定の国家級農業総合開発プロジェクトが進行中であった。その内容は洪水防止のため前郭県八郎郷域内に4.3kmに及ぶ大規模な堤防建設と、大規模な灌漑水利事業を目指したものである。すでに八郎鎮には1997年6月に塔虎城灌排機場が竣工していた。この事業は1987年に建設が始まり、完成までに前郭県水利局組織が省財政庁、省水利庁、市水利局、県財政局の支持の下に、総投資額695.8万元、6万人の労働者が投入された。この結果八郎鎮には総灌漑面積3.13万畝の水田が開発された(写真11-3)。また1999年8月から2000年5月に総投資額549万元をかけて、排水門7基、管橋3基、農道および水道109.6kmの整備、および土量160万㎥を移動することによって中・低生産性の水田2万畝の改良が行われている(写真11-4)。このような水田の開発と改良によって人々の生活は大きく向上したようである。残念ながらこの実態についての詳細な調査するには至らなかった。しかし、かくして、地域内の重要な水源である河川の整備と利水が進展を見せはじめたことは、稲作の可能性が今後も期待されることを示唆するものであり、注目しておくべきことであろう。

4. 大安市におけるアルカリ土壌地帯の水田化

　土地利用変化　大安市は年降水量が約400mmと少ない地域であり(1998年には700mm)、「10年9干1下」といわれるほど、災害といえば旱魃が問題となる地域である。土地は平坦であるが、アルカリ性土壌が発達しており農地の開発が妨げられてきた。土地生産性は低く、1990年以前までは生産性の低い畑地利用が見られたに過ぎない。こうした地域において、1989年に中国科学院の長春地理研究所による水稲の試験栽培が開始された。叉干鎮で最初に水稲栽培を始められ、その後各地に水田化が進展した。現在の水田は10万ムーに達

第11章　黒龍江省における農業的土地利用の展開と水稲作発展の意義　　　235

写真11-3　灌漑用水施設と開田地の稲作景観(前郭県)

写真11-4　乾燥低湿地の伝統的土地利用(左)と新規開田地(右)

し、将来は21万ムーに増加するという(写真11-4)。現在の水田面積の灌漑水源は、市農業局の李明会の説明によると、洮児河7、嫩江2、地下水1の割合である。ここでは嫩江の水利開発は中心的なものではないが今後に期待される。しかし、現在では嫩江の水利(資源)開発、乾燥地の生態農業への影響の問題とともに、農民が水田への投資にどれだけ意欲を示すか(その経済効果)といったことへの関心が高まっている。一方水田ばかりではなく、広大な未利用地を活用して収入を補完するために養兎や淡水養殖への関心も高い。3～5年前から始められた白鴨の養育もその一つで、とくに自然食品(緑色食品)として近年注目されている(写真11-5)。4カ月(4～8月)草地で放し飼いすることで、1羽=30～40元の収入になるという。

水田化の事例　現地調査は大安市から国道123号を西へ(白城市方面)へ向けて行った。防風林で囲まれたトウモロコシ畑、その中に間作されたタバコやネ

写真11-5　アルカリ土壌地帯の養鴨（左）と土地整備（右）

ギ、池沼（泡）、排水不良の低湿地、土塀を巡らす農家などに混じって、農民が開いた水田も散見された。砂丘と低湿地の中を西へ進むと、開発の最先端に当たるような場所（舎力）に試験地がおかれていた。周囲の土地利用は糜子（黄米）、ひまわり（向日葵）などが植えられた畑とよく植林された砂丘があり、その間の低湿地を開いた水田を参観した。興味をそそられたのは、開田に当たっての「以沙圧碱」の手法、すなわち砂丘の砂を粘土質のアルカリ性土壌にくわえることによって、土壌が固まるのを防止でき、透水性がよくなることを利用してアルカリ分を除去していることである。以前は国家所有の未利用地で、この付近に多い池沼（泡）として存在していた。

稲作経営　開発された水田を請け負い、稲作経営をしている農民に聞き取りを行った。農民は4人家族で2ha（7,500畝）を請負（承包）している。田植は5月末〜6月5日、収穫は9月20日頃である。収量は700 kg/10aである。稲作をはじめた効果としてこの農家は、春節の時など特別の日にしか食べられなかった米を食べられるようになったことを強調していたが、さらに他の作物と比べ稲の高収益性に対する期待があるようである。日本の品種は直接には入っていない。問題は水資源の確保で、水田は年により稲作と畑作を交替させている。また灌漑水は地下水を利用しているが、地下水利用は水温が低くなるため河川からの引水が今後期待されている。その意味で嫩江の整備により一部通水が可能になってきたことは注目されよう。

試験区　大安農業科学技術モデル区は、松嫩平原の中心部——吉林省大安市の総面積4,913 km^2——のうち低湿アルカリ面積が2,880 km^2（総面積の59％）を

占めている。当地の農業発展にとって重要な阻害因子は干害、水害、アルカリ化、風沙などである。ここでは低湿アルカリ地帯を水を利用して塩分を洗浄すること、稲を作付けて塩類化を防ぐこと、水稲を栽培することで治水の効果をあげることなど総合的な整備技術の検討が行われてきた。風沙地の乾燥した痩せ地に対しては節水灌漑技術を発展させ、また泡沼資源を活用して養殖業を発展させる方針の下に3万畝の試験区、15万畝のモデル地区、各技術の普及所142万畝を設置した。国家農業総合開発、中国農業科学院農業開発、吉林省高効科学技術園区などの基地を設けるためにアメリカや日本などの国家と国際共同交流を進めている。

　節水農業技術モデルの試験区は半湿潤半乾燥の気候条件下にあるため、旱魃に伴う減産は20～70％に達する。地域農業発展を制約する主要な要因の一つとなっている旱魃に対処するために、スプリンクラーの設置、パイプライン方式の灌漑など様々な方法が試みられている。水稲の節水技術は、田植え作業への労力配分、労力と肥料の節減（田植期間が長くし、その間に雑草を肥料としてすき込む）、健苗育成、生産費削減、生産力向上等多面的な効果が期待されている。東北における節水灌漑の歴史については、1960年代に遼寧省丹東地区合隆灌漑区で大旱魃後に注目され、1970年代に灌漑水の20～30％の節減効果が確認されてから、1980年代には遼寧省が率先して節水灌漑稲作技術研究がスタートした。そして、この方式が、近年ではアルカリ土壌地帯においても注目されつつある（王・周 2000）。

　アルカリ土壌地における水稲生産計画に関しては、単収水準の向上で平均25％の増産目標が掲げられているが、4カ年累計の実績では水稲総生産量2,700公斤、総生産額3,510万元に達し、アルカリ地における水稲栽培が試験区の農村経済と人々の生活に大きな貢献をもたらすに至っている。耐アルカリ性品種を選定して大苗健苗を移植し、整地を丹念にして、合理的な密植をはかり、アルカリ分を排水し、施肥を均等に行い、科学的な灌漑および土壌改良などの技術をアルカリ地に施すことによって、水稲を持続的に発展させる基礎が固められたと指導層は判断しているようである。こうした技術を開発するために日本の農林水産省東北農業試験場の水稲専門家をはじめ、アメリカやオーストラリアなど国際的な協力援助がなされていることも付記しておきたい。

第5節　水稲作を促進した要因と制約する要因

　第3章の東北地区における農業的土地利用構造の変化の特色、および第4章における実態観察の結果、東北地区における稲作展開の実態がかなり明瞭になった。前章における実態観察を通じて明らかなように、今日の東北における水稲生産の背景には、それを促してきた新しい各種の条件が認められるが、その一方では逆に発展を制約する条件も存在している。水稲生産の発展は東北の土地利用構造変化の主軸になっているが、この理解のためにはそのような促進条件と同時に、制約条件について理解しておくことが重要であろう。まず、それらを整理すると表11-4のようになる。

　促進要因として最も注目された点は、寒冷地における稲作技術が普及していることであった。黄・羅(1996)は、稲作の発展に対する技術進歩の役割について96％という評価をしているが、とくに1984～92年の改革中興期の技術進歩は生産増加に大きな貢献をなしてきたようである。そこには原氏の畑苗粗植をはじめ日本の寒冷地で確立した技術が大きな貢献をしていることも含まれている。また、今後の可能性を大きく期待させるのは東北に広く分布するアルカリ土壌地帯での稲作発展の技術が確立しつつある点であろう。表11-5から明らかなように、アルカリ土壌地帯の農地整備は東北の北ほど遅れており、その意

表11-4　稲作展開を左右する諸条件──松嫩平原──

類型区分		促進条件	制約条件
類型	地域		
Ⅰ 整備発展型	松嫩平原東北部 (綏化・海倫)	寒冷地日本式稲作技術の普及 良質米生産の開始 節水稲作技術 農村労働力の存在 米の移輸出 保護価格	都市化 商品作物(果樹・野菜) 労働力の流出(朝鮮族) 土地基盤未整備 流通条件不十分 収益性低下
Ⅱ 開発型	松嫩平原西南部 (前郭・大安)	嫩江の治水・水利事業の進展 地下水利用技術の発達 節水稲作技術 塩類化土壌改良技術の進歩 主食としての米需要の拡大	土地基盤投資に対する農民意識 地下水採取の影響 淡水養殖 水不足(田畑輪換) 収益性低下

味においてこれらの地域を中心とした稲作の潜在的な可能性は小さくない。

なお、近年におけるこうした稲作の発展が単純に稲作技術の確立の結果として見てよいかについては、この時期が気候の温暖化の時期に当たっており、それ故に稲作がうまくいったという考え(方・盛2000)も提出されている。社

表11-5 アルカリ性土壌農地整備率

地　　域	整備率
黒龍江省	34.7%
吉　林　省	49.5%
遼　寧　省	85.6%
全　　国	72.7%

注)整備率は対アルカリ性土壌農地面積割合である。
(『黒龍江省統計年鑑』1999年版より作成)

会経済的な促進要因としては、生産責任制度の作用以上に価格政策が大きな役割を果たしてきた。そして、自給食料としての米への関心とともにその新しい作目導入の基盤(経営再編力)としての役割への関心が高いこと、大河川の治水を前提とした水利事業や地下水開発への期待がでてきていることも支持要因となっている。

稲作を制約する要因は農業内外に存在する。この点については第10章でも注目したが、都市化や道路の拡張整備などの要因と多くの零細な農家が収益性の高い経済(商品)作物を選択する結果、稲作が制約され、稲作が地域分化する動きが認められる。しかしながら、最も大きな制約要因となる可能性があるのは今後の米価の行方であろう。このことは黒龍江の米作熱が最近冷めかかっている中心的な理由として指摘されている(村田2000)。さらに今回の調査によって明確になったこととして、労働力不足の影響も懸念されることは今後の土地利用動向をみる場合に注目すべき点である。とくに稲作と深い関わりを持つ朝鮮族の村における「離土離郷」問題はかなり一般化している(鄭　1999)。これらを打開するために一部に大規模な稲作経営の出現していることが示唆されたが、機械化や土地基盤整備問題は、大部分が未整備のままになっている。

東北の内外からみた稲作発展の役割は、大きく3点に分けて考えることができよう。

第1は、東北における地域内の基本食糧として稲が存在感を高めつつあることである。従来の雑穀および小麦が栽培面積を減少させる反面で、稲が伸びている基本的な理由である。

第2は、畑地における主食の食糧作物生産が低湿地での水稲あるいは一部畑

地の水田化による形で克服されることによって、畑において商品作物生産の余地が拡大されるという効果である。これは著者がこれまでの報告でもしばしば指摘したのであるが、この効果は極めて大きいのではないだろうか。トウモロコシと水稲、あるいは近年における商品作物の展開は安定した食糧基盤としての稲作の発展に裏づけられている。

　第3に、全国との関連では、南方の米生産の後退が進む反面で東北が徐々に米の供給地の役割を果たしていくことが期待されることである。張(2000)は、中国の食糧生産は水稲の増産を主としていたが、80年代以降水稲の比重は急速に低下し、小麦やトウモロコシの比重が上昇した。その結果、地域的には北方地区の食糧自給力が高まり、南方地区の自給力が低下したと述べている。こうした中で、東北において、いわば全国展開しているトウモロコシとともに、稲作が進展してきたことはとくに注目すべきことのように思われる。その理由は、中国における米消費の伸びは南方に比べて北方の方が速く米消費地域が徐々に北方へと拡張傾向にあること、また中心的な米消費地域(長江中下流地区)において籼米(インディカ米)から粳米(ジャポニカ米)へ転換する勢いを見せている(黄・羅 1996)ことなどを考慮してみた場合、ジャポニカの良質米生産が実現している東北は極めて有利な条件を確保していく可能性があるからである。もちろんこれを単純に将来の可能性につなげてみることはできない。中国はかつての日本や韓国のような高価格政策はとれないであろうし、WTOに加盟した場合も米価格の国内保護政策は制限されるであろう。その意味で、表11-4に示した稲作の促進要因と制約要因については、将来の東北稲作の役割をみきわめる際の重要な条件としても注目し、より広い観点から検討を深めていく必要があろう。

むすび

　最後に、稲作における「新東北現象」の問題との関連について触れておこう。寒冷地において生産力を維持する上で求められる労働生産性の向上という課題がほとんど改善されていないことである。稲作地域の拡大は多くの場合水利条件を確保しつつ行われてきたものの、一方で機械化のための土地基盤整備は極

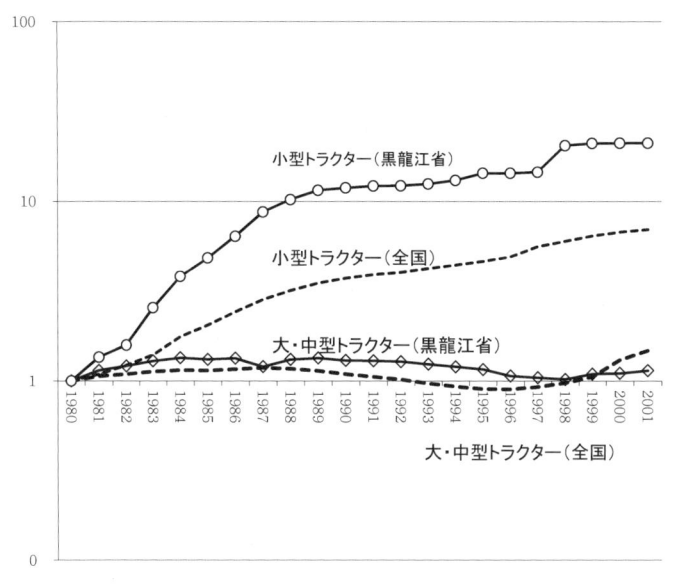

第11章 黒龍江省における農業的土地利用の展開と水稲作発展の意義　　*241*

図11-10　農業機械化の動向(指数)——中国と黒龍江省の比較——
(『中国統計年鑑』より作成)

めて遅れている。黒龍江省の生産手段のうち農作業のための機械化については、大中型のトラクターは停滞したままで、コンバインについても同様に余り変化がみられない。これに対して、小型のトラクターと動力脱穀機に近年著しい増加が認められる。これは農作業における個別経営に対応した動きとみられる。しかし、こうした傾向を全国と対比してみた場合、たしかに小型トラクターの普及は全国を上回って大きく成長してきた。ところが近年では全国の増加傾向とは逆に停滞気味である(図11-10)。一方、大・中型トラクターについては、黒龍江省が全国を上回って推移してきたが、近年では全国と逆転し、やはり遅れ気味である。なお、機械の導入と耕地の区画との関係については、一筆が数aのものが多く、20～30a以上が上限とみられる(山路1997)。筆者の観察でも基本的には同様であり、機械は能力を十分に発揮できず、耕耘作業は畝を越えて行うという状況である。その意味でこれまで飛躍的な発展をみてきた上に、全国的にも消費が拡大しているジャポニカ米生産についても課題が大きく生じてきたことは否定できない。

　しかるに、前節で述べたように、中国が新たな戦略として開始した特定農作

物の特化地域の形成に際して、米の生産地域はその対象に加えられていない。この理由はなぜであろうか。まず、WTO対策という面からみれば米の場合国際市場が狭いことが理由としてあげられよう（郭 2000）。しかし、著者は近年のジャポニカ米の生産は日本の寒冷地型の品種と栽培技術が大きく貢献してきており、質の改善という点では他のトウモロコシや小麦、大豆などと大きな違いがあるためではないかと考える。

わが国において、東北日本が経済成長時代に飛躍的な発展を遂げたときには良質米の開発とともに労働生産性の追求が進み、少なくとも国内的には東北日本が優位に転じる契機となったことはよく知られている。中国の東北の場合はどうかというと、前述のように、品質面では良質化が急速に進められているが、労働生産性を向上させるための基盤整備や機械化の進展は極めて遅々としているといわねばならない。その背景には、中国独特の零細土地所有構造、依然として多くの農村滞留（余剰）人口による制約、農地の基盤整備の遅れといった基本的問題が存在する。

また、気候的および位置的条件などの制約から作物栽培の多様化は大きく制限される。単作化という方向はある程度避けられない性格を有している。従来の延長線上での化学肥料の多投による単収追求が求められるかもしれない。その場合「新東北現象」として指摘されはじめた在庫問題が大きく懸念されよう。こうした状況下において米やトウモロシの品質面での多様化と加工による付加価値をつけた打開策が講じられているが、功を奏するかどうかは未知数である。ちなみに、日本の稲作が経済の高度成長期に東北日本においてその比重を急速に高めたことと類似している。北方への米栽培の拡張は寒冷地域への米作の発展と同時に、乾燥地域を含む東北の西方（の低湿・アルカリ土壌地帯）への移動をも含んでおり、この点は日本にはない特徴である。

最後に、当面中国は食糧の質の面での改善を急ぎ、次の段階で生産基盤の改良、ひいては機械化や経営形態の再編成を指向してくるように思われる。また、中国はWTO加盟に伴い今後国際経済との関わりを一層緊密にしてゆくであろうが、果たして食糧自給という原則を維持して行くのかどうかに強い関心がもたれる。北糧南調という言い方は国内自給を前提とした表現であるが、その形ではなく、南から入れて北から出す貿易構造により一層傾斜していくことも考

えられる。その場合、改めて労働生産性の問題が問われることになろう。同時に中国の食糧として最も重要な米との関連では、東北で発展し、全国的にも関心を呼び始めてきたジャポニカ米生産をどのように評価し、位置づけていくかによって、中国の食糧政策と環境は大きく変わってゆく可能性があると思われる。

<文　献>

伊東正一（1997）:「動く世界のコメ市場」、『世界のジャポニカ米—その現状と潜在的生産能力—』（第5回ジャポニカ米国際学術調査研究会）、1-4頁。

今井雅浩（1998）:「中国黒竜江省において畑苗疎植法が普及、浸透する過程の分析」、愛知大学大学院中国研究科修士論文。

島田ユリ（1999）:『洋財神　原正市—中国に日本の米づくりを伝えた八十翁の足跡』、北海道出版社。

原　正市（1999）:『中国における稲作技術協力17ヶ年のあゆみと水稲畑苗移植栽培の基準』、日中農業技術交流岩見沢協議会。

元木　靖（2000）:「吉林省における農業的土地利用の形成と地理的諸条件」、大坪国順（編）『LU/GECプロジェクト報告書Ⅵ』、国立環境研究所、142-156頁。

村田　武（2000）:「中国黒竜江省のSBS米」、農業および園芸75(10)、1047-1048頁。

山路永司（1997）:「中国における水田造成の可能性」、『世界のジャポニカ米—その現状と潜在的生産能力—』（第五回ジャポニカ米、国際学術研究会）、95-99頁。

郭慶海（2000）:「加入WTO後商品糧基地的建設与発展—以吉林省為例」、山西農経（太原）4、4-14頁。

方修琦・盛静芬（2000）:「従黒龍江省水稲種植面積的時空変化看人類対気候変化影響的適応」、自然資源学報15(3)、213-217頁。

黄季焜・羅斯高（1996）:「中国水稲的生産潜力、消費与貿易」、中国農村経済4、21-27頁。

殷培紅・方修琦・田青・馬玉玲（2006）:「21世紀初中国主要余糧区的空間格局特征」、地理学報61(2)、190-198頁。

張落成（2000）:「我国糧食生産布局変化特点及其成因分析」、長江流域資源与環境9(2)、221-228頁。

鄭信哲（1999）:「中国朝鮮族人口流動的重大影響及其対策」、延辺大学学報（社会科学版）32(3)、66-73頁。

第12章
WTO加盟前後の食糧生産地域の構造変化と課題

はじめに

2010年現在、中国における農作物の栽培面積（農作物播種面積に果樹と茶園の面積を加算）は、1億6,451万haで、全国の耕地面積1億2,172万ha（2009年末）の1.35倍に相当する。その種類別構成は図12-1の通りである。

図12-1によると、現在、中国において土地利用上最も主要な作物は糧食（食糧）作物であり、農作物全体の

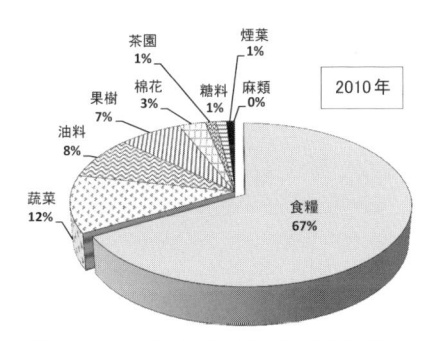

図12-1　中国における農作目播種面積構成
（『中国農業年鑑』より作成）

67％（109,876.1千ha）を占め、次いで蔬菜（12％）、果樹（7％）、油料（8％）の順となっている。農業の3分の2が糧食生産に向けられている。また、食糧作物の面積内訳はトウモロコシ（30％）、稲（28％）、小麦（23％）で81％を占め、次いで豆類の（11％）、薯類（8％）となっており、いわゆる三大穀物が作物構成を大きく特徴づけている。

しかし、食糧生産は中国経済が急速に発展した1990年代以降、増加基調で推移してきたわけではない。各農作物の播種面積動向（指数）をみると（図12-2）、2000年代以降、食糧作物は1980年代の水準以下で推移している。反面、急成長しているのは果樹、蔬菜、茶などの穀物以外の作物である。また近年では油料や糖料は微増傾向を示し、逆に麻類をはじめ棉花と煙葉（タバコ）には減少傾向がみられる。このように中国ではWTOへの加盟前後から農作物間の消長が強く現れ始め、今日に至っている。

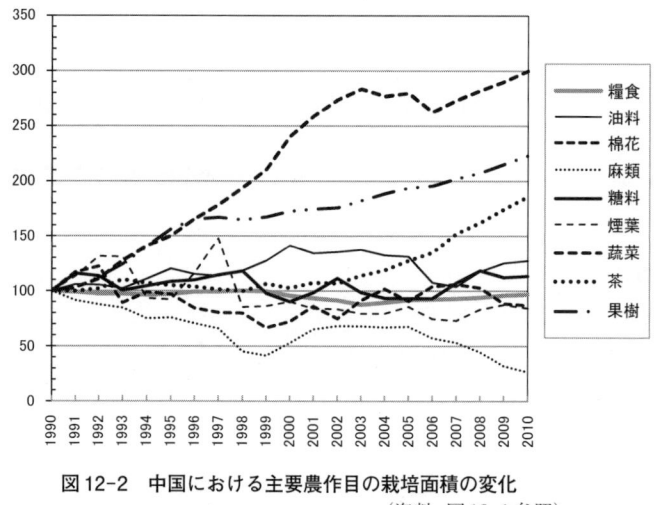

図12-2　中国における主要農作目の栽培面積の変化
（資料: 図12-1参照）

第1節　WTO加盟前後における農作物配置の変動

　それでは、こうした農作物の動向を地域的にみるとどうであろうか。ここではその傾向を概観するため1995年の状況を図12-3に、2010年の状況を図12-4に示す。
　両図は、ローレンツ曲線の考え方を応用して、便宜的に省レベルの各地域にそれぞれの作物がどのように分布しているかをみるため、作物毎に全国の総面積に対する各省の割合を求め、それらを順位別に並べて累積曲線を描いたものである。もしある作物の面積が各省に均等に分布するとすれば、分布線は対角線上に並ぶことになり、差違があれば対角線から離れた曲線として描かれる。
　両図から、農作物毎の分布の変化について以下のことが明らかとなる。
　第1に、稲(稲谷)、小麦、トウモロコシ、豆類、野菜、果樹園の6つの作物についてみると、2つのグループに分けてみることができる。第1グループは主要穀物である稲、小麦、トウモロコシにみられる傾向であり、第2グループは豆類、野菜、果樹にみられる傾向である。国内における分布の偏りは第1グループの場合の方が第2グループよりも大きい。この傾向は1995年と2010年

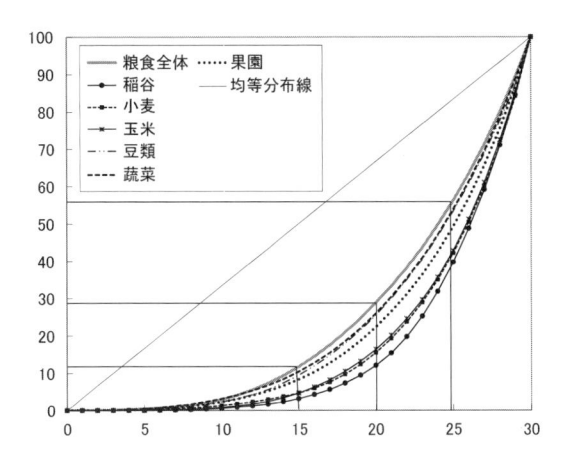

第12章　WTO加盟前後の食糧生産地域の構造変化と課題　　　　247

図12-3　中国における主要農作物分布の地域偏差（1995年）

（資料：図12-1参照）

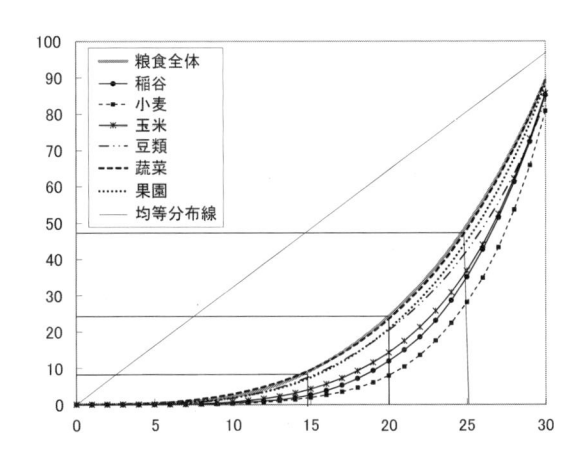

図12-4　中国における主要農作物分布の地域偏差（2010年）

（資料：図12-1参照）

の間でも基本的に認められる。

　第2に各グループ内の作物間の差異はこの15年間に第1グループでは大きくなり、第2グループでは縮小する傾向が認められる。前者の場合、1995年段階では地域的な偏差は稲において最も大きく、トウモロコシと小麦に対して突出していたが、2010年には稲と小麦が入れ替わり、小麦の地域偏差が大き

くなった。一方、第2グループの作物間では果樹と豆類の分布に入れ替わりが認められ、豆類の偏差が拡大し、野菜は逆に偏差は縮小する傾向が認められる。ちなみにジニ係数は、1995年から2010年の間で、食糧作物では0.51→0.53、稲谷(稲)0.67→0.66、小麦0.64→0.71、玉米(トウモロコシ)0.64→0.64、豆類0.55→0.59、蔬菜0.54→0.54、果園(果樹)0.58→0.57となる。すなわち、これらの係数の変化からみると、地域的偏差が拡大している作物には小麦と大豆が該当し、逆に稲と果樹については地域的な偏差が少なくなっている。一方トウモロコシや、蔬菜、果樹の場合、差は明瞭でない。

ところで、稲について地域的偏差が縮小しているのは何故であろうか。このことについては、従来南に重心があった稲作の比重が低下し、反面北方への拡大が進んだため(Motoki 2004)、両地域の関係が相殺され偏差が小さく現れている。その意味で、北糧南調の傾向を象徴的に示しているのが稲作の場合であると言える。[1]

したがって、中国の土地利用環境における前述のような制約要因を考慮してみた場合、食料問題の解決に大きな役割を果たしてきた今日の稲作の発展地域を、かつての「南糧北調」を支えてきた稲作中心地域と対比してみることが、中国の農業の現状理解のみではなく、将来の方向を展望する上で重要な意義を持ちうると考える。

そこで、1990年代以降中国の工業化・都市化をリードしてきた長江下流の上海市、浙江省、江蘇省の3市省(以下、「長江デルタ」と略称)と、その対極にある東北の遼寧省、吉林省、黒龍江省(以下、「東北地区」と略称)の農作物の動向を、両地域の産業構造変化の中に位置づけ比較してみよう。

---

1) このことに関連し、徐小青が記述している一文は重要である。幾分長いが以下に引用させていただく。「古くから"魚米之郷"と言われてきた長江デルタは長年米の主産地として人々の食生活を支えてきた。現在かつての主産地である浙江省はすでに米の自給ができなくなっている。その理由は農業労働力の農外就業の増加や園芸作物の増加などにより米の収益性が低下してきたことにある。また食糧品目間にアンバランスが生じている。主食の2品目についてみると、小麦の需給には大きな問題を生じていないが、米の南部での生産が減少している。人々の主食消費の61％は米であり、この割合は上昇する傾向にある。しかし主産地である南部の水田面積は減少し、米の供給は長期的にタイトになる可能性がある(徐(銭訳)、2011)

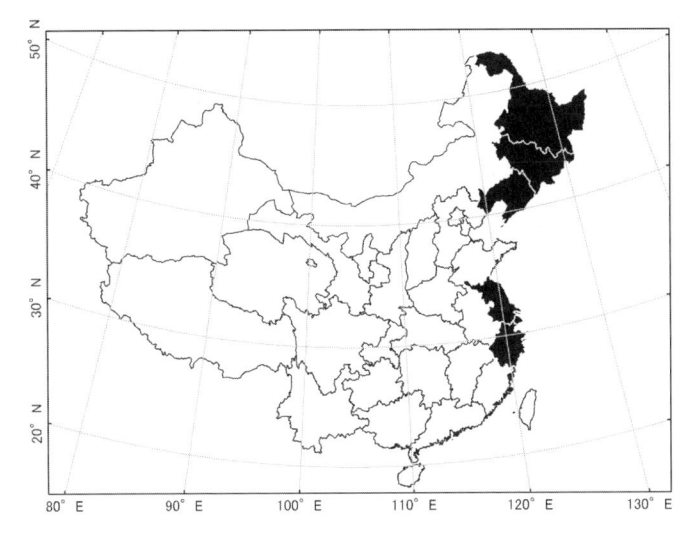

第12章　WTO加盟前後の食糧生産地域の構造変化と課題　　249

図12-5　対象地域の位置
(東北地区3省：黒龍江、吉林、遼寧、長江デルタ3市省：江蘇、上海、浙江)

第2節　長江デルタと東北地区の対比——産業構造変化——

1. 土地・人口・GDP

　東北地区と長江デルタは、気候的にはモンスーン型の温帯と亜熱帯に区別される。前者は冬が長く温度も低いため農業に制約があり、後者は四季が明瞭でかつ熱源に恵まれ好暖性の作物栽培が可能な地域である(図12-5)。

　こうした条件の下で両地区は、土地と人口の関係が極めて対照的である。表12-1に示すように東北地区の土地面積(80.4万km^2)に比べると、長江デルタ(21万km^2余)は4分の1弱に過ぎない。ところが人口についてみると、逆に長江デルタが東北地区を凌駕している。とくに1995〜2010年の間の人口増加率は東北地区の5.5％に比べ、長江デルタでは22％に達しており、その差は拡大している。このため対全国の人口比も東北地区はマイナス、長江デルタではプラスとなり、後者の地位が高まっている。

　GDPの動きについてみると、1995年時点で東北地区の5,937億元に対し長江デルタは11,143億元で倍近い値を示していたが2010年に至る過程で格差は

表12-1　東北地区3省と長江デルタ3市省

区　分		1995-2010年の変化		対全国割合(％)	
		東北地区	長江デルタ	東北地区	長江デルタ
土地面積(km^2)		804,000	210,619	8.4	2.2
人口 (万人)	1995年	10,385	12,800	8.6	10.6
	2010年	10,955	15,619	8.2	11.6
	増減	5.5％	22.0％	-0.4	1.1
GDP (億元)	1995年	5,937	11,143	10.3	19.3
	2010年	37,493	86,314	8.6	19.7
	増減	531.5％	674.6％	-1.7	0.4
一人当たり GDP(元)	1995年	5,717	8,705	120.1	182.9
	2010年	34,225	55,264	105.0	169.6
	増減	498.7％	534.8％	-15.1	-13.4

注1) 土地面積：『中国統計年鑑』1996年
　2) 東北地区：遼寧省、吉林省、黒龍江省、長江デルタ：上海市、浙江省、江蘇省

（『中国統計年鑑』1996、2011年により作成）

開き、37,493億元対86,314億元となった。その結果GDPの対全国比では東北地区は10.3％から8.6％に後退、一方長江デルタでは19.3％から19.7％となり全国の2割近くに達した。

2. 産業構造の変化

両地区間の以上のような人口動向やGDP格差は、この間の中国経済の発展が両地区の産業構造に地域差をもたらす形で進行した結果とみられる（表12-2）。長江デルタでは第二次・第三次産業の生産額の増加の割には、第一次産業の伸びは低く、逆に東北地区では第一次産業の増加率の高さに対して、第二次・第三次産業の伸びは相対的に少なかった。その結果産業別生産額の対全国比は、東北地区では一次産業が微増、長江デルタでは三次産業で増加となった。

産業別就業人口についても上述の傾向とほぼ同調した傾向がみられる。つまり、東北地区は一次産業と三次産業で就業人口の増加、一方長江デルタでは一次産業の就業人口が減少し、二次および三次産業への就業人口の増加が確認される。

表12-2 東北地区3省と長江デルタ3市省の比較

区分			1995-2010年の変化		各地区全体に占める割合(%)		全国(100)に占める各地区の割合(%)	
			東北地区	長江デルタ	東北地区(100)	長江デルタ(100)	東北地区	長江デルタ
産業別生産値(億元)	一次	1995年	895	1164	17.8	13.4	9.7	12.6
		2010年	3,984	4,015	10.6	4.7	9.8	9.9
		増減率	345.3%	244.8%	-7.2	-8.7	0.1	-2.7
	二次	1995年	2,511	4,718	50.0	54.3	11.7	21.9
		2010年	19,687	43,270	52.5	50.1	8.9	19.7
		増減率	684.1%	817.1%	2.5	-4.2	-2.8	-2.2
	三次	1995年	1,612	2,814	32.2	32.3	11.1	19.3
		2010年	13,822	47,996	36.9	45.2	7.8	22.1
		増減率	757.6%	1287%	4.7	12.9	-3.3	2.8
産業別就業人口(万人)	一次	1995年	1,766	2,795	36.5	38.6	5.3	8.5
		2010年	2,000	1,554	38.2	16.1	7.2	5.6
		増減率	13.3%	-44.4%	1.7	-22.5	1.9	-2.9
	二次	1995年	1,637	2,515	33.8	34.8	11.4	17.6
		2010年	1,190	4,403	22.8	45.6	5.4	20.2
		増減率	-27.3%	75.1%	-11.0	10.8	-6.0	2.6
	三次	1995年	1,438	1,925	29.7	26.6	9.5	12.8
		2010年	2,040	3,689	39.0	38.3	7.7	14.0
		増減率	41.9%	91.6%	9.3	11.7	-1.8	1.2

(『中国統計年鑑』1996、2011年により作成)

以上のように、東北地区は生産額でも就業人口でも一次産業の対全国比が高まり、一方長江デルタでは二次および三次産業の対全国比が向上した。1994年当時、長江デルタの一次産業の生産額は東北地区を凌駕していたが、2010年段階では東北との差はほとんどなくなり、一次産業の就業人口でも東北地区が長江デルタを上回るようになった。

かくして、東北地区と長江デルタの間ではこの15年間に産業構造が大きく分化し、2010年の生産額でみると東北地区では一次産業10.6%、二次52.5%、三次36.9%となり、一方長江デルタでは一次産業4.7%、二次50.1%、三次45.2%となった。また、産業別就業人口でみると、東北地区では一次産業38.2%、二次22.8%、三次39%に対して、長江デルタでは一次産業16.1%、

表12-3 主要農作目面積の変化——東北地区、長江デルタ、全国——

	東北地区			長江デルタ			全国		
	1994	2009	増減(%)	1994	2009	増減(%)	1994	2009	増減(%)
農作物総播種面積	16,346	21,126	4,780(29.2)	12,195	10,459	-1,736(-14.2)	148,147	158,639	10,492(7.1)
粮食	14,090	18,943	4,853(34.4)	8,834	6,755	-2,078(-23.5)	109,544	108,986	-558(-0.5)
油料	473	723	251(53.0)	975	819	-156(-16.0)	12,081	13,652	1,571(13.0)
棉花	26	3	-23(-90.3)	601	274	-327(-54.5)	5,528	4,952	-576(-10.4)
麻類	86	12	-74(-86.0)	10	1	-9(-87.6)	372	160	-212(-57.1)
糖料	415	68	-347(-83.6)	20	15	-5(-24.7)	1,755	1,884	129(7.4)
烟叶	113	73	-40(-35.1)	2	2	-0(-14.1)	1,490	1,392	-98(-6.6)
薬材	26	84	57(215.9)	14	42	28(201.4)	312	1,181	869(278.4)
蔬菜	858	996	138(16.1)	1,041	2,158	1,117(107.3)	10,042	20,749	10,706(106.6)
その他	260	224	-35(-13.6)	697	393	-305(-43.7)	7,024	5,685	-1,339(-19.1)
茶園面積	—	—	—	161	207	46(28.7)	1,135	1,849	714(62.9)
果園面積	560	443	-117(-20.9)	417	535	119(28.4)	7,264	11,140	3,876(53.4)

(『中国農業年鑑』1995年、2010年により作成)

二次45.6％、二次38.3％となった。

第3節 長江デルタと東北地区の対比 —— 農作物栽培面積の動向 ——

　以上のような産業構造の変化を受けて、農作物作付面積の状況も大きく変化した(表12-3)。まず農作物総播種面積については、1994年から2009年の間に東北地区では29.2％(4,780千ha)の増加、長江デルタでは逆に14.2％(1,736千ha)の減少となり、両地区間で対照的な変化が認められる。
　両地区において増加した作物と減少した作物が区別してみると、東北地区では食糧作物(34.4％)、油料(53.0％)、薬材(215.9％)、蔬菜(16.1％)が増加し、棉花(-90.3‰)、麻類(-86.0％)、煙草(-35.1‰)、果樹(-20.9‰)が減少を示した。これに対して、長江デルタでは薬材(201.4％)、蔬菜(107.3％)、果樹(28.4％)、茶樹(28.7％)が増加し、一方、食糧作物(-23.5％)、油料(-16.0％)、棉花(-54.5％)、麻類(-87.6％)、糖料(-24.7％)、煙草(-14.1％)が減少を示した。
　こうした変化のうち注目すべきは、土地利用上も圧倒的な面積を占めている食糧作物の動向である。まず東北地区の場合、食糧作物面積の割合(対農作物総播種面積)が1994～2009年の間に34.4％の増加をみた。一方、長江デルタ

では逆に25.5％の減少となった。とくに長江デルタにおける食糧作物の大幅な後退は、このデルタが中国の食糧基地として開発され、歴史的に重要な役割を担ってきたことからみると（例えば、元木2011）、注目すべきことである。逆にデルタにおいて農作目として急速にその地位を向上させてきているのは蔬菜である。非農業的な土地利用への転換という外部要因のことを除けば、都市化する地域にあって蔬菜に代表される集約的な作物の普及が食糧作物を地域外へと生み出す内部的な力として作用している。

第4節　両地区における農作物展開の地域的性格

最後に、東北地区と長江デルタの作物別の動向にみられる地域的性格について吟味しよう。第1は、主要農作物播種面積構成の分布状況、第2は、最も中心的な穀物の種類別構成の動向、さらに第3は稲作の動向である。

第1に、東北地区と長江デルタ内の省レベルの主要作物の構成を、1994年と2009年についてみたのが図12-6と図12-7である。まず、東北地区では3省のいずれにおいても谷物（穀物）と豆類が圧倒的な割合を占めており、この傾向は1994年から2009年にかけても基本的に変わっていない。その中で穀物が占める割合はいずれも比重を高める傾向にある。農作物構成の変化が最も少ないのは吉林省で、一方黒龍江省では穀物と豆類の組み合わせが強化される傾向が、また遼寧省では豆類に変わり油料作物と蔬菜の割合が若干高まる傾向がうかがえる。したがって、豆類については遼寧と吉林の2省ではその比重を低下させ黒龍江省への移動する傾向を認めることができる。

次に長江デルタについては、穀物を中心とした作目構成が基本となっている。この点は東北地区の場合と共通する。しかし、東北地区では1994年と2009年の間で穀類の比重がほとんど変化しないか、黒龍江のように増加を示すのに対して、長江デルタでは穀類の後退と蔬菜の比率が増加している点に大きな違いが認められる。このように両地区を比較すると、いずれも穀物を基本作物としながら、東北地区では作物構成が単純化する方向で、一方長江デルタでは幾分多様化する方向での変化が確認される。

第2に、両地区の穀物の種類別構成についてはどのような傾向がみられる

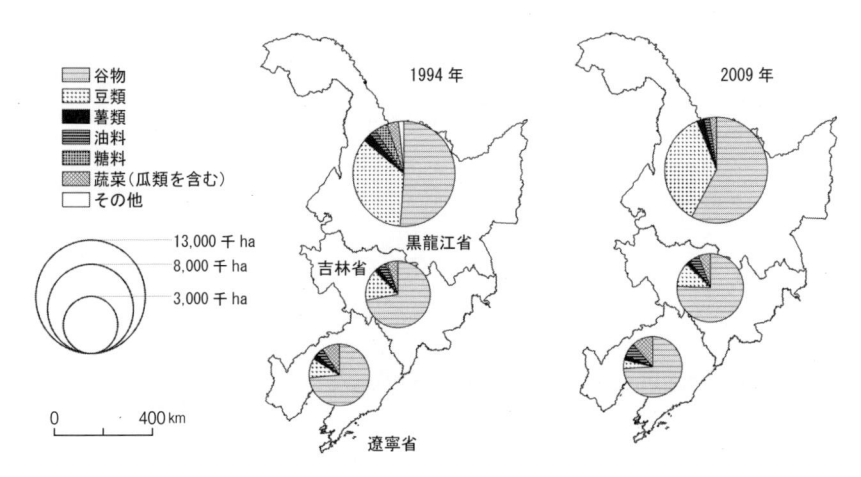

図12-6　農作物播種面積構成の変化──東北地区──
(『中国農業年鑑』1995、2010年より作成)

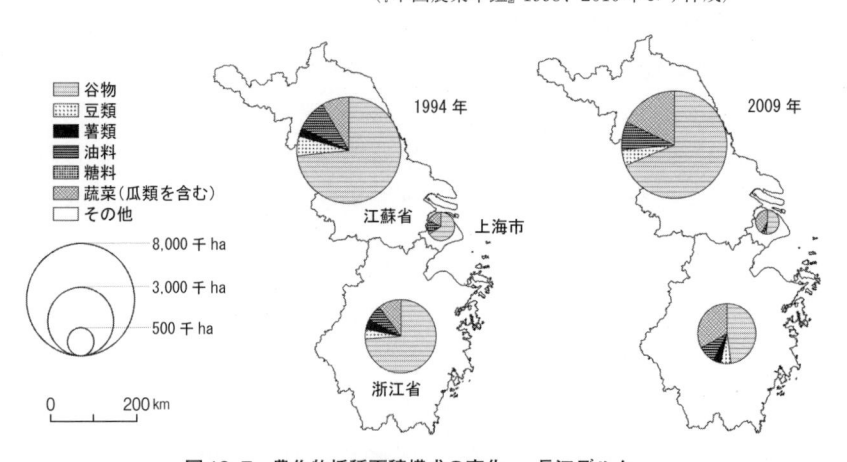

図12-7　農作物播種面積構成の変化──長江デルタ──
(資料：図12-6参照)

か(図12-8)。第9章でも概観したように、東北地区では1994年時点でみると、玉米(トウモロコシ)を中心に稲も主要な位置を占めていたが、他に高粱や粟の作付けもみられた。とくに黒龍江省ではトウモロコシとともに小麦が中心で稲その他の雑穀栽培も残存していた。これに対して長江デルタでは圧倒的に稲が中心で、他にトウモロコシや小麦が加わっていた。

しかし、2010年になると、東北地区では全体として穀物栽培面積は大幅に

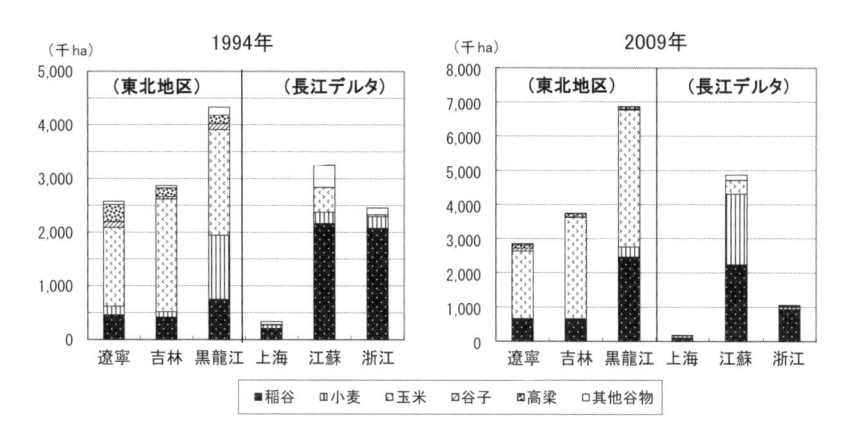

第12章　WTO加盟前後の食糧生産地域の構造変化と課題

図12-8　東北地区と長江デルタにおける穀物種類別播種面積の変化
（資料：図12-6参照）

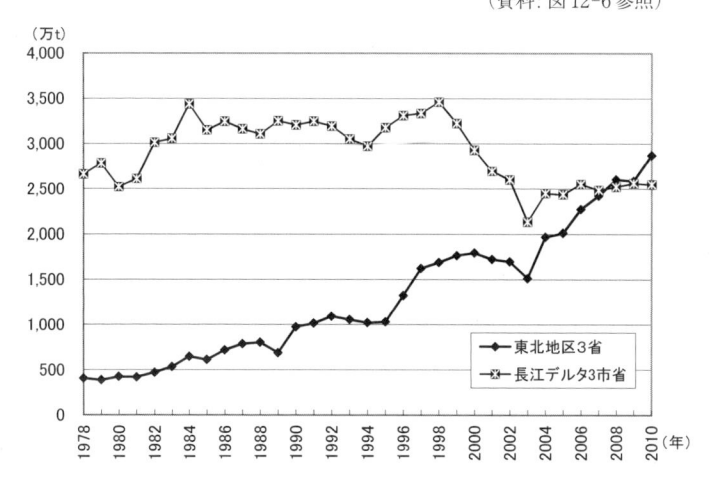

図12-9　米生産量における東北と長江デルタの逆転
（『新中国農業60年統計資料』、『中国統計年鑑』2010、2011年より作成）

増加し、しかもその中でトウモロコシと稲を中心とした構成に変わった。未墾地の開発以外に小麦や雑穀などからの転換が大きく進んだ結果である。これに対して長江デルタにおいては、江蘇省における小麦の増加が特異であるが、上海市や浙江省では面積が減少する中で稲が基幹作物となっている。この結果前章で指摘したように、主要穀物（トウモロコシ、稲（米）、小麦）の生産は、東

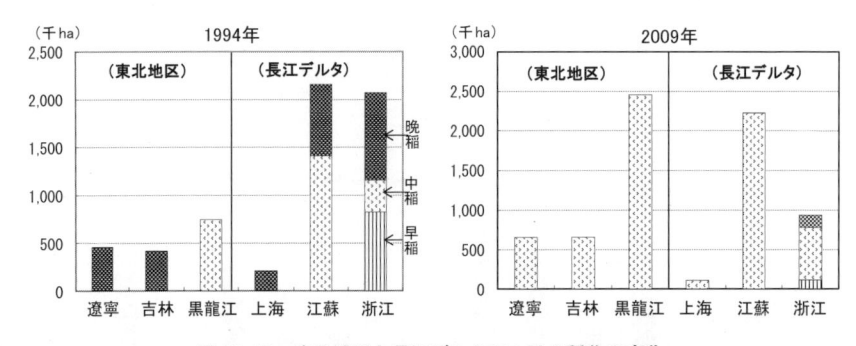

図 12-10 東北地区と長江デルタにおける稲作の変化
(資料: 図 12-6 参照)

北地区ではトウモロコシと稲、長江デルタでは稲と小麦を主とした穀物構成となった。同様の傾向は面積だけでなく生産量の面からも確認できる。なお、東北地区と長江デルタに共通する主要穀物である稲(米)の生産量についていうならば、2000年後半に前者が後者をと逆転するに至った(図 12-9)。地域的には長江デルタと東北地区の間で地域分化が進んでいることがわかる。

　第3に、稲作に限って両地区の1994年と2009年の状況を対比してみると、図12-10に示すように、東北地区と長江デルタでは稲作面積の増加と減少と対照的な傾向を確認できる。一方、両地区共に晩稲が姿を消し中稲を主とした単純化の方向を認めることができる。長江デルタでは従来二期作が普及していたのが、中稲中心の一期作になってきた。すなわち、稲作が水田面積だけではなく作付回数の面でも後退傾向にあることを示している。

　したがって図12-10から判断すると、稲作は長江デルタから東北地区への転換が今後も急速に進んでいくことが予想される。中国における経済成長の過程で進展した食糧需給構造の変化、すなわち「南糧北調」から「北糧南調」への変化を示すものであろう。

第5節　食糧生産の当面の目標——水稲作地の景観——

　まず、東北地区の場合、たしかに黒龍江を中心として稲作の発展は著しい(写真 12-1)。黒龍江省では全体の半数近くは国営農場での稲作展開が注目さ

第12章　WTO加盟前後の食糧生産地域の構造変化と課題　　　257

写真12-1　黒龍江省の稲作景観
1. 三江平原の稲作地帯の看板(201.8.20)　2. 大規模水田地帯の温水ため池(201.8.19)
3. 方正県における有機米生産基地(2010.8.25)　4. 黒龍江東部の低湿地景観(2010.8.20)

れるのであるが、その事例をみると大規模な稲作が、日本の北海道農試で開発された耐冷品種「空育」を見本として試行されている。雑草防止試験も大規模に展開されている。水源は地下水に依存し、低温を避けるための巨大な温水ため池を設けていることも特徴的である。一方、黒龍江省東部には未開の広大な低湿地を残しておりさらに発展の可能性が認められる。また黒龍江省の中で比較的早くから稲作が行なわれてきた方正県では良質米生産への取組みが始まっている。しかしながら、果たしてこのような寒地稲作が継続的に発展していくかどうかについては未解決の問題も残されている[2]。

一方、長江デルタにおいては(写真12-2)、稲作基盤の再整備と新しい品種の展示圃の設置から明らかなように、今後に期待する動きも認められる。例えば伝統的なハイブリッド稲にかわる良食味の、高収量品種への動きも注目される。もちろん最大のネックは、都市化に伴う土地利用の転換(非農業)と同時に

---
[2]　例えば銭・矯(2011)を参照。

写真 12-2　蘇南地区の稲作景観
1. 昆山市における水稲新品種試験展示圃 (2011. 9. 1)
2. 常熟市における水田造成 (土地復耕) (2011. 8. 28)
3. 常熟市における高収量ハイブリッド稲 (2011. 8. 28)
4. 太湖水環境総合整備プロジェクト (2011. 12. 25)

商品作物として有利な野菜栽培との競合などにより、作付面積の拡大に大きな制約があることである。このことについては写真に見られるような、住宅地を集合する一方で耕地に復墾する動きもみられる。それと同時に低地にあって水環境問題への対応はこれから解決すべき大きな課題となっている。

　このようにみると、黒龍江省を中心に東北地区が将来的に有利な形であることは否定できないが、長江デルタにおける稲作が完全に後退の局面にあるとは言えない。とくに中国では、農業の新しい動きが零細な個別農家ではなく、村民委員会などを介して集団での対応によって政策的に展開する側面が強いことにも留意する必要がある。いずれにしても、長江デルタの場合、伝統的に培ってきた稲作からぎりぎりの転換点に至っていると言えよう。ここに、中国農業における土地利用の大きな問題がある。

第12章　WTO加盟前後の食糧生産地域の構造変化と課題　　　259

むすび

　WTO加盟後の急速な経済成長の下で、中国農業の地域構造がどのように変化してきたかについて、農作目を指標として全国の動向を概観するとともに、地域動向の一つの典型事例として長江デルタと東北地区の対比を行なった。明らかになった知見と問題点には以下のように要約できる。
　第1に、中国全体としてはWTO加盟後に農作物の消長が急速な勢いで進展した。野菜、果樹、茶は代表的な成長作物であり、麻類を筆頭に近年では煙草にも後退の傾向がみられる。一方食糧作物を中心に糖料や油料、綿花については大きな変化はない。ただし食糧を除くと年変化か比較的大きい。
　第2に、中国における農作物の地域的な分布は、気候と地形条件に規定されて偏りが極めて大きい、稲、小麦、トウモロコシ、豆類、野菜、果樹などの土な農作物の場合、栽培面積の50％近くは一級行政区31のうち5つ前後の行政区に集中しており、残りの50％を他の25前後の行政区が分担するという構造となっている。
　第3に、主要作物の分布動向については、地域的な偏差を拡大した作物と、偏差を縮小した作物がみられた。偏差を拡大している作物には小麦、大豆が該当し、逆に稲と果樹については地域的な偏差が少なくなっている。また、トウモロコシや蔬菜のように偏差が不明瞭なものに分けられる。中国における経済成長の過程で進展した農業地域の構造変化、すなわち「南糧北調」から「北糧南調」へという現象は、このようなベクトルを異にする各作物の動向の総和として理解できる。
　第4に、東北地区と長江デルタにおける稲作の動向は、日本の高度成長期に西南日本中心の稲作から東北日本中心へと転換したことと対比して極めて興味深い。すなわち、経済成長期に稲作が工業化・都市化が激しい地域から寒冷地に分化して行く構造は日本と極めて類似している。しかし、日本の場合には列島全体が四周に河川が流下し下流都にデルタを構成しているが、中国では河川が西部から東部に流れデルタは大陸の東南部に形成されている。こうした中での経済成長の基軸となった工業化と都市化は、まさにこうしたデルタ地域を中

心に展開して、農業的な土地利用に大きな変更をもたらしてきたわけで、そこに稲作(水田)の後退問題があり将来的には重要な問題を孕んでいると言える。ブラウン(1995)の指摘「誰が中国を養うのか」になぞらえて言うならば、中国の経済発展が孕む最も深刻な問題は稲作の動向ではないのか、と言ってもよいかも知れない。

<文　献>

池上彰英 (2002):「農業」、中国研究所(編)『中国年鑑2002』、156-159頁。
──── (2007):「中国の「三農」問題と農業政策」、久保田義喜(編)『アジア農村発展の課題─台頭する四カ国一地域』、筑波書房、71-102頁。
──── (2009):「農業問題の転換と農業保護政策の展開」、池上彰英、寶劔久俊(編)『中国農村改革と農業産業化』、アジア経済研究所、27-63頁。
姜春雲(編)／石　敏俊(他訳) (2005):『現代中国の農業政策』、家の光協会。
徐小青／銭小平(訳) (2011):「近年の食糧政策動向」、銭小平(編)『中国農業の行方』農林統計協会、1-23。
銭小平・矯江(2011):「食糧生产の変化と新たなジャポニカ米産地の動向」、銭小平(編)『中国農業の行方』、農林統計協会、25-66頁。
高屋和子 (2010):「改革開放以降の東北三省農業の特徴と課題(2)─政府の食糧政策とその展望」、立命館経済学58(5・6)、1206-1229頁。
元木　靖 (2011):「長江流域の環境史(3)─太湖平原・良渚遺跡周辺の灌漑水利変容」、経済学季報(立正大学) 61(1)、25-62頁。
──── (2012):「農作物からみた中国農業の土地利用問題─長江デルタと東北地区の対比」、経済学季報(立正大学) 62(1)、105-130頁。
ブラウン. L. R.／今村奈良臣(訳) (1995):『誰が中国を養うのか─迫りくる食糧危機の時代』、ダイヤモンド社。
Motoki, Y. (2004): "Transformation of grain production and the rice frontier in Modernizing China", *Geographical Review of Japan* 77(12), 838-857.

第IV編

環　境

急速な経済成長に伴う社会の変容と地域環境問題

第Ⅰ編から第Ⅲ編を通してみてきたように、中国社会の基盤としての水や土地などの自然と人間との関わりはいま大きな転換を遂げつつある。その構造はこれまでの歴史の中でみられたものとは異なって、巨大化する都市経済を起点に各地域間を結ぶ交通と通信網を中心としたインフラの整備と相まった、全国規模での一体化が進む中での地域変化の現象と理解できる。個々の地域の変貌する姿は直接・間接に巨大化する都市経済システムの形成に対応した変化とみなければならない。第Ⅲ編第3章でみた長江デルタと最北の黒龍江省において、稲作の比重の逆転現象はその象徴的な現象である。本編ではその反面で顕在化してきた負の側面に注目する。環境問題あるいは貧困問題として現れる地域問題について、とくに都市化が著しい地域とそれから離れた中国の周辺地域の事例を取り上げることにしよう。

第13章
経済成長と低地帯の水汚染問題の生成構造
——長江デルタ——

はじめに

　長江デルタは、上海とその後背地を中心としたメガシティとして成長し、北京-天津-唐山地域や珠江デルタとともに中国の経済成長を牽引する役割を担っている。しかし、こうした巨大化した都市地域の形成は、他方で環境問題や貧困問題を生み出しつつ展開している。長江デルタの場合、デルタを構成し、特徴づける水環境がこの間に急速に悪化し、その影響は陸域から海域にもはっきりと現れるようになった。[1]

　本章ではまず、長江デルタの経済成長と地域変化の構造を明らかにした上で、水環境の汚染問題に注目してみよう。なお、ここで長江デルタとは行政的には上海市、江蘇省、浙江省とし、具体的な水環境問題の検討にあたっては上海市、蘇州市、嘉興市の3市を対象とした。また水環境問題の検討にあたっては、とくに農業変化に起因した面源汚染問題に重点をおき、かかる問題がどのように生成されるのか、について考察する。

第1節　長江デルタの経済成長と農業・農村の変容

　1979年に始まる中国の改革開放政策、すなわち経済改革の中にあって、長江デルタはその当初から今日みるような経済発展を遂げてきたわけではない。上海市、江蘇省、浙江省の3市省の産業分類別生産額の動向をみると、経済発展がはっきりと確認されるのは1990年代以降のことである(図13-1)。それ以

---

1) 中国環境年鑑2010によれば、中国の沿岸海域の水質は汚染が進み、2000〜2009年の状況でも大きな改善がみられないまま推移している。海域を渤海、黄海、東海、南海に区分してみた場合、長江デルタの前面にひろがる東海の汚染が突出している。最近6年間(2005〜2010年)の傾向は、東海のみが海水の重度汚染域を拡大している。

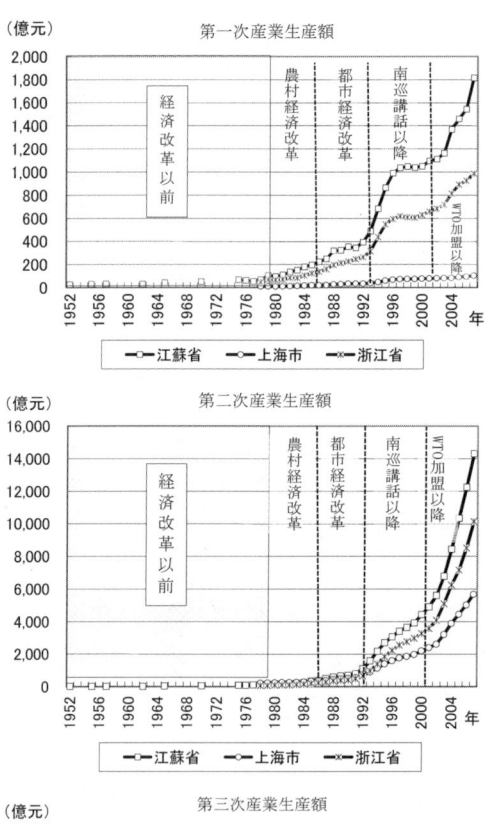

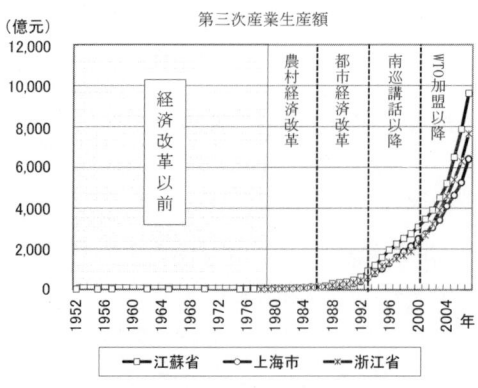

図13-1 長江デルタにおける経済成長過程
（上海市、江蘇省、浙江省の各統計年鑑により作成）

前に改革の影響が認められるのは第一次産業部門に限られている。第一次産業部門は1985年までの農村経済改革期から85年以降の都市経済改革期にかけて、江蘇省や浙江省を中心に成長が確認できる。しかしこの場合でも1990年代以降の生産額の伸びと比較すると大きなものではない。このように、長江デルタにおいては1990年代以降になって、急速な産業構造の変化を遂げ、地域的には上海市を中心とした都市域の拡大が進行した。

したがって、長江デルタにおける経済改革期以降の経済発展は、1980年代から1990年代前半まで（第Ⅰ期）、1990年代後半から2000年代初頭まで（第Ⅱ期）、そして2000年代初頭から現在まで（第Ⅲ期）に、大きく3期を画してみることができる。第Ⅰ段階の経済発

第13章　経済成長と低地帯の水汚染問題の生成構造

表13-1　長江デルタにおける産業構造転換過程と農業・農村

時期区分指標	第Ⅰ期		第Ⅱ期	第Ⅲ期
政治経済政策	農村経済改革期	都市経済改革期	南巡講和以降	WTO加盟以降
産業分類別成長率	一次産業先行		第二次・第三次産業主導	
地域間格差 上海・江蘇・浙江　一次産業	微少〜漸増（江蘇・浙江対上海）		拡大 顕在化	急速拡大 拡大
二次産業	微少			
三次産業	微少		微増	
農業の動向 主要農作物播種面積のピーク （浙江省の例）	（グラフ：1978-2008年、稲・小麦・果樹等・蔬菜・主要農作物・食糧作物・穀物の推移）			
農村の建設事業	極少	微増	急増（前期） 基本建設、新改造、不動産、集団住宅	急増（後期） 基本建設、不動産、集団住宅

（資料：図13-1参照）

展は第一次産業によって導かれたが、第Ⅱ・Ⅲ段階では第二・三次産業が発展の原動力となった。第Ⅱ段階には鄧小平氏が改革開放政策の継続を再確認した南巡講話（1992年）、第Ⅲ段階では中国のWTO加盟（2001年）があり、これらが産業構造転換の大きな契機となった。経済発展の性格が国家の政治経済政策に加えて、グローバル化する国際社会の枠組みの中でもたらされたことを示唆している。

　以上のような長江デルタにおける構造変化を農業・農村サイドから概念的に要約したのが表13-1である。産業分類別成長率は、1980年代には一産業が先行していたが、90年代に入って二次および三次産業が急速に伸び、産業構造変化を主導するようになったことを示している。一次産業の構造変化を農作物の動向からみると、2000年代には著しい農業構造変化が生じたことが明らかであろう。第12章でも触れたが、その特徴は伝統的に長江デルタの農業を特徴づけてきた糧食（水稲を中心とした食糧）作物が後退し、一方で蔬菜や果樹生産の成長が特筆される。表示しなかったが伝統的に商品作目であった繭や棉花の生産が減少する一方で、家禽・豚などの肉や卵類の生産、さらに水産品の生産も著しい成長をみせた。

このような部門の成長は農業の集約化の傾向であるが、一方で急速に進展した人口の集中と建設事業の伸展によって農地が縮小する中での対応という側面が強い。そのために投入される化学肥料や殺虫剤の利用、家畜使用のための購入飼料の利用、あるいは排泄物の増加などは、環境負荷要因となる。また土地利用面からは高い割合を占める食糧生産(特に稲作)において化学肥料を多用する傾向が進展してきたことも見逃せない。しかしながら、近年の長江デルタにおいては第一次産業は本質的に第二次および第三次産業の動向に規定されて存在する段階に至っているので、その動向を踏まえた検討が必要である。

第2節 長江デルタの水環境問題と検討すべき課題

長江デルタにおける以上のような経済発展の反面で、その負の側面としての水環境問題の深刻化が重視されてきた。すでに多方面から調査・研究が行われている。それらを踏まえ今日的な課題をここで探っておきたい。まず、董(1988)と水利部太湖流域管理局/中国科学院南京地理与湖泊研究所主編(2000)は、比較的早い段階で太湖周辺の水汚染問題の実態を明らかにし成果である。いずれも地図を駆使して実態を示し、前者は蘇州・無錫・常州等の市域において都市の汚染物質がデルタ地域を特徴付ける河川網(クリーク)を通して、郊外から農村へと周囲に拡散していく状況について考察している。後者は総合的に長江デルタの汚染状況と背景となった指標を駆使してアトラスとしてまとめており、今日の段階から全貌を概観する上で貴重である。張(2006)と趙(2009)は、デルタの面源汚染問題について体系的に論じた。前者は将来における農業発展地域における変化の方向と、面源汚染の解決手段について言及し、後者は太湖流域の総合的な特性を踏まえ、汚染紛争の解決には行政区をまたぐ形の有効な解決策を見出す必要があることを指摘している。また鄭等(2009)は太湖の水質汚染問題に対する規制と対策を論じた。この他、孫(2005)と山田(2011)の報告も長江デルタの水汚染の状況と解決に向けた政策を丁寧に整理・紹介して、見解を述べており参考になる。なお、上海の蘇州河の汚染状況とその対策過程を公開している「夢清館」(上海蘇州河展示中心)も長江デルタの水環境問題の解決方式を理解する上で有益である。

ところで、以上のような研究が行われてきたにも関わらず、基本的な問題解決に向けて研究が十分に進んでいるとは言えない。長江デルタの場合、デルタの複雑な河川・水路システム（第Ⅰ編第3章参照）の中にあって、汚染源が都市や農村からの生活排水、工場排水、さらに農漁業部門からの排水など多面的であることに加え、排水の処理技術やその他の環境対策、また水路の整備や地表の舗装の有無など極めて複雑である。とくに汚染物質を特定しやすい工場排水のような点源汚染に比べ、農漁業サイドから河川や湖水に流出するいわゆる面源汚染問題である。面源汚染問題の解明と対策は対象範囲が広く、例えば窒素や燐等の流出源や流出量の把握が難しく、一方収益性向上のために化学肥料などへの依存が高まる傾向にあることなどを考慮すると、これまでの環境基準を前提にした分析的あるいは演繹的な分析方法では解明が容易ではない。長江デルタの場合産業構造の変化につれて地域と農漁業の生産構造が変わる中にあっては、水環境問題がどのように生成、変化するかについての検討が極めて重要な意味をもつであろう。近年、砂田（2008）が分析から総合の方向を目指す必要性を示唆したのも、こうした点への配慮の意味が込められているように思われる。そこで以下、長江デルタの水環境問題の生成および変化の傾向を検討するため、面源汚染問題にしぼり、農漁業構造の変化と河川水質の変化との関わり合いについて検討する。

第3節　農業構造の変容と河川水質悪化の相互関係

1．調査対象地域

図13-2は、太湖を中心とした長江デルタの土地類型と調査対象とした上海市、蘇州市、嘉興市の位置を示す。同デルタの地形は太湖を中心とした盆地状のところで域内の土地条件は図から明らかなように地域差があり一様ではない。調査の対象とした地域はデルタの東部にあたり、上海市の都市発展の影響がその後背地におよぶ地域変化が最も著しい。

上海、蘇州、嘉興の3市の産業構造は、1980年当時は地域間で大きな産業間格差を有していたが、その後第二次産業の場合1985年、第三次産業は1990年、第一次産業は2000年頃を契機として大きく変化してきた。農林漁業部門

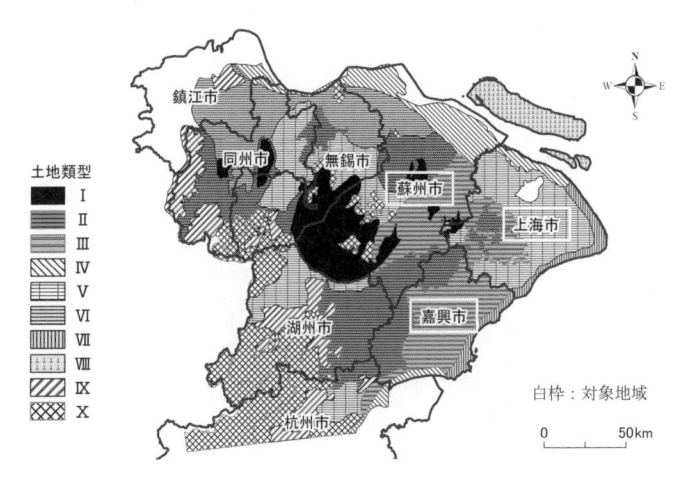

図13-2　長江デルタの土地類型と調査対象地域

Ⅰ湖沼　Ⅱ低湿輪中型　Ⅲ台地・低地型　Ⅳ沿江（海）砂州型　Ⅴ低平地型
Ⅵ台地型　Ⅶ海浜低地型　Ⅷ河口砂州型　Ⅸ階段型　Ⅹ丘陵・山地型

を含む第一次産業の側からみると、非農業部門の経済的比重が高まるのにあわせて、構造変化が引き起こされてきたことを意味するが、地域的にはそうした変化が上海市から蘇州市へ、そして嘉興市へという順序で移行してきたことがわかる（図13-3）。

2. 農業基盤と水質負荷要因の地域変化

　農業構造転換の全体的な傾向を把握するための基本指標として耕地面積を、また陸域に対する負荷要因となる可能性をもつ農業要素として化学肥料の使用量、および肉類と水産物の生産量を取り上げ、それらの動向にどのような地域性がみられるかについて検討した。その際対象地域内の土地条件と社会的な影響が相違することを考慮して、上海、蘇州、嘉興の3市を各県レベルの単位でデータ収集を行った。そのため上海市については資料の欠落があったが考察には大きな支障はないと判断した。全体的な傾向としては上述のような産業構造の変化の方向に対応した地域差が認められること、すなわち個々の市域単位ではなくデルタの広い範囲を対象とした農畜産業の地域分化が発生していることが判明した。

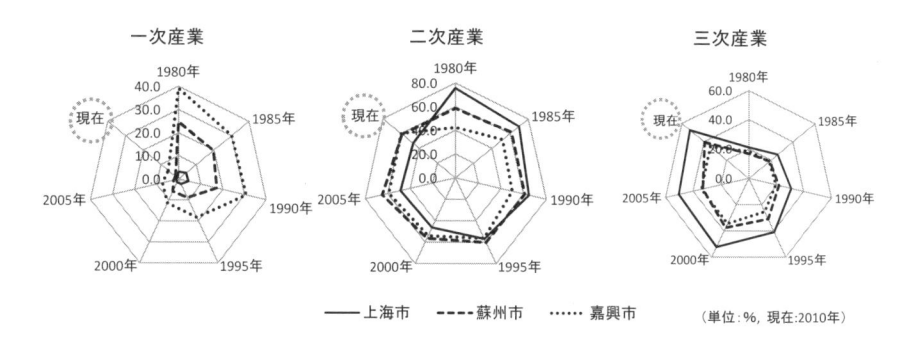

第13章　経済成長と低地帯の水汚染問題の生成構造

図13-3　長江デルタ3市の産業別生産額構成の推移
（各市『統計年鑑』により作成）

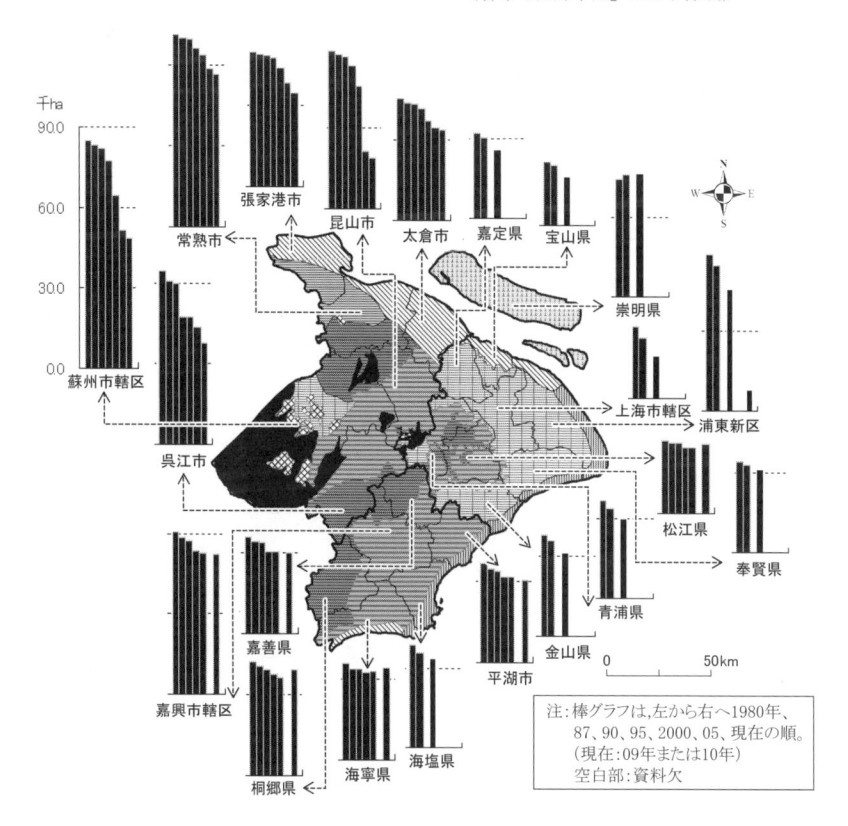

図13-4　耕地面積の推移

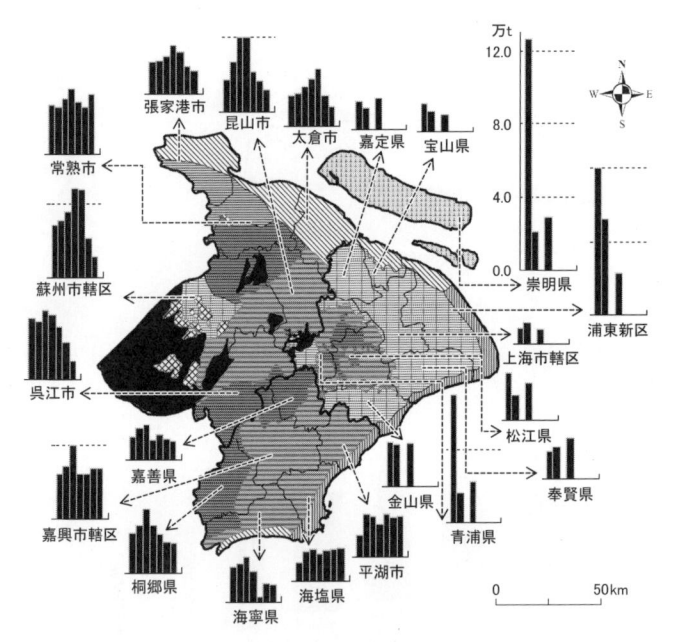

図 13-5　化学肥料使用量
（凡例は図 13-4 を参照）

1）耕地面積と化学肥料使用量

耕地面積の各地区別推移（図 13-4）は、全体に減少傾向にあるが地域差が大きい。開発区の設置などにより工業化が促進された上海の浦東新区、蘇州の昆山市と蘇州市轄区では近年の耕地の減少が著しい。また減少傾向が明瞭である蘇州市域に対して、杭州湾に面した嘉興市域では減少程度は緩慢であり、停滞的な地区も認められ、南北間での地域差も明瞭に確認できた。

化学肥料使用量の地区別推移（図 13-5）は、耕地面積の場合とかなり類似している。これは化学肥料の使用量が耕地面積の減少に応じて減っていることを示している。その大半は野菜部門などではなく、水稲栽培を中心とした穀物栽培面積の減少（および播種面積の減少）を反映している。これは蘇州市において明瞭である。

一方、嘉興市の場合、化学肥料の使用量が嘉興市轄区や海塩県、平湖市においては増加傾向を示す。この場合、後述するように多肥を要する蔬菜園芸など

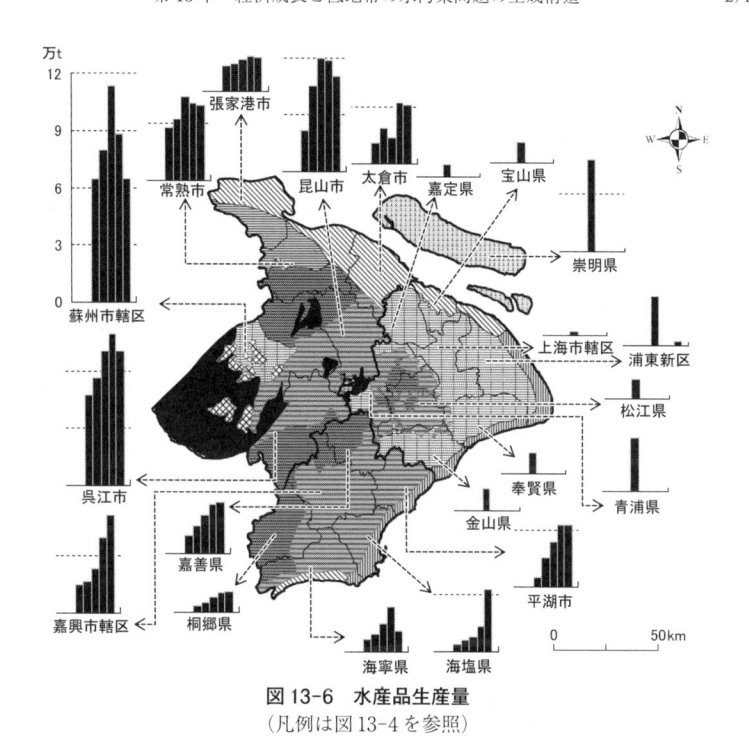

図13-6 水産品生産量
(凡例は図13-4を参照)

の進展を反映した現象であると推定される。

2) 水産物の生産量と肉類の生産量

　水産品生産量の地区別推移と肉類(畜産物)生産量の地区別推移(図13-6、図13-7)も、蘇州市域と嘉興市域の間では明瞭な地域差を伴っている。前者では1980年以降増加基調にあった水産品の生産量が、最近に至って例外なく減少に転ずる傾向を示している。これに対し後者では一貫して増加傾向を持続している。また、肉類(牛、豚、羊)の生産量についても同様の傾向を確認できる。しかも肉の生産は近年急速に増加している。

　なお、以上のような農業要素にみられる推移のパターンと、各地区の土地類型との対応については、明瞭な関係が認められず、むしろ両者の関係を薄める傾向が強い。湖沼地帯を有する蘇州市においては、水産物生産(内水面養殖)が増加を見せてきたが、最近は減少に転じていることもそれを裏付けている。収益性の期待される農漁業部門でも後退が進み始めたことを示している。

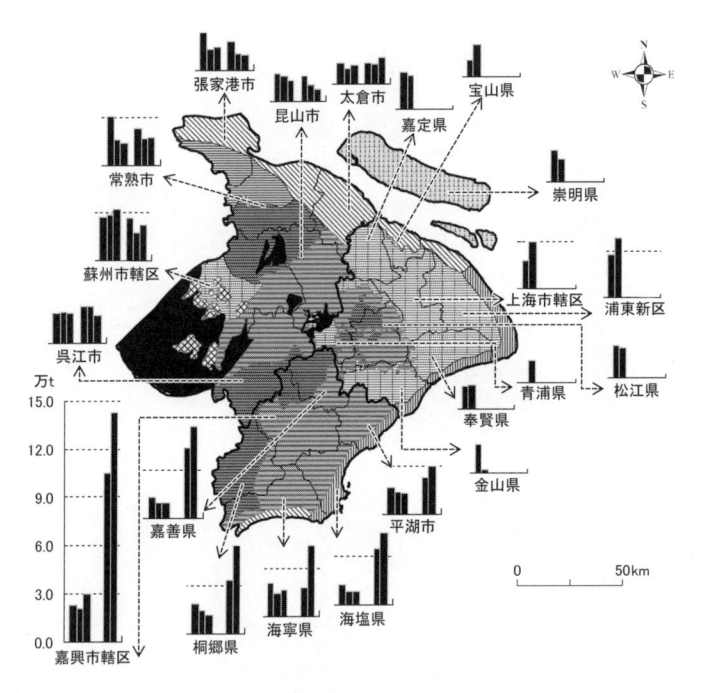

図13-7 肉類(豚、牛、羊)生産量
(凡例は図13-4を参照)

　ここで最近のデータが欠如している上海市の位置づけが問題となるが、上海市の場合すでに1980年代以前から近郊農業が発達しており、経済改革期には蔬菜生産は同市の外縁部(崇明島、市域東部)への立地移動が認められる。水稲栽培についても1980年代までみられた早稲、中稲、晩稲を組み合わせた形態が、1990年代以降急速に晩稲の一期作に変化している。同様の傾向は蘇州市や嘉興市でも認められるが2000年代以降のことである。したがって、3市の農業構造はより高い収益性を期待できる土地利用形成に向け上海→蘇州→嘉興の順で変化してきたとみることができる。このことは農業の変化が順送りに拡大してきたというのではなく、長江デルタ地域全体をベースとした土地利用の地域分化を引き起こしつつ展開してきていることを示すものと考えられる。上海市に隣接する蘇州市と嘉興市の土地利用変化パターンをみると、蘇州市では

[2]　上海師範大学地理系(編)(1979):『上海农业地理』参照。

図示した土地利用関連要素が近年縮小傾向にあるが、嘉興市では増加基調を示しており、明瞭な地域差が認められる。デルタ地域の農業構造転換と環境問題の発生という意味では、蘇州市は早くから地域分化を経験し環境問題に直面してきたのに対して、嘉興市は地域分化の先端的な位置にあっていわば問題地域をなしていることを予測させる。

3. 水質変化の空間的関係

中国国内の水質状況は、水質濃度・利水目的に対応するⅠ～Ⅴ類の五段階の水質基準類型で示される場合が多い。例えば、水道利用目的であれば、Ⅰ～Ⅲ類が求められ、最も低いⅤ類の利水目的は農業用水および不快でない景観の確保となる。また、Ⅴ類を超過する劣Ⅴ類は利水が困難と考えられている。そこで、前節までに示した農業構造の変化、とくに水質に対する主要な負荷要因を構成する化学肥料の使用量、水産品生産、および肉類生産の地域変動の規則性を踏まえ、上海、蘇州、嘉興の各市の河川水のうち水質改善が期待されるⅢ類から劣Ⅴ類に相当する水質の内訳（2005～2010年）がどのような推移を示したかを類型データにより検討した。その結果は図13-8の通りであるが、上述した農業構造変化の地域傾向と明瞭に対応関係がみられることが判明した。まず全体としては劣Ⅴ類の割合が各市と

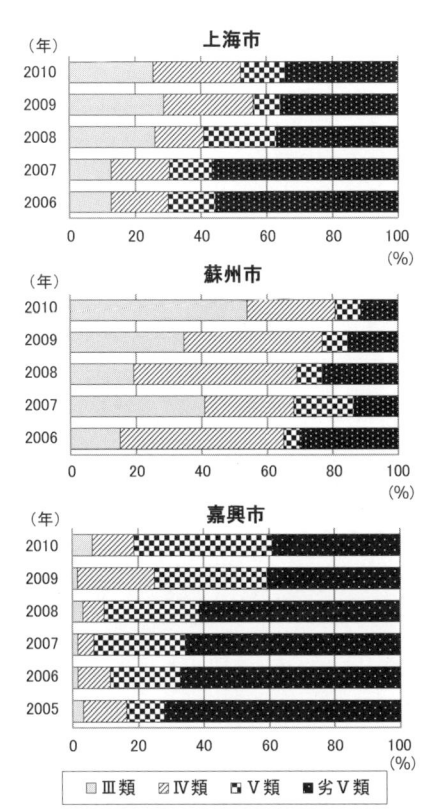

図13-8 上海・蘇州・嘉興3市の水質構成の推移
注：上海市の2010年、蘇州市の2008、09年度Ⅲ類はⅡ類を含む
（各市の「環境状況広報」により作成）

もに減少し、改善傾向がみられる。しかし3市間での水質内容には明瞭な地域差が確認できる。蘇州や上海ではⅤ類や劣Ⅴ類の割合から明らかなように改善が進んでいるが、嘉興市では極めて緩慢であり、両者の割合は80％に達している。逆に水質の良し悪しの判断基準とされるⅢ類についても嘉興市に比べて蘇州市と上海市が高い割合を占めている。注目されるのは上海に比べて蘇州市の改善が進んでいる点であるが、蘇州市の場合工業化が急速に進み面源汚染の影響が軽減されていること、および工業団地における排水処理対策の効果が考えられるが、上海の場合については都市と農村の一体化による居住人口の増加などの影響が反映したものと推察される。ただし上海と蘇州の差については今後さらに検討の必要がある。しかしここでは両市と嘉興市との間の水質に大きな相違に注目したい。嘉興市の場合これまでも指摘してきたように産業構造の高度化という点では後れをとっており、逆に農漁業活動が持されている。それでは嘉興市においてなぜ、近年になって深刻な水環境問題の改善が進まないのか。

第4節　後進性の問題と水環境汚染の生成メカニズム

1. 後進性の問題

　この問題を明らかにするためには、これまでみてきたことを踏まえ長江デルタの地域変化全体の中での嘉興市の地域変化の特徴と役割の変化について検討してみる必要がある。嘉興市は工業化の動きと汚染問題が戦前から存在した上海市や、人民公社解体に前後して郷鎮企業が発展し1990年代以降に海外からの直接投資が先行した蘇南地域に対して、2000年代に入ってから急速に工業化が進展した、他の2市と比べて大きな違いがある。

　長江デルタ全体の経済成長については図13-1に示したが、GDPの対全国増長率（1980〜90年、1990〜2000年、2000〜2006年）は、8.5％（全国7.7％）〜14.4％（同8.9％）〜14.4％（同9.1％）で、急速な成長を遂げてきた。ところがその中にあって嘉興市の経済発展は遅れていた。例えば一人当たりGDPを1980〜90年、1990〜2000年、2000〜2006年の3期にわけデルタに関係する3市省内での動向をみると、嘉興市は1期、2期とも11位であったが、3期には成長

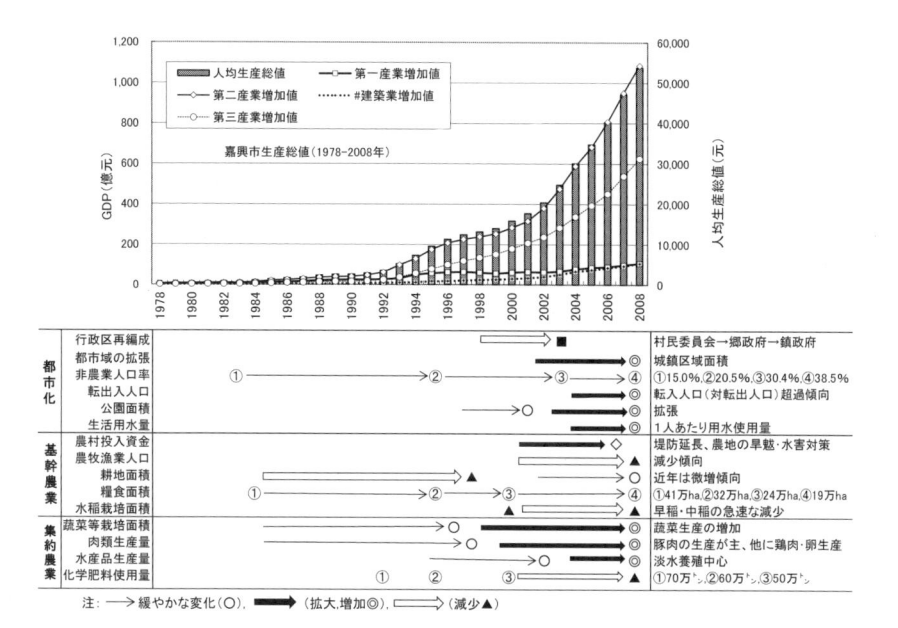

第13章　経済成長と低地帯の水汚染問題の生成構造

図13-9　嘉興市の産業構造の変化と農業・農村の変化過程
（『嘉興市志』、『浙江省水利志』、『嘉興市統計年鑑』等により作成）

率は16.8％を記録し、デルタ全体から見ても蘇州、無錫、舟山とともに急成長するようになった。

2. 複合的な水質汚染構造

図13-9は嘉興市の経済発展に伴う地域変化の状況を示したものである。これより明らかなように、嘉興市では90年代に経済発展の兆しはみえたものの、本格的には2000年以降に大きな地域変化が起こった。依然として農業の比重が高いことは非農業人口率が40％に満たないことから理解できるが、転入人口が転出人口を上回り入超傾向を示し、都市域の拡張や行政域の再編成が進み都市化の傾向が強まってきている。一方農業生産構造は食糧作物の作付面積の減少、稲作における単作化が進み、他方野菜類を中心に集約的な農業の伸びが著しい。2008年の統計では野菜の生産額は食糧作物を上回り、農業部門では第1位の地位を占めている。

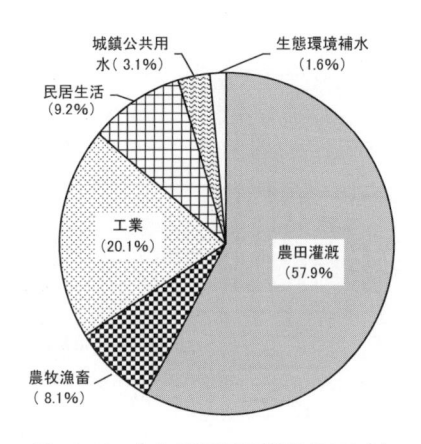

図13-10 全市水資源利用状況(2008年)
(『嘉興市統計年鑑』より作成)

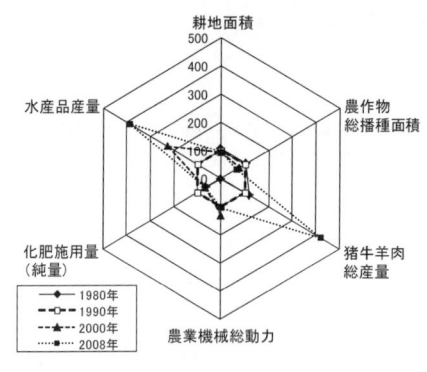

図13-11 嘉興市の農業変化(1990年＝100)
(資料：図13-10参照)

　図13-10は嘉興市の水資源利用状況であるが、57.9％は農地、その他農牧漁畜部門の8.1％を加えると66％は農業に利用されている。したがって、嘉興市における水環境の汚染の問題は農業との関わりが緊密である。その場合、化学肥料の使用量は減少傾向にあるがこれは耕地および食糧作物の減小に対応してみられるもので、単位面積当たりの使用量の減少を示すものではない。とくに注目されるのは上述した野菜生産の伸びと肉類(養豚が主)および水産品(淡水養殖)の急速な増加が大きな特徴となっており(図13-11)、近年の水質汚染を引き起こす要因になっている。この他、工業化や都市化に起因した汚水の処理が遅れていることや、治水上も重要な機能を有しているクリークに急速な工業化・都市化が展開し、クリークを埋め立て、破壊したりする動きが、水質環境汚染を助長している。

　しかしながら、全体として言うならば、嘉興市の水環境の改善が進まない主要な要因は穀物部門の大幅な後退と単作化の反面で、近年の急速な蔬菜生産地化、肉や卵などの生産の急増、そして淡水養殖を中心とした水環境に負荷をもたらす可能性のある部門の著しい成長が認められる。

　この背景には嘉興市内はもとより上海や杭州市をはじめとした地域における農業の後退を受けて、嘉興市における農畜産物生産への期待、言い換えればそれらの商品化が急速に期待されたことが汚染問題の根底にある。つまり、この

ような問題は工業化を先行した地域においては、かつては地域内において発現した現象であったが、今日の段階ではデルタの広い域内で起こり始めたことを物語っている。もちろん、長江デルタ内には嘉興市よりも後進的な位置にある地域もあるが、今後同様のことが起こりうるであろう。一方、上海市内や蘇州市内においても、開発区域に入らなかった地域にあっては同様の問題が生じている。

むすび

　長江デルタは中国社会の歴史的発展過程において食糧基地として重要な役割を果たしてきた地域である。しかし現代化政策の開始以後現在までの約30年の間に急激な工業化と巨大な都市化が進行し、地域社会のしくみや産業構造が激変してきた。水質汚染を主とした環境問題の深刻化は、その影響が飲料水の確保をはじめ多方面に及ぶようになった。巨大な工業化・都市化の矛盾の問題という性格が強く表れている。

　本章における考察の結果、長江デルタの陸域負荷の問題はデルタ全体における産業構造の変容過程（あるいは再編成の過程）で生じてくる地域問題であり、いわば地域変化の方向性に規定されて、それぞれ異なった地域的意味と構造をともなって発生する現象であることが明らかになった。今日、問題が最も先鋭的に現れている嘉興市では工業化と都市化、農畜水産業の変容の下で当該地域内外の要請を受けて同時的・複合的に生じている現象である。したがって将来に向けた環境管理手法を構築するためには、汚染源の特定とその処理対策、あるいは規制の強化という短期的な側面への関心のみではなく、環境負荷をもたらす地域変化のメカニズムの認識と評価が重要なポイントになるであろう。

<文　献>

季増民（2004）:『変貌する中国の都市と農村』、芦書房。
砂田憲吾（2008）:「流域水研究の新しい流れ」、『アジアの流域水問題』、技報堂出版、
　　297-301頁。
孫彤（2005）:「長江デルタにおける環境問題—太湖を例として」、広島経済大学経済研究

論集 27(4)、79-94 頁。

鄭正・柏益堯・銭新・羅興章・崔益武・左玉輝 (2009):「流入河川による太湖の水質汚染に対する規制と対策」、中尾正義・銭新・鄭躍軍(編)『中国の水環境問題―開発のもたらす水不足』、勉成出版、89-108 頁。

元木 靖 (2011):「長江流域の環境史(3)―太湖平原良渚遺跡周辺の灌漑水利変容」、経済学季報(立正大学) 61(1)、25-62 頁。

山田七絵 (2011):「中国における流域の環境保全・再生に向けたガバナンス―太湖流域へのアプローチ」、『中国における農村面源汚染問題の現状と対策』、アジア経済研究所調査報告書、31-55 頁。

董雅文 (1988):「太湖流域水土资源及农业发展远景研究」、中国科学院南京地理研究所与湖研究所(编)、科学出版社、161-171 頁。

上海师范大学地理系(编) (1979):『上海农业地理』、上海科学技术出版社。

水利部太湖流域管理局中国科学院南京地理与湖泊研究所(主编) (2000):『太湖生态环境地图集』、科学出版社。

张宏艳(2006):『发达地区农村面源污染的经济学研究』、经济出版社。

赵来军(2009):『我国湖泊流域跨行政区水环境协同管理研究―以太湖流域为例』、复旦大学出版社。

Zheng, Y., Chen, T. Cai, J., and Liu, S. (2009): "Regional Concentration and Region-Based Urban Transition: China's Mega-Urban Region Formation in the 1990s", *Urban Geography* 30(3), 312-333.

第14章　乾燥世界の地域変容と水利競合
―新疆ウイグル自治区のオアシス―

はじめに

　中国の周辺地域は、漢民族世界の中心をなす東部の農耕地帯からみると、歴史的には漢民族以外の民族が牧畜と農耕を基礎に生活を展開してきた乾燥の世界である。しかし、近年、中国の経済成長の過程で広域的な経済システムに組み入れられ、都市化や鉱工業開発、あるいは観光開発の動きが各地にみられる。もちろん全体としては農牧業区としての性格が強い。本章ではその代表的な地域として新疆ウイグル自治区(以下、「新疆」と略称)のオアシス世界に注目する。まず、新疆にあって重要な位置を占めるオアシスの重要性と水との関係を明らかにし、つぎに最も水を多用する水田稲作とその維持機構について紹介する。最後にグローバル経済が浸透する中での水問題について、水と稲作との関連で新たな動向を明らかにする。

第1節　乾燥世界におけるオアシスの重要性

　乾燥地域としての新疆ウイグル自治区は、中国西北部に位置し、総土地面積が166万km^2(中国の6分の1、日本の4倍以上)に達する広大な地域である。中央部を東西に走る天山山脈は新疆を、いわゆる南疆と北疆に分け、北側のアルタイ山脈との間にジュンガル盆地、南側の崑崙山脈との間には巨大なタリム盆地をつくり、さらに天山山脈の東部にはトルファン盆地、西部には伊犁河谷が発達する(図14-1)。重要なことはこのような盆地が非モンスーンの世界として存在することである。降水量は年平均で約150mm程度という、いわゆる"水少地多"の地であって、各盆地には広大な砂漠が発達する。このため、もともと自然のままでの農耕は容易ではなく、原住民は遊牧を主とし、農耕は副

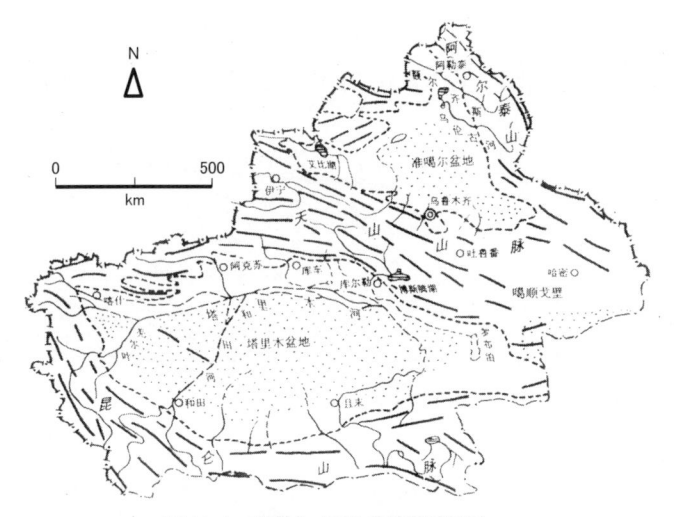

図14-1　新疆ウイグル自治区の地形
（袁・李 1998: 図1による）

業的にしか行っていなかったといわれる[1]。

　人びとはこのような環境の下で、定着して農牧を行えるような場所を見出し、それを徐々に拡大してきた。そのような場所がオアシスである。中国ではオアシスを"緑洲"と称するが、新疆のオアシスは半乾燥と砂漠とが

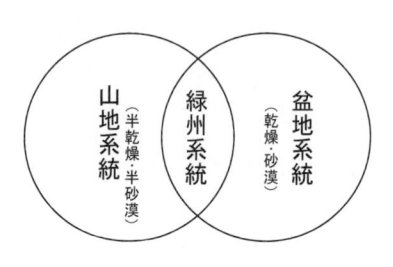

図14-2　オアシス（緑洲）の概念図
（钱・郝主編1999: 11より引用）

交錯する地帯に存在する、いわば緑の島である（図14-2）。日本（という島国）が大海で囲まれているのに似て、外部に向かっての人間活動は大きく制約されている。

　筆者は、開通後間もない南疆鉄道でコルラから終着駅のカシュガル方面に向かったときの印象が、今も強くこころに残っている。車窓の左手には大規模な移動砂丘を固定するために仕立てられた格子状の柵とその中の植生、右手には融雪水が一挙に洪水となって流下するときの災害防止のための、木製やコンク

---

1) 例えば、保柳（1961）を参照。

リート製の水制工が目を引いた。この姿は日本において海岸に防波堤を築き、山地から流出する河川に水害防止のための治水対策に大きな努力が払われていることと、まったく違わない。人びとの暮らしの環境がこうした自然との向き合いの中で維持されている。だが、新疆特有の水利の限界性という制約は日本とは対照的なほど厳しい。土地利用研究においては、どのような課題に対してであれ自然-人間関係の見きわめが常に問われるが、この意味において、急変する中国のなかの新疆のオアシスの動向は、単に特殊な事例としてではなく、より一般的な現代の課題を考えるための事例としても重要な意義をもちうると考える。

ところで、新疆におけるオアシスの面積は、銭・郝(1999)によると、新疆の総土地面積(166万 km^2)の8.89％(14.76万 km^2)であり、日本の国土面積の4割弱に過ぎない。しかも、土地利用上オアシスは、人工オアシス(耕地、園地、人工林、人工草地、住宅地、鉱工業地、交通道路、ダム、人工用排水路等)と、天然オアシス(平原の河谷林、平原灌木林、平原草地、湖沼等)に二分され、それぞれの面積は前者が6.82万 km^2(日本のほぼ東北地方に相当)、後者が7.93万 km^2(北海道に相当)である。

新疆におけるオアシスを6つに地域区分し、それぞれのオアシスの土地利用状況をみると、地域により規模(オアシスの広がり)や土地利用に地域差があることがわかる。オアシスの規模は、タリム盆地のオアシス(崑崙北麓、天山南麓)が大きく、次いでジュンガル盆地のオアシス(天山北麓、阿尓泰南麓)、伊犁河谷、トルファン盆地の順となっている。土地利用の内容については、耕地化率を例にとると伊犁では50％を超えるが、トルファンでは13％程度にとどまっている。また天山の南麓に比べて北麓が高い点も注目されよう。

オアシスの土地利用にみられるこのような相違は、基本的には自然(水)環境に由来するが、もともとこのような比率が決まっていたわけではない。

第2節　オアシスを左右する水と人口と経済

オアシス世界では、水利の可能性が人びとの生存の可能性を左右するほど重要な役割を担っている。原初的には、新疆の人びとの暮らしは水を求めて、水

の得やすい場所に成立してきた。そのような場所がいわゆるオアシスである。灌漑に要する水は、春に山地から流出する融雲水や、それらがいったん伏流水となって地下に貯えられ、再び湧水となって出現する泉、あるいは地下水などに求められる。今日でも、水田の場合はもちろんであるが、畑についてもほとんどは灌漑された農地（水淺地）が、高い比率を占めている。その比率は1949年で94％、経済改革がスタートした1978年でも92.3％と、ほとんど変わっていない。中国平均の水淺地の割合（対畑地）は1949年にはわずか4.2％で、1978年には上昇したものの30.1％にとどまっており、新疆の割合のみが突出している。新疆においては灌漑が農業発展の根本条件であり、「灌漑がなければ新疆農業はない」と言われる所以である。

水資源については既述のように、天水は不規則であり極めて乏しいため、泉水（aq su）か河水（qara su）に求めねばならない。しかし泉水は水量に乏しいので、灌漑水は融雪水を運ぶ河川に頼らねばならない。実際、水源のうちでは全灌漑面積の約91％を河川に依存しており、「河川」こそが決定的に重要な位置を占めている。堀（1984）は南疆の例にもとづきオアシスの成立とその発展・拡大の基本的条件は、こうした河川への依存が主で、2000年の間に大きな差がなかったのではあるまいかという。灌漑水路の管理は集団で行われ、各農家の水利権は灌漑水路の浚渫や修繕に対する貢献度につながる労働の量、および配水量に応じて決められていた（Chang 1949）[2]。

こうした水利環境の下で、中華人民共和国成立前のオアシスの農業は、放牧以外では単作型冬小麦地域、単作春小麦地域、単作小麦または米地域、綿花、養蚕、2年3作小麦とコーリャン地域など、多様な土地利用を展開していた。副業としての牧畜はタリム盆地よりもジュンガル盆地において重要であった。綿花はタリム盆地とトルファン低地において広く栽培され、家内工業的な紡績や機織りと農業とが密接に関係していた。こうした多様な土地利用が穀物栽培を中心に営まれていたのである。ただし、それは必ずしも閉鎖経済とということは同義ではない。ウルムチ周辺の需要に合わせた園芸農業、あるいはトルファンの谷間で輸出用に行われるブドウ栽培、メルケット、ヤールカンド、

---

[2] 有名なトルファンのカレーズは、そのような人びとの水との関わり合いを象徴的に物語っている。

トルファン、カラカシュのような主立った綿花生産地域においては、綿花の専門化の動きも一部にみられた(Chang 1949)。

このようなオアシスの土地利用は、水利の開発と密接に連動して成り立ってきたのであるが、それを規定してきたのは人口の動向である。清末以降、すなわち清の光緒10年(1884年)に、新疆省(新開疆土)が設けられた時期以降、漢族の移住が政策的に促進されるようになった。新疆政府の人口調査によると、1940～1941年における新疆の総人口は373万51人でそのうちの75％はタリム盆地に住んでいた。しかも非漢民族系の人びとが多数を占め、ウイグル族80％、カザフ族9％、漢族5％、その他6％という構成で、1950年の人口比で南疆が71％、北疆は29％であった。しかし中華人民共和国成立後、新疆における漢族人口が爆発的に膨張しつづけ、その総人口は1950年の30.58万人から、1999年の687.15万人へと49年間で22.5倍に増え、ウイグル族と漢族との人口比はほとんど拮抗するまでに変化してきた。[3]また南北の人口構成は1980年に逆転、北疆が54％、南疆が46％となった。これは南疆がより悪い自然条件の下にあるため、農業生産その他の人間活動に制約があるためである(吉野1997)とされているが、この間の漢族の大量の移入があったことは見逃せない。

新疆への移住に組織的な受け皿となったのが、いわゆる新疆生産建設兵団である。[4]そして生産建設兵団は新疆の各地に拠点を設け、農業開発を推進してきた。しかし、水資源の確保をめぐるウイグル人農民とのトラブルを避けるために、オアシス河川の下流域に入植する方針をとったといわれる。最近の傾向として注目すべき点は、漢族の地域的な分布の態様についてである。その第1は北疆にその重心が偏っているということ、第2は南疆の場合でも都市部への集中傾向が強いことである(新免 2003)。さらに改革開放以後、全国経済区域の区分と戦略計画が進められ、新疆を一つの経済区域と位置づけ、国家の地域開発戦略の核を育成する一方、潜在的有利性を総合的に開発する方向性を明確に

---

[3] ちなみに、新疆の2007年現在の人口は2,095.19万人、うち都市人口は39.2％(820.27万人)、民族別ではウイグル人が965.06万人(46.1％)、と漢族823.93万人(39.3％)のみで85.4％を占め、他にカザフ族148.29万人、回族94.3万人が続く。

[4] 1950年から辺境の防衛と開発をかねて、ジュンガル盆地やタリム盆地で開墾・建設事業に従事したことに遡る。1953年、新疆における解放軍の組織は大規模に再編成され、大きく国防部隊と生産部隊の2つに分けられた。この生産部隊を母体として54年に発足したのが、新疆生産建設兵団である。

してきた。その中心として天山北麓のウルムチ(烏魯木斉)市は市域を拡大させ、かつ都市圏を形成しつつある。南疆ではまだそこまでは至っていないが、アクス(阿克蘇)地区が第2の中心都市を形成する傾向にある(馬・張 2006)。

ところで、今日の新疆では、周(1995)によれば、農業の引水量はすでに新疆の利用可能な水資源量の70％を占め、しかも1990年代以来工業、都市生活用水と石油開発に要する水需要が大幅に増加してきた。水資源の需給矛盾は日増しに高まるいっぽうで、現有の水利施設の貯水能力からみて河川からの引水量は極限状態にある。

その影響を直接に受けたのはオアシスの農業部門、とくに新疆のオアシスにおいて昔から一定の位置を占めてきた稲作の動向が注目される。稲作は水利の制約を受け減少傾向にあるが、全体的には持続している。一つは地下水利用を強化する方法、もう一つは節水型の稲作の導入によっている。

第3節　オアシス農業と社会変化への対応──水稲作に注目して──

1. 新疆の稲作分布と意義

新疆における稲作は、中国の水稲栽培地域の区分からみると、北疆(北部の極早稲水稲品種区、南部の早稲区、中熟水稲品種区)に比べ、南疆(北部の早熟、中熟、晩熟水稲品種区、西南部早熟、中熟、晩熟水稲品および複播水稲区)が作期に恵まれている。降水量からみると、南疆は年平均100 mm程度であるのに対して、北疆は200 mm、とくにイリ地区では350 mm以上となり、北疆が恵まれている。ただし、既述のように、新疆の基本的な水資源は降水量ではなく、山地の氷河や積雪起源の融雲水に依存しているので稲作を左右する条件とはなっていない。

新疆農業の中でも水稲の播種面積は2001年当時で2.33％、その生産量は2.53％であり、近年ではさらに減少傾向にある。しかし、新疆における稲作は天山山麓の周辺地域を中心に同自治区の16の区、自治州、開拓建設兵団のうち13の地域で行われている(図14-3)。このことは、稲作が人びとの暮らしと深い関わりがあることを示している。例えば、ウイグル族の伝統食として、小麦を原料としたナン(nan)とラグメン(leghmen)に加えて、ポロ(polo)がある。

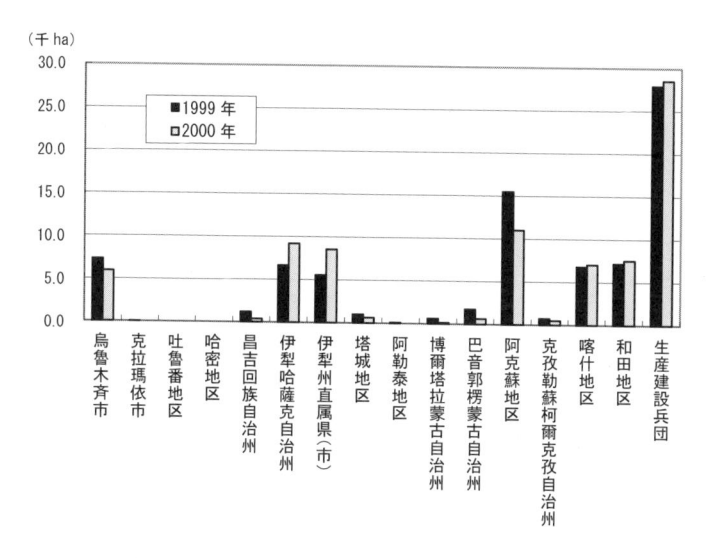

図14-3　新疆ウイグル自治区における水稲播種面積の分布
（『新疆維吾爾自治区統計年鑑』より作成）

ポロは米料理で、油と人参、肉を使用して作る炊きこみご飯である。これは湿潤な世界の米と乾燥世界の肉とを組み合わせ、人参は両者を結びつけるようにもみえる。伝統食であると同時に、風土食とみることができる。ウイグル族の間ではポロは、客に対し最高の敬意を表明する食べ物とされている。また、子どもの誕生や葬儀の時にも食されるという。米はウイグル族には日本のハレの日における糯米のような役割をもっている。また増加する漢民族や回族には主食として米が求められることは言うまでもない。

ところで、新疆における稲作の存在を県レベルまで詳細にみると、天山南麓の温宿県を筆頭に、同北麓の米泉市、伊犁河谷のチャプチャール県では、稲作が土地利用上も重要な位置にある。このうち、温宿県では少なくとも2000年前から稲作がみられる。なお南疆のアクス川下流では開拓建設兵団による大規模な棉花栽培地域が形成される一方で、灌漑による土壌の塩類化防止策をかねた水田形成も進んでいる。米泉県の稲作はその温宿から導入されたといわれるが、日本の水田と見間違いそうな水田が展開している。チャプチャール県の稲作は、開発が新しく、伊犁河の沖積低地の湿地帯を対象とした水田形成が進行

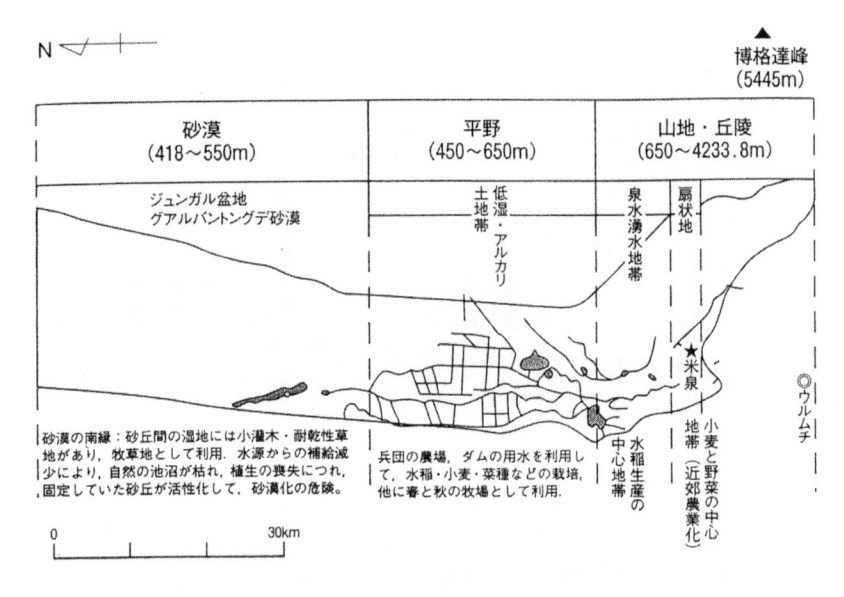

図14-4 米泉市の地域区分と土地利用
(現地調査、米泉市資料により作成)

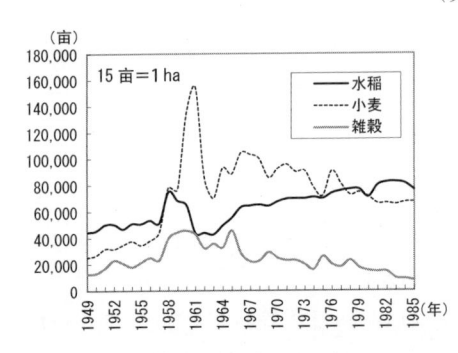

図14-5 米泉県における穀物栽培面積の変遷
(米泉県政府資料により作成)

している。

2. 米泉の稲作と持続のメカニズム

　筆者は、米泉市の稲作の動向について1997年8月下旬と2000年9月上旬に現地調査を行った。調査時点に米泉市は区都ウルムチ市の北郊17kmに位置する人口13.9万人(2000年)の地域で、昌吉自治州内の核心的な稲作地域であった。稲作は漢民族の他、回族が主に従事し、雑穀や小麦に比べ主要な地位を占めるようになってきた。ウルムチ市の北側に細長く伸びた米泉市の市域の地形は、南から北へ山地・丘陵地、扇状性台地とその前面に広がる沖積低地、さらに砂漠の3地域に区分される(図14-4)。稲作は扇状地前面のレスに囲まれた低地で最も

第14章　乾燥世界の地域変容と水利競合

写真14-1　深井戸による地下水汲みあげ（灌漑）の様子

盛んであり、つづいて開拓建設兵団が平地ダムと用水路を建設しながら開いた水田が分布する。

　米泉市の稲作の特徴として以下の3点が注目されよう。第1に、1980年に入って主要穀物の中での水稲の地位の向上が認められる（図14-5）。第2に稲作の経営については、まず典型農家の一例（1997年調査）を挙げると、作付

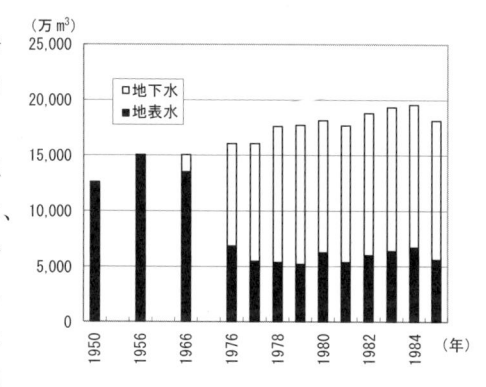

図14-6　米泉県における農業用水の変遷

品種はアキヒカリ、ハヤニシキ、あきたこまちが採用されており、育苗はハウス内で行い、移植には田植機（8割の農家に普及）が使われていた。作期は4月上旬に播種、5月上旬田植、9月上旬収穫という状況であった。一人当たり耕作面積については、1～2ムーで年収は3,000元／人あり、総収入の3分の1を占めていた。

　灌漑については、水源は地下水が主である（写真14-1）。ただし、以前は60～80ｍから取水していたが、現在では工業化、都市化の影響で地下水位が低

写真14-2 「あきたこまち」を栽培する水田

下したため地下100〜200mから取水している。当地域の水利は1960年代までは地表水が中心であったが、1970年代以降には地下水依存（1つの井戸掘削費：5万元）の傾向が強まってきている（図14-6）。これはウルムチ市の都市化（上流部へのダム建設）によるウルムチ川の水量の減少、および工業化に伴う農業用水の汚染などへの対応の結果である。

　第3に、米泉における水田農業の存続条件として、日本の寒冷地稲作技術の導入の影響が極めて大きいことが判明した[5]。生産力の向上と節水稲作に寄与した「畑苗移植」の普及と、商品化稲作の展開に寄与した「良質品種」（例えば、あきたこまち）の導入が経営改善の主力となっている。前者についていえば、育苗は伝統的に水苗代でおこなってきたのであるが、その部分でも日本の

---

5) ちなみに、日本の稲作が天山の麓にまで伝えられたのは、一言でいえば中国の経済改革の賜とみることができる。その経緯は1960年代には在来の品種が作付けられていたが、1965年に水稲の品種比較試験を開始し、1970年代に寧夏、広交10号等の他地域の品種が導入された。その後、1979年春、吉林省公主嶺で開催された日中水稲交流会（日本代表団団長‥田中稔）に参加し、日本の北方機械栽培稲作技術を習得した。そうして、1980年代に入って日本品種（アキヒカリ、ハヤニシキ）が吉林省（公主嶺）から導入された。さらに、1993年にあきたこまちが導入される。現在、日本の品種は10種類あるが、東北の遼寧省から導入した品種と合わせて20種類の比較試験中であり、収量が伸びればさらに増える可能性があるという。

畑苗代の方式が水資源の節約に、大きく貢献している。また後者についていえば「あきたこまち」は、経済価値の高い良質米として歓迎されていた(写真14-2)。

最後に、水田がこれから増える可能性は少ないため、将来の課題は品質を良くして販売価格を高めることであるという。注目すべき点は、懸念されつつある地下水の枯渇問題、および他種水利との競合問題であり、そしてこれらの問題に対してどのような地域政策が取られるかに、鍵が握られている。ちなみに長期的には水源となる氷河の動向にも関心が向けられてきている。

第4節　新疆農業の土地利用変化にみる、水-人間関係の変化

中国では1978年末にスタートした改革・開放政策がスタートして以降、すでに30年以上が経過した。人びとの暮らしぶりは東部の大都市や周辺地域では一変した様相を呈している。新疆においても鉄道や道路の整備が進み、都市化の動きが顕著で、貿易も盛んになってきている。新疆の土地利用における重要部分を構成する農産物のうち、主な作物の播種面積と生産量を1980年と2007年で比較してみると、はげしい消長、あるいは格差が現れてきていることに気づく。

播種面積では、中国の食糧を代表する小麦、水稲、トウモロコシとともに、油料作物の面積が減少し、他方それ以外の作物が増加する傾向が明らかである。わけても小麦の大幅な減少の反面、棉花の著しい増加という構造変化が特筆される。これは、一応基本的な食糧が充たされ、経済作物(あるいは商品化が期待できる作物)が伸び始めてきたことを示している。

国家の戦略作物となった棉花の大幅な増加を示していることはよく知られているが、食糧部門の中での米と小麦の関わりをみると、米の生産の伸びが著しい。播種面積では小麦はマイナス53％とほぼ半減したのに対して、米はマイナス28％にとどまっただけでなく、生産量では米は144％(3倍)に達する増加ぶりであったが、小麦についてはその半分であった。いずれにしても、経済改革の進行の結果、巨大な変化が起きてきていることがわかる。

ところで、主要12作物構成の地域的動向については、大きくは南疆と北疆

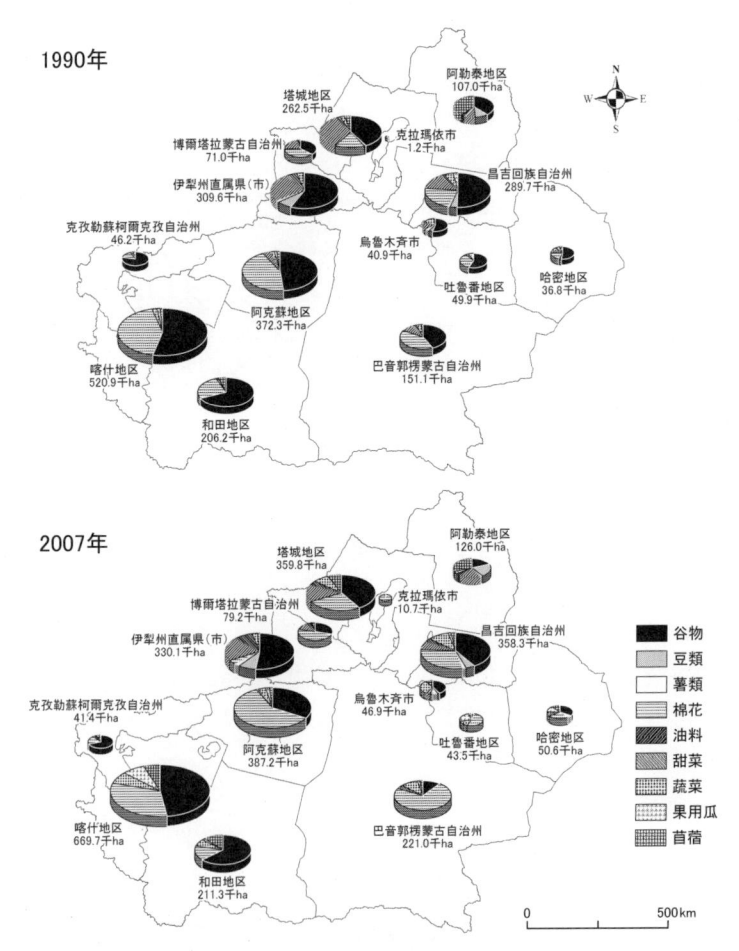

図14-7 新疆における主要農作物播種面積構成の変化
(『新疆統計年鑑』2000、2008年より作成)

の差が目立ち、前者よりも後者が多様な構成を示している(図14-7)。棉花は広い範囲にみられるが南疆において大きく成長し、北疆の場合は新しい耕地の開拓が進んだ結果でもある。食糧作物についてみると、どこでも小麦の後退とトウモロコシの割合の高まりが特徴的である。しかし水稲については、従来から新疆の中でも水環境に恵まれたアクス(温宿を含む)、ウルムチ(米泉を含む)の減少が目立つ。これは両地域が近年の都市化の傾向を進めている地域であり、

その影響が水稲栽培にとって最も恵まれた地域に生じてきたことを意味する。

この結果が新疆全体での水稲の播種面積の減少を導いたことがわかる。しかし減少が大きくならなかったのは、都市化の影響の少ない地区での増加傾向によることが明らかである。具体的にいえば播種面積の増加が認められるパターンとして3類型がある。第1は伊犂については、比較的恵まれた環境の下で、未開であった低湿地の水田化が進められた影響が多いものと考えられる。第2のケースは事例としてあげた米泉の例、およびアクス地区での棉花栽培との絡みで大規模な用水路が建設され、水田が増加した絡果とみられる。これに対して第3の、カシュガルから和田にかけた地域で水稲作付が伸びている。しかしこのことについては不明の点が多い。しかしながら、これらの地区においては水利開発が進んでおり（澤田 2001）、広範な小麦の作付けが減少した反面生産性が高く、人びとの暮らしにおいても欠かせない米が伸びる余地ができてきたためではないかとみられる。

むすび

中国では経済改革の影響が全国に波及するにつれ、乾燥限界地に向けた土地開発が国レベルの地域分化政策の一環として進められている。本章では、新疆ウイグル自治区内部における地域構造の変化の一端をオアシス世界に着目して検討した。その結果新疆における土地利用は、大規模な棉花栽培地域の開発に象徴されるように、著しい変化を遂げてきたことを指摘した。こうした変化を支えてきたのが水利技術や重機を利用した土地開発技術の進歩、節水技術や化学肥料の利用を含めた経営技術の進歩、さらに農業機械化の進展等の近代技術であった。それによって、いわゆる人工オアシス地域が大きく拡大された。しかしながら、厳しい乾燥地域の中にあってこのような変化は都市と農村、水を多用する農業と一般の灌漑畑作農業との水利の競合を大きくさせ、自然環境との間に培ってきた水利用秩序の混乱を招くようになっている。本章で注目した稲作が地下水依存を高めたことはその一つの事例であるが、広くみるならば生態学的に不安定なオアシス世界の中に水と人間との不安定な関係を刻みつけ、拡大させる変化が起きている。この動きは、新疆のような限界的な乾燥地域に

おいては将来に向けて重要な問題となるのではないかと危惧される。

<文　献>

熊谷瑞穂（2004）:「ナンをめぐる中国新疆のウィグル族の食事文化」、文化人類学 69(1)、1-24 頁。

澤田裕之（2001）:『タクラマカン砂漠と住民生活』、沖縄国際大学公開講座委員会。

司馬義・阿布力米提（2005）:「新疆ウィグル自治区経済の現状と課題(上)」、世界経済評論 12 月号、54-59 頁。

地理調査所地図部（編）（1955）:『地理双書　日本の土地利用』、古今書院。

保柳睦美（1961）:「辺境」、冨田芳郎（編）『中国とその周辺』（新世界地理第 3 巻）、朝倉書店、212-284 頁。

新免　康（2003）:「中華人民共和国期における新疆への漢族の移住とウイグル人の文化」、塚田誠之（編）『民族の移動と文化の動態—中国周縁地域の歴史と現在』、風響社、479-533 頁。

堀　直（1984）:「回疆の水資源に関する覚え書き—『新疆図志』「溝渠志」の整理を通じて—」、中国水利志研究会編『佐藤博士退官記念中国水利志論叢』、国書刊行会、422-444 頁。

元木　靖・ニザム, B.（2003）:「経済改革下における農耕社会の変化が牧畜社会に及ぼした影響—中国・新疆ウイグル自治区の事例研究」、埼玉大学教養学部紀要 38-2、157-182 頁。

吉野正敏（1997）:『中国の砂漠化』、大明堂。

馬海霞・張宝山（2006）:「新疆経済区划与天山南北坡経済帯的形成」、地域研究与开发 25(4)、48-52 頁。

銭云・郝毓灵（主編）（1999）:『新疆绿洲』、新疆人民出版社。

新疆維吾尔自治区地方志編纂委員会・《新疆通志・農業志》編纂委員会（1994）:『新疆通志 第三十巻 農業志』、新疆人民出版社。

袁国映・李卫红（編）（1998）:『新疆自然环境保护与保护区』、新疆科技卫生出版社。

周宏飞（1995）:「新疆发展绿洲节水灌溉農業途径的探付」、中国科学院新疆地理研究所（編）『干早地区資源环境与绿洲研究』、科学出版社、133-138 頁。

Chang, C.-Y. (1949): "Land Utilization and Settlement Possibilities in Sinkiang", *Geographical Review* 39(1), 57-75.

Sawada, H. (2003): "The Irrrigation Agriculture in the Minfeng Oasis, the Taklamakan Desert", 立正大学大学院地球環境科学研究科紀要 第 3 号、59-69 頁。

第15章
農耕社会の変容と牧畜社会の草原破壊
―新疆ウイグル自治区グルジャ県―

はじめに

　本章では、前章に続いて、漢民族世界の中心をなしてきた東部の農耕地帯からみると周辺部に位置し、歴史的には漢民族以外の民族が牧畜などを基礎に生活を展開してきた典型地域として、新疆ウイグル自治区のグルジャ（Ghulja；伊寧）県をとりあげる。対象地域はオアシス世界とは異なり、農耕地帯と牧畜地帯が地形的・気候的な環境条件の違いのもとで、伝統的に棲み分け、異なった地域社会を作りあげてきたところである。しかし、経済改革が進む中で、とりわけ1999年頃からの「西部大開発」政策以降食糧問題が解決されるにいたって、牧畜社会との接触が緊密化するにつれ、牧畜の基盤である草原破壊の問題が発生した。中国の内陸部（とくに周辺）は記述のように巨大な乾燥の地域や傾斜地が控えているのでこれまでにも深刻な環境問題に直面することが予想されてきた（例えば、元木1990、Sumil 1933: 244）のであるが、本章ではその具体例を提示し、実態を解明する。

第1節　グルジャ県の立地環境

　事例としたグルジャ県は、自治区の首府ウルムチ市から西約700 km、カザフスタン共和国との国境の町コルガス（Khorghas、霍尔果斯）からは約80 km

---

1)　1999年6月17日、江沢民国家主席は以下のような西部地域開発の総合原則「西部大開発」を指示した。
　①中央政府が移転支払いの方法で財政支援を行うこと。
　②外国技術・外資の導入および利用も積極的に推進すること。
　③西部に対する開発は、水資源の開発およびそれに対する有効利用を重点にすると共に、生態系を保全する自然環境の改善、教育および実用技術の普及、インフラの整備などの面から総合計画を立てて実行することである（馬 2000）。

図15-1　グルジャ県の位置

の距離にある(図15-1)。グルジャ県の総面積は6,253 km²で、県域は天山山脈から流れるイリ(Ili、伊犁)河右岸の低平地とその北側に続く山地から構成されている。

　グルジャ県の地勢は北高・南低で、全体として北東から南西に傾斜している。地形的には、標高900 m前後を境に山地と平地に分けられる(図15-2)。

　山地は標高900 mから3,600 mまで及んでおり、その面積は県域の約76％を占める。山地のうち標高1,500 mから3,600 mの比較的高い山地には部分的に天然針葉樹林が認められるが、全体として草地がよく発達し、夏季の放牧場になっている。これに対して標高900 mから1,500 mの低山・丘陵地帯は、標高の低下につれ植披が少なくなり、「荒漠草原」を形成しており、春と秋の放牧地になっている。

　平地は、標高900 m以下の地帯で県総面積の約24％を占める。主に山麓の扇状地性の台地(標高800〜900 m)とイリ(伊犁)河・カシ(喀什)河の沖積低地(700〜800 m)からなる。前者は低山・丘陵地帯は比較的高燥な地形が広がっている。後者はイリ河右岸の比較的平坦な地帯土壌が厚く発達しグルジャ県における主要な農耕地帯を形成している。

　グルジャ県の気候は乾燥した大陸性気候に属する。年平均気温は9.1℃であるが、1月は-7.6℃で、7月は22.6℃で年間の気温較差が大きい。年平均降水

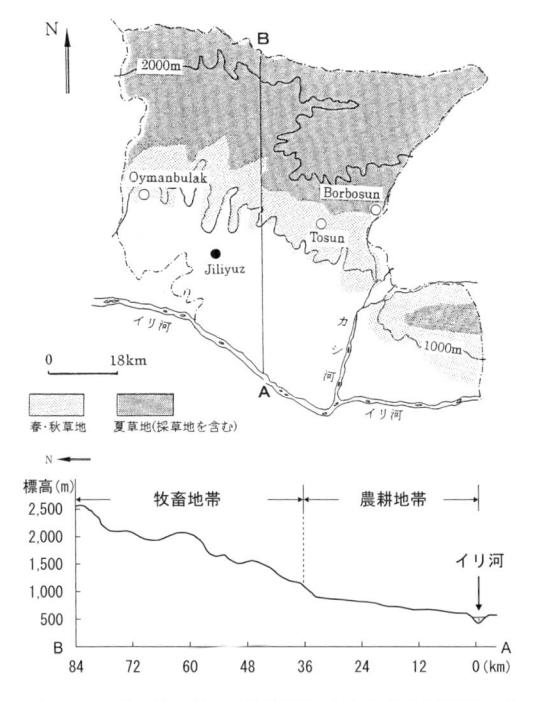

第 15 章　農耕社会の変容と牧畜社会の草原破壊　　　　　　　　　　　　295

図 15-2　グルジャ県の地形断面図（上）と南北縦断面（下）

表 15-1　グルジャ県における農牧業（2001 年）

	グルジャ県	新疆ウイグル自治区
総面積（km^2）	6,253	1,660,000
総人口	393,971	18,761,900
うち農村人口（人）	355,972（90.5 %）	12,429,758（66.2 %）
農村労働力	161,244	3,870,626
うち就業者数（人）	148,853（92.3 %）	3,653,717（94.4 %）
農牧業総生産額（万元）	107,881	4,968,125
うち耕種農業	64,523（59.8 %）	3,488,409（70.2 %）
牧畜業（万元）	38,697	1,340,236
林業（万元）	2,000	100,847
水産業（万元）	2,661	38,633
耕地面積（万 ha）	6.7	343.9
農村人口一人当たり耕地面積（ha）	0.2	0.3
草地面積（万 ha）	28	5,135.40
農村人口一人当たり草地面積（ha）	0.8	4.1

（『新疆統計年鑑』2002 年により作成）

量は331mmであるが平地(230～350mm)が最も少なく、標高が増すにつれ低山・丘陵地帯(350～450mm)、高山地帯(800mm)の順に増加する。降雪は10月末から3月までの間にあるが、平野部の農耕地帯の積雪は10～20cmであるため冬小麦や冬ナタネなどの作物は栽培可能である。

2001年現在、グルジャ県の総人口は39.4万である(表15-1)。農村人口の割合は約90％で、新疆ウイグル自治区平均の66％を大きく上まわっている。グルジャ県では郷鎮企業をはじめとする農村の工業化は遅れ、農牧民の収入は農地に強く依存する状態にある。ちなみに、農牧業総生産額の構成をみると、耕種農業59.8％、牧畜業35.9％、林業1.8％、水産業2.5％と、耕種農業と畜産業が中心的役割を果たしている。

第2節　農耕社会と牧畜社会の農牧業の変容過程

1. 農耕社会と牧畜社会の存立形態

グルジャ県の骨格をなす山地と平地の自然条件は、人々の土地利用形態、生産および生活様式を規定し、牧畜と農耕という2つの異なった社会を形成している(表15-2)。

牧畜社会は、山地の広大な草地を基盤として展開している。グルジャ県では、草地として牧畜生産に利用されている土地(草地)は約28万haであるが、そのほとんどは山間部に分布している。これらの土地を利用した家畜の放牧は、季節による草地の垂直分布に応じて、放牧場を移しながら行われている。ここでは、古くから遊牧民による羊、牛、馬などの家畜が放牧され、生活の基盤を家畜に求める牧畜社会が形成されてきた。

1950年以降、人民公社化や国有牧場化が進められる中で、従来の遊牧民は徐々に牧畜民として組織化されてきたが、放牧による牧畜生産の形態は今も基本的に維持されている。[2]すなわち、夏季は高山、春と秋は山地の中腹、冬は山麓や谷回を拠点とした家畜の遊牧経営が営まれている。ただし、1980年代以降、

---

[2] グルジャ県の遊牧経営は、主に山間部に位置するオイマンブラック(Oymanbulak)、トノン(Tosun)およびボルボソン(Borbosun)の3つの国有牧場を中心に営まれてきた。1999年にこれらの国有牧場は、それぞれカラヤガシ(Karyaghash)、アウリア(Awliya)およびマザル(Mazar)の3郷に合併された。なお、3郷における牧畜民人口の総人口に占める比率は2000年現在、それぞれ58％、100％、26％である。

牧畜民の定住化が進められて
おり、通年放牧を特徴としてき
た牧畜社会は変わりつつある。[3]

平地は農作物生産を中心と
した農耕社会を形成している。
前述のように、平坦地の降水量
は山地部に比べて少ないが、こ
こでは古くから灌漑農業が営
まれてきた。とくに、1950年
代以降、人民公社による水利事
業により大規模な農地の開発

表15-2 農耕社会と牧畜社会の比較(2001年)

指標	牧畜社会	農耕社会
地形	山地	平地
標高	900～3,600m	670～900m
降水量(年平均)	350mm以上	230～350mm
土地面積(km²)	4,755.50	1,497.60
土地資源	自然草地	農地
土地利用	放牧地、採草地	畑作、園地
人口(人)	34,421	359,550
経済活動	牧畜	農業
集落の立地	山麓	平野全域

(グルジャ県統計局の資料により作成)

が行われ、1949年に4.7万haであった灌漑耕地面積は1970年には7.8万haに
達した。最近の土地利用調査によると、平野部の大部分は耕地として開発され、
近年では住宅地や交通用地などへの利用が進み、未開発の土地はほとんど残っ
ていない。したがって、農耕地帯における農民にとっては現存する耕地の保護
と耕地の集約的利用は、今日的な課題となっている。

2. 集団経済下の農耕と牧畜

新疆ウイグル自治区の農村社会は、社会主義革命後中国全国と同様に、土地
改革による自作農の創設、農牧業の社会主義集団化、そして1978年末以降の
農業経営の個別化という変化を辿ってきた。

これに対して、山間部の草原地帯を基盤とする遊牧地帯および半農半遊牧地
帯では、土地改革という形式はとらなかったが、農耕社会における人民公社化
の進展とほぼ平行した形で集団化が行われた。しかし、牧畜社会の場合、牧畜
生産の保護と発展を図る観点から、牧畜生産と牧畜民の利益を図る政策がとら
れ、以下のような2つの方式で集団化が進められた。

一つは、人民公社制度による集団化である。農民や遊牧民が所有するすべて

---

[3] 定住化政策により、従来からの夏は山、冬は谷間の牧草地へと家財諸とも移動する生活か
ら、山麓に固定した住居を設け、老人や子供、放牧に携わらない人などは定住生活を送るよ
うになってきた。現在、グルジャ県では約9割の遊牧民は定住・半定住生活を送っている。

の家畜を現金に換算し、それらを国家が買い上げるという方法を通して、家畜は人民公社およびその管轄下の生産大隊または生産小隊の所有下に再編成された。もう一つは、協同牧場の設立による牧畜経済の社会主義的改造である。個々の牧畜主や遊牧民が所有していた家畜を株として計算する方法で協同牧場（公私合営牧場）として再組織化したものである。これは、主に山間部の純遊牧社会を主体に進められた集団化の形式である。

このように牧畜社会は協同牧場や牧畜生産隊（人民公社）の設立によって組織化されてきたが、山間部の草地を拠点とする牧畜生産という様式自体では変わりはなかった。これに対して、農耕集落を拠点とする人民公社では、牧畜生産隊または集団的な牧畜民をもつ形で、農耕と家畜の飼育を合わせた混合経営の発展に取り組みはじめた。

ここで注目すべき点は、人民公社という集団組織による牧畜形態を通して、農耕集落が従来の牧畜社会である山間地帯との関わりを深めはじめたことである。もちろん集団経済下では、農耕社会は主に耕種農業が中心であって、牧畜業はあくまでも副業的部門にすぎなかった。したがって、家畜飼育を通して農耕社会が牧畜社会に及ぼす影響は極めて限られたものであった。

この段階で農耕社会が牧畜社会に及ぼした影響は、主に草地の耕地への転換というものであった。しかし人民公社の解体後の今日では、草地の耕地化は禁じられ、さらに耕作に適しない耕地を草地に返還する事業が進められている。その結果とりわけ1980年代以降は、耕地開発という形での農耕社会の外延的拡大による牧畜社会への浸透は徐々に少なくなった。

3. 家畜飼養の普及

グルジャ県における家畜の飼育頭数は、1950年代以降増加傾向にある。ここでは、その展開過程にみられる特徴について、時代背景を踏まえて大きく3期に分け把握しておきたい。

第1期は1949年から1967年までの増加期である。1949年から1958年の間は、土地改革による自作農が創設され、個人農家の家畜飼育が奨励された。また牧畜主や地土層を主体とした従来からの牧畜経営を保護するなど一連の牧畜業発展策がとられた結果、農牧民を含む各階層の家畜飼育に対する意欲が向上

し、それが家畜飼育頭数の増加の要因となった。1959年と1960年の一時期、人民公社における公有制の過度な強制と大雪の影響が重なり家畜頭数が減少した以外は、家畜頭数は増加を示し、1967年には54.9万頭に達し、1949年に比べて3倍に増加したことがわかる。

表15-3　家畜飼養頭数の変化
単位：万頭(％)

年	総家畜頭数	農耕社会	牧畜社会
1978	40.4(100.0)	23.0(56.9)	17.4(43.1)
2000	97.7(100.0)	70.6(72.3)	27.1(27.7)

(資料：表15-2参照)

　第2期は1968年から1978年までの停滞期である。1966年から1976年までの間はちょうど「文化大革命」期にあたり、農牧業全体が深刻なダメージを受けた時期である。この間に農牧業の集団化が強力に進められ、家畜の私有や自由市場などは大きく制限された。また、食糧生産の重要性が一面的に強調された結果、牧畜生産の停滞を招いたのである。かくして、家畜の飼育頭数は1967年に54.9万頭を記録したもの、それ以降40万頭前後で推移した。

　第3期は農村改革がスタートした1979年以降の時期である。グルジャ県における家畜飼育頭数は1984年に56.4万頭を記録し、はじめて「文化大革命」開始直後の水準を超え、さらに2000年現在の家畜総頭数は97.7万頭に達した。このような家畜飼育頭数の急速な増加は農耕地帯において著しかった。すなわち、2000年における同県の家畜総頭数は、1978年に比べ57.3万頭増加したが、そのうち47.6万頭(約83％)は農耕地帯で実現されたのである。その結果、農民(農耕民)の家畜所有率(対県全体の家畜総数)は1978年の56.9％から2000年の72.3％に上昇した(表15-3)。しかも、1980年代以降に急成長を遂げてきた家畜は、需要が拡大しつつある乳・肉生産を目的とする羊、牛、豚のような家畜である。馬とロバはもともと役畜、交通手段として飼育されてきたが、交通手段の近代化や農業の機械化によりその必要性が低下してきたことを意味している。

　それでは、近年の急速な家畜の増加は何故生じたのであるか。既述のように、グルジャ県は農業県であり、農村経済は主に農牧業に依存している。農牧民の収入の大半は耕種農業と畜産業によって占められ、農牧民の所得水準は低い。農村の工業化が遅れているため非農業部門からの収入確保の途は限られている。したがって、農民の収入増加の方途は商品作物の導入、および家畜飼養頭数を増やすことが主となってきた。グルジャ県政府は、1980年代半ば以降、

農業副産物を飼料基盤として、畜産業の発展を奨励するようになった。穀物栽培の副産物として生じる、安価でかつ豊富な藁や稈を利用した家畜飼育が重視され、そうした副産物の飼料化率の向上による畜産の拡大、結果としての農家所得の増大が期待されてきた。こうした方式に基づく家畜飼育の振興策は功を奏し、1994年には中央政府からも評価され、「藁・稈による牛飼育の模範県」に指定された。このことが、牛をはじめとする家畜飼有数の増加に拍車をかけるようになった。

農村改革以降家畜頭数が最も増加をみせたのは、1995年から2000年にかけた最近のことである。グルジャ県における家畜飼養頭数は2000年に97.7万順に達し、1995年に比べると23.2万頭増加した。この間、グルジャ県政府は、「藁・稈による牛飼育の模範県」指定を契機に補助金や飼料用地の提供などの優遇政策をとり、「模範郷・模範村・模範農戸」の育成を通して[4]、農耕地帯における家畜飼育の普及に努め、家畜肥育農家の増加と肥育規模の拡大に力を入れてきた。

かくして、農耕地帯における家畜の肥育を営む農戸数を増してきたのである。例えば、家畜の肥育農家戸数は1993年の3,821戸から2000年には11,394戸に増加し、家畜の肥育頭数は1993年の約5.7万頭から2000年の36.3万頭に増加した。肥育農家1戸当たりの肥育規模は、1993年約15頭から2000年には32頭に拡大した。

4. 飼料向けトウモロコシ生産の拡大

グルジャ県は、従来、中央政府および新疆ウイグル自治区政府によって食糧生産基地として位置づけられ、小麦とトウモロコシを主とする穀物栽培が地域農業を大きく特徴づけてきた。ところが、経済改革以降全国的に穀物の増産が進み、しかも1995年以降は穀物の生産量の伸びに反して需要が低迷し、価格が低下するという事態に直面するようになった(ニザム　2001)。

グルジャ県ではすでに1980年代半ば頃から農業生産は収益性の高い作目を選ぶ傾向がみられるようになり、従来中心的役割を果たしてきた穀物栽培は

---

[4]　1994年から1996年の間に、10モデル郷、64のモデル村および2,028戸のモデル農家(飼育牛30頭以上)が育成された(グルジャ県牧畜局の資料による)。

減少し、甜菜、亜麻、煙草、果樹、野菜などの商品作物の作付面積が増加するようになっていた。図15-3からわかるように、1991年には、甜菜加工工場が開設されたのを契機として、従来ほとんど栽培されていなかった甜菜が著しい成長をみた。亜麻の栽培も同様の例である。栽培面積は、1990年代後半に亜麻の加工工場の経営不振が原因で一時減少傾向にあったが、1999年からは増加に転じ、2001年に3,390 haに達している。もちろん、こうした工芸作目部門に加えて、集約的な野菜や果樹栽培、あるいは煙草栽培も増加傾向にある。

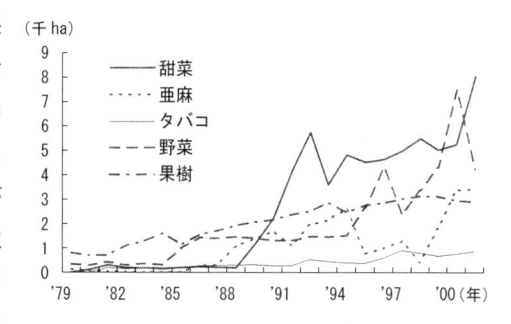

図15-3 グルジャ県における商品作物の作付面積の推移
（グルジャ県統計局の資料により作成）

このような栽培作物の多様化が進む中で、農作物総作付面積に占める穀物の割合は、1978年の85％から2001年には67％に低下してきた。最も減少をみたのは従来基幹作物として位置づけられてきた小麦である。例えば、小麦作付面積は1978年の4.1万haから2001年には1.7万haにまで減少した。小麦に比べ、対照的な変化をみせたのはトウモロコシで、生産を大幅に伸ばしたのである。こうした両作物の変化を生産量の面からみたのが図15-4である。図15-4によると小麦の生産量は農村改革の初期に一時増加傾向をみせ1990年には12万tに達したが、その後は10万t前後で推移し、最近ではさらに減少に転じている。それと対照的にトウモロコシの生産量は作付面積の拡大および生産性の向上によって急増し、2001年には24万tにまで増加している。

両穀物をめぐるこのような変化は、農民の営農目的が従来の自給的生産から商品的生産へと変化してきていることを意味している。すなわち、1980年代半ば以降、農民は小麦の栽培を自給および政府への契約販売分の範囲に抑え、[5]

---

5) グルジャ県では小麦、トウモロコシおよび油料作物は契約販売の対象になっている。政府への契約販売量は郷・鎮によって異なるが、1997年現在小麦、トウモロコシ、油料作物の1ha当たりの平均契約販売量はそれぞれ330kg、667kg、64kgである（ニザム 1999）。しかし、聞き取りによると、最近トウモロコシの契約販売は撤廃され、小麦の買い付けもほとんど行われなくなっている。

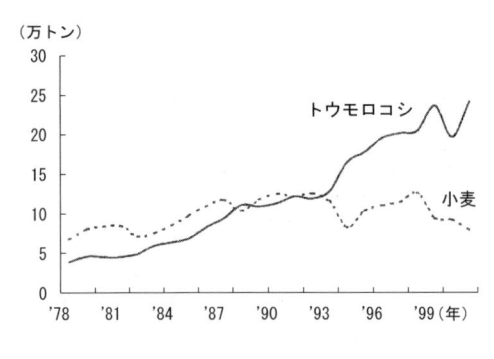

図15-4 グルジャ県における小麦とトウモロコシ生産量の推移
（グルジャ県統計局の資料により作成）

トウモロコシやその他の商品作物の栽培に力を入れるようになった。もちろんこうした動きは必ずしも経営の多角化が進んだことを意味するものではない。農業的土地利用全体としては、トウモロコシを中心とする農業形態を主軸に生産の多様化が進展しているというのが、今日の大きな特徴となっている。これには次のような理由が考えられる。

第1は、既述のように1980年代後半以降甜菜と亜麻の作付面積が増加してきたが、その販売先は県内の加工工場に限られるため需要の拡大および企業側の景気に強く左右されてきた。一方、果樹、野菜、煙草など他の商品作物の生産拡大も期待されたが、グルジャ県を含む周辺地域は新疆ウイグル自治区における主な農業地域であるため、地元の需要拡大には限界が存在し、ウルムチなど大都市への遠距離出荷は輸送コスト（それに対応できる流通・販売システムができていない）こうした中で近年、小麦の需要が低下しつつあるため、農作物生産は飼料用トウモロコシ生産にシフトしてきたと考える。

第2は、トウモロコシを主軸とする穀物生産の発展には、家畜飼育頭数の増加が寄与している。つまり、トウモロコシの生産拡大は家畜飼養のための飼料供給に対応したものであると言える。グルジャ県では、1980年代以降、農耕民の家畜飼育頭数が急増し、それがまた飼料作物であるトウモロコシの増加につながった。しかし、以上のような農耕地帯を主とした急速な家畜頭数の増加は、農耕地帯の中のみで完結するものではなかった。

第3節　農耕社会と牧畜社会の関わり合いの緊密化

牧畜社会と農耕社会との間には、従来から生産物の交換の形での相互依存

的・補完的な関係が存在していた。このような伝統的な関係は、近年一層緊密化してきている。その特徴は以下のように要約できる。第1は、牧畜社会における冬期の飼料供給源として農耕社会の重要性が増している。グルジヤ県では、1980年代以降牧畜民の定住化か図られ、牧畜民を農耕に従事されることで自ら食糧や飼料問題を解決することが求められてきた。しかし、牧畜集落における食糧生産量は農耕集落に比べると依然として少ない状態にある。例えば、牧畜社会における一人当たりの穀物生産量と油料生産量は404.6kgと12.8kgで、それぞれ農耕社会の43％と26％しかない。仮に、穀物のすべてが牧畜民の消費用に向けられるとしても自給生産には至っていない。それと対照的に、農耕社会の穀物生産量は多く、一人当たりの穀物生産量は930.4kgに達しており、穀物供給には余裕を持っている。近年、農耕社会は牧畜民に食糧、野菜、その他の農産物を提供することに加えて、飼料供給を通して牧畜社会における家畜の多頭化を可能にしている。とくに春と冬の飼料不足に悩まされている牧畜社会にとっては農耕社会の穀物を含む飼料供給は大きな意味を持っている[6]。例えば、図15-5に示したように、牧畜民による家畜の飼育形式は通年放牧が中心であるが、冬期は牧草が不足する。このため冬期は主に干草や穀物藁などを粗飼料として舎飼するが、これに対して農耕地帯から穀物飼料をはじめ、藁など農業副産物の供給を通じて、牧畜社会の家畜飼養を支えている。

第2に、牧畜社会は農耕社会の肥育用家畜の供給源としての期待が強まってきていることである。1990年代以降になってこうした家畜を基盤とした家畜の肥育が農耕社会において急増するようになり、農家1戸当たりの延べ肥育頭数も拡大傾向にある。このように、農耕社会の家畜肥育の増加を支えているのは牧畜社会である。近年、牧畜地帯における道路条件が改善され、上記のような肥育用家畜の牧畜社会への依存傾向が強まっている。

第3は、牧畜地帯は農耕社会における家畜飼育を支える重要な飼料基盤である。グルジャ県における農耕社会の家畜飼育は基本的に畜舎中心の形態はとっていない。すなわち、農耕民による家畜飼育は図15-5に示したように夏期に

---

[6] 冬草地の面積は約8万haであるが、そこで放牧できる家畜頭数(載畜量)は約10万頭綿羊単位である。しかし、2001年現在牧畜社会における家畜頭数は約35万頭綿羊単位に達しており、冬季の飼料不足が深刻である。

牧畜民			月	農耕民		
飼料供給	飼養の場	飼育形式		飼育形式	飼養の場	飼料供給
山地の牧草	春草地	放牧（自家）	4月 5月 6月 7月 8月 9月 10月	農民 ↔ 受託農（牧畜民）　委託放牧　農民 ← 受託農（牧畜民）	春草地	山地の牧草
	夏草地				夏草地	
	秋草地				秋草地	
山麓・谷間の牧草 干草 穀物の藁 穀物飼料	冬草地 または畜舎	放牧兼舎飼	11月 12月 翌年1月 2月 3月	舎飼	自宅の畜舎	干草 穀物の藁・稈 穀物飼料

図 15-5　グルジャ県における家畜の飼育形式

(ニザム 1999 に加筆)

放牧し、冬期に舎飼するという形式を特徴とする。農民は家畜の大半を4月の中旬から10月の下旬までの間に所在村あるいは知り合いの牧畜民（受託農）[7]に委託して山間部の草地で放牧してもらい、冬場は自宅の敷地内の畜舎で舎飼する。夏期に舎飼されるのは役畜や乳牛および少数の羊に限られる。実際、農民は1年間の約半分は牧畜地帯に頼って家畜の飼養を行っている。このような飼育形式は、古くから行われてきており、地域資源の効率的な利用形態ともいえる。

経済改革以降、従来独立的に存在してきた農耕社会と牧畜社会を中国全体の食糧生産構造、および需給構造が変化する中で、その影響が農耕社会から牧畜社会へと及び、両者の間に密接な関わりを生み出してきた。ただし、その結果として草地への依存を前提として成立してきた牧畜社会においては「過度放牧」かが進み、新たな環境問題を提起している。

---

7)　牧畜民は、1つの村に4～6戸程度である。これらの牧畜民はカザフ族が中心で、人民公社時代に公社あるいは所在生産隊における家畜の放牧を担当していたが、いまは主に所在村における農民の家畜を放牧している。農民は牧畜民に対して家畜の委託料を支払う以外、家畜税や草原管理費などを支払う義務がある。委託料は、1カ月当たり羊約3元、牛約20元である。1年間の家畜税は、羊2元、牛5元である。草原管理費の場合、牛2元、羊1元である。また、家畜病の防止・治療費や燃費として1頭当たり1元支払われている。

第4節　過度放牧と草原破壊の諸相

1. 草地における過度放牧

　グルジャ県政府は1980年代から、家畜の放牧対象となる草地について、それぞれの草地条件に応じて「放牧可能頭数（載畜量）」（1ha当たりの草地で一定の期間放牧できる家畜頭数を指す）を示すようになった。すなわち、放牧可能頭数の考え方は草の生産量に見合った適切な放牧頭数を示したものであり、その算定に当たってはすべての家畜が緬羊（単位）に換算される（綿羊の場合を1として、山羊0.5、豚1、ロバ3、馬・牛・騾馬5、駱駝9である）。放牧期間は、夏は約90日、春・秋は約145日、冬は約125日とされている。また、緬羊の単位に換算して1頭・1日当たりの草摂取量は約6kgとしている。

　表15-4は、グルジャ県における草地別の放牧可能頭数（載畜量）と実際の飼養頭数を1980年と2001年の場合について比較したものである。以下、表15-4に基づいて草地の過度放牧の実態について検討する。

　まず夏草地の場合、草地1ha当たりの放牧可能家畜頭数は1980年には10.4頭とされていたが2001年では6.5頭に低下している。これは全ての夏草地において算定された放牧可能家畜頭数が106.7万頭から67.1万頭に縮小されたことを意味する。すなわち、端的に言えば、2001年における夏草地の草生産力は1980年に比べて、約37％低下してきたことになる。

　それでは、実際に飼養された家畜頭数はどうであったかというと、緬羊単

表15-4　グルジャ県における放牧可能家畜頭数の変化

年	夏草地			春・秋草地			年末の家畜頭数（万頭）
	面積（万ha）	放牧可能頭数頭／ha	総放牧可能頭数（万頭）	面積（万ha）	放牧可能頭数頭／ha	総放牧可能頭数（万頭）	
1980	10.3	10.4	106.7	11.1	2.5	28.1	82.8
2001	10.3	6.5	67.1	10.2	2.7	28.1	134.8

注1）放牧可能頭数は、すべて緬羊に換算した綿羊単位に基づく頭数である。
　2）1980年末の家畜頭数には豚、騾馬、ロバは含まない。2001年の場合役畜、豚、騾馬、ロバを含まない。

（『伊寧県農業区画委員会1983資料』および聞き取りにより作成）

位に換算して、2001年には134.8万頭に達している。これは、2001年における総放牧可能頭数（67.1万頭；緬羊単位）の2倍の家畜が飼養された計算になる。グルジャ県では、夏期には運搬用の馬とロバ、および一部の乳牛と豚を除いて、約9割の家畜が放牧に出されているので、夏草地における放牧の実態は極めて「過度」な状況にあることが推測できる。

　春・秋草地の場合はどうであろうか。表15-4にみられるように、総放牧可能家畜頭数は1980年と2001年で同数の値（28.1万頭綿羊単位）が計上されている。このことは、この間に春・秋草地については草地の生産力にもほとんど変化がみられなかったものと理解される。これに対して、実際の家畜の飼養状況（各年末の総家畜飼養頭数）をみると、1980年と2001年の間では約52万頭緬羊単位の増加がみられた。したがって、春・秋草地の場合は、草地の生産力自体は大きな変化がなかったものの、放牧可能家畜頭数（載畜量）を基準にみた場合やはり、その基準を超えた「過度」放牧の傾向が進んでいるものと推察される。とくに、「過度放牧」は牧畜民が行う放牧の場合に比べて農耕民が行う放牧の場合の方が顕著にみられる。

農耕集落の家畜飼養と過度放牧　グルジャ県における山地の草地（放牧地）の郷および国有農場への割り当ては、牧畜郷および村では各牧畜戸まで放牧範囲が決められ、草地の使用許可書が発行されている。農耕地帯の郷が関与する場合は、草地は村単位に利用権が設定され、分譲される。これは集団経済時代に広大な山地の草地が国有牧場、あるいは牧畜生産を主とする人民公社（および生産隊）によって管理・利用されてきた経緯に由来する。つまり、農村改革以降新たに草地の利用権を設定するに当たって、従来の利用形態および生業形態が優先され、草地の大部分はもともと牧畜業に依存してきた郷や村に配分された。そのため、農耕地帯の郷や国有農場が利用できる草地は比較的に少なく、限られた範囲に定められることとなった。このことは、表15-5に示した各郷別の家畜頭数と夏および春・秋の草地面積の関係によって明らかである。

　ところで、表15-5によれば、牧畜集落（郷）の場合、マザル（Mazar）、アウリヤ（Awliya）およびカラヤガシ（Karyaghash）の3郷だけで、グルジャ県における夏草地と春・秋草地のそれぞれ約59％と62％が配分されているのに対し、そこで飼養されている家畜頭数の県全体に占める割合は28％に止まっている。

表15-5　郷・鎮別の草地使用面積とと放牧可能家畜頭数

No.	郷・鎮名称	夏草地 面積(ha)	夏草地 総放牧可能頭数(頭)	春・秋草地 面積(ha)	春・秋草地 総放牧可能頭数(頭)	2001年末家畜頭数 総数(万頭)	2001年末家畜頭数 うち羊(万頭)
1	Karyaghash *	22,400	93,480	23,600	48,642	11.46	7.06
2	Awliya *	22,825	119,621	23,617	57,479	14.07	8.57
3	Mazar *	15,080	95,028	15,867	82,249	9.53	5.43
4	Dadamtu	2,333	20,196	4,300	7,500	9.28	3.03
5	Panjim	2,400	21,500	3,853	6,961	7.76	1.21
6	Montohtiyuz	1,800	18,720	800	838	2.63	0.63
7	Aroz	1,500	17,276	1,847	5,410	4.04	2.04
8	Jiliyuz	1,667	11,186	1,200	1,257	3.97	1.12
9	Turpanyuz	1,067	6,421	1,020	2,284	5.27	0.87
10	Hudiyayuz	2,307	20,709	1,133	1,187	4.40	1.00
11	Uchun	3,933	32,978	1,333	2,220	11.41	4.56
12	Sadikyuz	567	6,317	300	569	1.94	0.29
13	Yengtam	1,500	15,155	1,233	10,252	8.69	4.34
14	Baytokay	1,993	22,500	3,867	13,400	9.47	2.17
15	Arostang	1,000	10,100	1,233	2,077	5.93	2.68
16	Chulukay	1,887	12,307	2,733	4,580	2.99	1.84
17	Dolan	1,400	14,580	1,433	1,431	3.52	1.37
18	Dongmazar	1,480	12,368	1,627	2,092	3.91	1.31
19	Onyar	1,533	12,719	3,487	6,384	10.37	4.72
20	Uighuruchun	827	9,263	267	787	6.07	2.42
21	Samyuz	3,773	30,646	3,467	8,218	9.17	4.37
22	Kash	9,667	67,767	3,840	15,781	10.29	5.54
	計	102,939	670,837	102,057	281,598	121.11	66.57

注1）＊は牧畜集落を示す。
2）放牧可能頭数、家畜頭数とも綿羊に換算した単位である。
3）2001年末の家畜頭数には豚を含まない。

（グルジャ県牧畜局での聞き取りにより作成）

一方、農耕集落（郷）の場合、利用している草地面積の割合は、夏草地41％と春・秋草地38％であるのに比べて、保有する家畜頭数は県全体の約72％を占めている。これらのことから、上述した「過度放牧」は、山地において牧民が関わる草地よりは農耕民が関わる草地で、しかも夏草地における問題となって

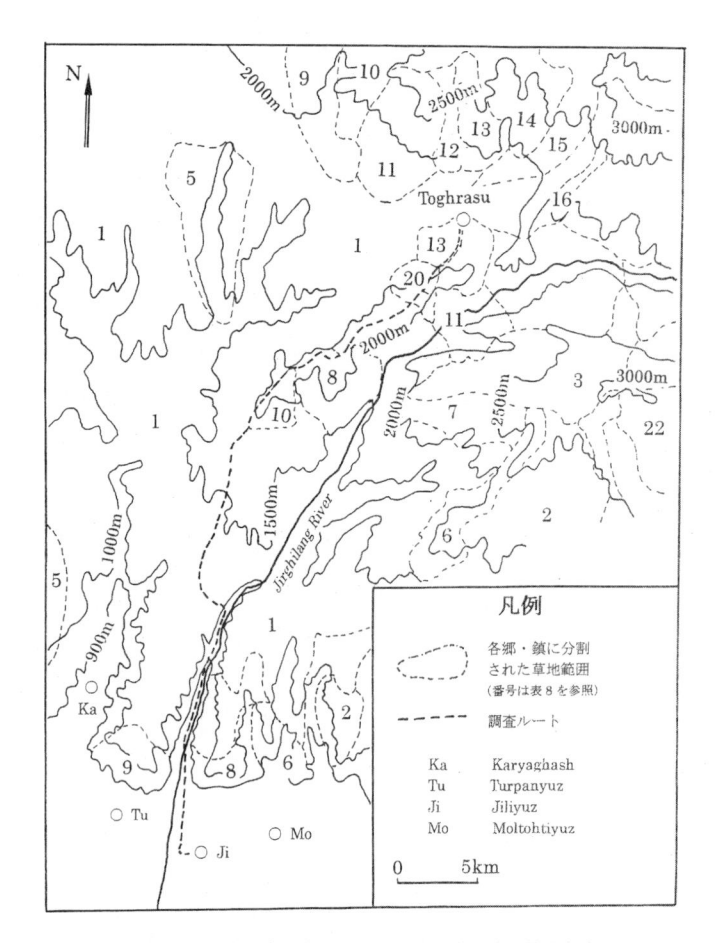

図15-6　グルジャ県における一部の郷・鎮の草地分布

いることが理解できる。

夏草地における過度放牧の実態　そこで「過度放牧」の実態について、農耕集落と牧畜集落の事例を検討しよう。以下の各事例は表15-5および図15-6の番号に対応する。

No.9は、農耕集落のトルファンユズ(Turpanyuz)の事例である。家畜の放牧場として夏草地1,067haと春・秋草地1,020haを利用している。夏草地は、春・秋草地から約45kmはなれた山奥に位置しており、家畜の移動・放牧

には非常に不便である。前述した放牧可能家畜頭数によって放牧条件をみると、夏草地 6,421 頭、春・秋草地 2,284 頭が適正規模とされている。しかしながら、トルファンユズ集落の 2001 年末の家畜総頭数は約 5.3 万頭緬羊単位に達している。家畜総頭数の約 9 割が放牧に出されることから推算すると、同集落では夏草地における放牧可能頭数の 7 倍近い家畜が山間部で放牧されていることになる。

No. 15 は、農耕集落のアロスタン（Arostang）の事例である。夏草地面積は 1,000 ha しかないが、保有家畜頭数は 5.9 万頭緬羊単位である。同集落では、羊頭数だけでも約 2.7 万順に達しており、夏草地における放牧できる家畜頭数の約 2.7 倍になっている。これらの農耕集落では夏期に役畜や乳牛など一部の家畜が集落にとどまり舎飼されるが、大部分が放牧され、夏草地では草の生産量を上回る家畜が放牧されていることになる。

No. 1 は、牧畜集落のカラヤガシ（Karyaghash）の事例である。グルジャ県では家畜飼育頭数が比較的に多い牧畜集落である。草地面積は、夏草地と春・秋草地それぞれ 2.2 万 ha と 2.4 万 ha であり、県全体の約 22 ％ と 23 ％ を占める。広大な草地は、春・秋草地から夏草地へ広がっており、家畜の季節的移動や遊牧に適している。同集落管轄下の草地における放牧可能頭数についてみると、夏草地と春・秋草地それぞれ約 9.3 万頭と 4.9 万頭で、放牧できる家畜数は比較的に多い。ちなみに、同集落の 2001 年における家畜頭数は約 11.5 万頭綿羊単位であり、夏および春・秋草地の放牧基準数を越えている。しかし、年中舎飼される役畜や乳牛などを考慮すると、夏草地における家畜の圧力は農耕集落ほど深刻ではない。

No. 3 は、牧畜集落のマザル（Mazar）の事例である。2001 年の保有家畜頭数は約 9.5 万頭緬羊単位であるが、夏草地における総放牧可能頭数も約 9.5 万頭緬羊単位であり、両者の間では差がみられない。それに、夏期に放牧に出される家畜数は実際の家畜数より少ない。したがって、Mazar 郷の草地では草の生産量に見合った放牧が行われていると判断できる。

以上の 4 つの事例からも、グルジャ県においては家畜の過度放牧が農耕集落の草地を中心に顕在化しつつあることは明らかである。それには、農耕集落における家畜頭数の急増が原因として考えられる。もう一方では、草地利用にあ

たって、農耕民の責任範囲の不明確さが指摘できる。牧畜社会の主役である牧畜民は、山地の草地を生活の基盤としているため、古くから草の生産量に見合った適切な放牧を行うことによって遊牧経営の持続性を図ってきた。前述のように、牧畜集落では農村改革以降、草地使用権（または草地使用許可書）は牧畜戸を単位に発行され、草地の管理や保護などの義務が個別化されている。しかしながら、農耕集落の場合は、草地の使用権は村という集団を単位として与えられ、個々の農耕民の草地使用権は認められていない。したがって、農民の間では草地の自然的生産力を無視しても、放牧家畜数を増やす傾向が強い。このような牧畜社会と農耕社会における草地使用権の違い、それによる草地に対する責任意識の乏しさが草地の退化を招いたもう一つの主な要因として指摘されねばならない。

2. 道路建設による草地の破壊

　農村改革以前の牧畜地帯（山地の草地）では、牧畜のための資材運搬や家畜の移動は、極めて簡易な、狭い道路が利用され、自動車が通行できるような道路らしいものはほとんどなかった。ところが、1980年代以降の牧畜民の定住化政策とともに、牧畜地帯における水利や道路などのインフラ整備が進められ、牧畜社会の生産および生活条件の改善が図られてきた。道路に限ってみると、1980年から1990年までの間に全体で約340 kmの牧畜道が建設された。今回、筆者らが踏査時のルートとして利用した、県庁所在地のジリユズ（Jiliyuz）鎮（バザル）とトグラス（Toghrasu）放牧場の間の道路（山間では牧畜道）も、ちょうどこの時期に造られたものである。このような牧畜道の開設が、牧畜社会と農耕社会との関係の緊密化に貢献し、牧畜民には大きな恩恵を与えていることは言うまでもない。牧畜民にとっては春・秋草地と夏草地との間の引っ越しが一年中の一大イベントである。こうした長距離移動は、従来は駱駝や馬など畜力に頼ってきたが、いまは大型トラックを利用する傾向が強まっている。

　ただし、牧畜地帯における道路建設は、もう一方では草地の自然植生の破壊につながっている点を見逃すことができない。山間部に開かれた道路は、写真15-1の例のように従来の家畜移動用の牧畜道をブルドーザーで拡幅したものがほとんどである。道路の幅は大型トラック一台が通れるくらいで、路面の

舗装はなく裸地のままで、道路両側も砂防対策が採られていない。このためトラックなどの重量のある自動車の通過した後は簡単に窪地となり、あるいは大雨や雪解け水などの影響で崩れやすい構造になっている。しかも、道路が崩れ落ちたりあるいは壊れたりして、車両の通行が困難になったり不便になると、旧道が放棄され、そのそばの草地面を車が通行するようになり、自然に新しい道路が開かれてしまうような部分も各所に発生している。もちろん、毎年春に牧畜道の修復作業が行われているが、それも主にブルドーザーによる作業が中心で、道路両側を削り取ったりあるいは新たな道路を開いたりすることに限られている。したがって、このような道路建設は、確かに利便性をもたらしてはいるが草地の破壊を引き起こすと同時に、山間部における土砂流出を促す要因にもなっている。

3. 土壌浸食

今回の調査を通じて、筆者は畜産の発展につれて需要が高まっている山間の草地帯において、各所に土壌浸食が進んでいることに関心を惹かれた。土壌浸食それ自体のメカニズムの調査はなしえなかったが、観察した事例から少なくとも土壌浸食のタイプとして、以下のような類型を確認することができた。

1) 過度放牧による傾斜面浸食

近年、家畜数の増加に伴い急斜面における家畜の密度が高まってきた。急斜面で放牧される家畜数の増加は、もともと地すべりや土砂流失の起こりやすい地盤をさらに不安定化させ、土壌浸食に拍車をかけている。牧畜民および県の畜産局によればその結果、最近、大雨や雪解けなどに伴う斜面浸食の範囲が拡大傾向にある(写真15-1)。

2) 通行車両の影響

山間道路が整備されて以来、夏期、観光などの目的で牧畜地帯を往来する車両もみられるようになった。道路は主に斜面の傾斜に対して直交する形で開かれているため、通行車両の増加は道路沿いの柔らかい斜面に振動を与え、斜面浸食の発生を促している(写真15-1)。

3) 暫定居住地周辺における草地の退化

家畜は放牧者の暫定居住地(チデル、パオ)を拠点に日帰り放牧される。夕方、

写真 15-1　自動車時代の草原破壊 (2002. 9. 13)
1. 冬季を迎えトラックで引越しをする牧畜民
2. 廃止された旧道(右側)と草地に自然発生した道路(左側)
3. 道路側面の侵食と草地上への車道の移動
4. 破壊された草地の復原は傾斜地ほど厳しい

家畜がチデルの周辺に集められ夜を明かすため、居住地周辺の草地の退化が顕著である。一般に、チデル数(あるいは家畜の群れ)が増えれば増えるほど、チデル周辺の草地の退化が拡大していく。既述のように、近年、家畜数が増加してきたため、放牧に出される家畜数が増加傾向にあり、それによる草地の退化が目立っている(写真 15-2)。

4) 風　蝕

道路建設により、下部の柔らかい黄土が露出し、その範囲が拡大傾向にある。このため、風蝕による破壊も進んでいる。また家畜や自動車などの通行は裸地の道路およびその側の露出した土地の風蝕を促している。

農耕社会の牧畜社会への影響は、上述した自然草地の衰退および土壌浸食に限らない。近年、家畜の増加とは別に観光や物売り、薬草の採掘などの目的で放牧場を訪れる人も増加傾向にある。その結果、牧畜地帯では物資や人々の

写真 15-2　山地牧畜民の生活拠点と家畜
1. 家畜と自動車の移動による粉塵(風蝕)
2. 放牧拠点周辺の過度放牧状態による草地の退化
3. 山間の澤沿いに開かれたバザール
4. 放牧季の牧民の住居

集散拠点が形成されている。例えば、農耕集落の放牧場が集中するトグラス(Toghrasu)では、簡易な食堂や商店が立ち並ぶ季節的なバザールが現われるようになっている。このような一時的な居住地点の周辺は、草地の破壊および衰退が強まっている(写真15-2)。しかも、生活ゴミや生活廃水などの処理対策も整っていないため、水源の汚染と生態系の破壊に繋がりかねない。

4. 草地の保護対策

グルジャ県では、上述したような現状に対する具体的な保護対策として、(1)草地使用権の確定、(2)草地利用形態の変革、(3)放牧地開墾の禁止、(4)灌漑草地の建設が掲げられているが、これらの対策のうち上述のような状況を改善することが期待されるのは(1)と(2)である。そこで、最後にこれらの要点を整理しておく。

草地使用権の確定 グルジャ県では、1980年代後半、集団所有の家畜が農牧民に売却され、牧畜生産の個別化が実現されると同時に、草地の個別利用権が明確に認められた。1988年には、草地の行政単位別の使用も実施されるようになった。その際、農耕地帯においては郷あるいは村単位に草地使用権が与えられ、牧畜郷においては戸を単位として草地使用権が確定された。具体的にみると、当初、約5.4万haの草地に対して使用許可書が発行された。その段階では、4,500戸の牧畜民に草地の使用権が与えられた。当時、草地の使用権が明確にされたことから、草地の保護や監督の度合いが強化され、放牧地利用に関するトラブルの解決も可能となった。

しかし、農牧民の間では、草地利用に当たって草地の自然的再生力を無視しても、家畜頭数の増加を図り個別経営として実績をあげようとする傾向が強い。そこで、そのような契約違反については、県・郷政府の草原管理部門からの指導がなされる規定になっているが、財政や人手不足などの理由で厳しい取締りができない。また、国の草原建設への資金投入は年々減少傾向にあり、草原の退化という現実に十分に対処し切れていない。

以上のことは、草原の退化を防止するための投資と草原建設への投資のいずれの面についても国家投資がさらに必要とされていることを物語るものである。しかし、公共的援助にのみに依存するのではなく、適正な草原利用を行うためには牧畜農家自身の経営努力と草原建設への関与が求められている。このような反省から、グルジャ県では、1995年から草地の有償利用制度（有償請負制）を導入し始めた。いわゆる受益者負担制度の導入である。具体的には、まず草地利用権を設定し、草の生産量に見合った適切な放牧頭数を決め、同時に草原の管理費用の基準を地勢によって適正に設定し利用料を徴収し、それを原資に草原を管理していく制度である。グルジャ県における草地の利用権は、表8に示したように、22の郷（鎮）・国営農場に分けられ、草地の使用許可書は農耕村においては村単位に、牧畜においては戸単位にそれぞれ発行されることとなった。1999年までに発行された草地使用許可書は3,986件に達し、そのうち牧畜民個人に発行されたものは3,796件である。同年、有償利用対象である草地の85％にあたる約19.9万haの草地に対して使用権が確定された。グルジャ県では、こうした利用権に沿って2000年から、以下のような草地の保護対策を講

じている。

　第1には、草地別に放牧可能頭数が設定されるようになった。村あるいは牧畜戸別の草地における放牧可能頭数(単位面積当たりで放牧できる家畜頭数)を決め、それを超えるのを厳しく規制している。例えば、規定を超えたものに対しては超過家畜一頭当たり5～10元の罰金が課せられると同時に、草地管理費の徴収が3倍課せられる。しかも規定放牧数の超過が2回発覚されれば、草地使用権が取り消される。

　第2には、草地における放牧期間の制限である。春(4月1日～6月20日)、夏(6月20日～9月20日)、秋(9月20日～11月25日)、冬(11月25日～翌年4月1日)それぞれ季節別の草地利用期間を明確に規定し、それに違反したものに対しては草地使用許可書の没収などの措置が採られる。

　第3には、大型家畜の放牧の規制である。馬や牛など大型家畜、とくに乳牛の山地での放牧は厳しく規制し、家畜の草地に対する負担を減らす工夫が試みられはじめた。

　なお、グルジャ県における山地草地の利用形態は季節に基づいて春・秋草地、夏草地および冬草地に分類されている。家畜の放牧は四季折々の放牧場の垂直移動を特徴とする。春は、標高900～1,500mのより低い春・秋草地で羊の出産、毛刈りなど一連の作業を終えて夏草地に向かう。夏草地は標高1,500～2,500mにあり、家畜とともに水や草の得やすいところを求めて移動している。秋になると再び春・秋草地に戻り、越冬体制に入る。同県では、四季とも放牧に頼る牧畜経営は、主に山間部またはそれに隣接するマザル(Mazar)、アウリア(Awliya)、カラヤガシ(Karyaghash)の3つの郷によくみられる。

　しかし、これらの郷では1980年代以降、牧畜民の定性化や半定性化事業が遂行されると同時に、従来の四季放牧制を二季放牧制(夏秋放牧・冬春季舎飼)に変革していくことが図られている。放牧体制の変化により、冬と春の飼料不足問題の解決が期待されているが、もう一方では、春・秋草地の保護対策としても期待されている。

むすび

　経済改革後の全国的な食糧自給が達成される過程で、経営組織の再編成が急速に進行してきた。その特徴は農耕社会における従来の穀物中心の農業から飼料作物としてのトウモロコシの増産と山地の牧草地を基盤とした牧畜業の発展である。これは、市場経済(商品経済)に対応することを基本においた農業経営が、中国の周辺部にあたるこの地域においても主流になってきたことを意味するものである。

　市場と遠距離にあるため必ずしも十分な展開が期待されない中で、最も期待され発展をみてきたのが畜産業であった。しかも農耕社会における畜産業は、当該地域自体のみではなく、隣接する牧畜社会との連携を緊密にする中で、冬季における舎飼い(低地)と、夏季における放牧(山地)を組み合わせる形で展開している。

　こうしたメカニズムが、伝統的な牧畜社会の生活基盤に対して深刻な影響を及ぼしてきたことを指摘した。例えば、農耕社会と牧畜社会を結ぶ自動車道路が、山地の草原地域において整備・開発された。しかしながら、山地には不安定なレス土壌地帯が分布しており、このようなところでは自動車道路の開発が土壌浸食を助長する傾向が認められた。また山地の放牧地帯において、草地の退化や土壌浸食が深刻化している。これには農耕民が行う放牧地を中心に、急増した家畜の草地への過度放牧が大きな原因となっている。

　農耕社会と牧畜社会の関係において、経済改革以前には無計画な開墾と過放牧によって、牧畜地帯における生態系システムに大規模な破壊がもたらされた例がよく報告されており、その反省として近年、「退耕還環草」(耕作を中止し、草原に戻すこと)が奨励されるようになった。この方式によって逐次耕地面積を減少させ、草地面積を増やし、草地基盤を確保し、畜産業を発展させていくことが地域の発展と環境保全に有効であるとする考え方である(潘　2001)。また、牧畜ではないが、中国では過去において、18世紀中期の清朝時代に各地で発生した戦乱を背景として、漢民族が華南の山地斜面へ進出し、トウモロコシや甘藷の作付けをしたことで土壌浸食が助長された(千葉　1973)ことがよく

知られている。したがって、平坦地と傾斜地、あるいは農耕地帯と牧畜地帯がどのようにバランスを取り開発を進め、相互の関係を構築するかという問題は、必ずしも今日的な課題ではない。しかも、それは中国独自の問題ではなく、日本において、例えば北上盆地の農業と北上山地の放牧においてみられたように（田辺 1986: 29）、異なった生態環境における開発と保全、あるいは相互依存関係の持ち方は、時代が変化する中で常に注目されてきた。

　本章の事例は、その背景が市場経済への対応という点にあること、自動車による道路開発などの近代化に伴い引き起こされていること、さらに工業発展地区における大量の農地潰廃を補完することが期待され、また急増する畜産物需要を背景において発生していること、などの点では上述の諸例とは根本的な差異がある。ここに西部開発に伴う問題の本質がある。急速な国土利用の再編成と市場経済化を背景とした開発圧力は従来の比ではない。本章で扱ったような事例は、中国の他の地域においても多様な形で進展していることが予想される。その意味で、経済改革がもたらす多様な事例を追求し、変化のメカニズムを明らかにしつつ、その克服策を検討していくことが今後の課題として期待される。

<文　献>

潘志華（2001）:「内モンゴル自治区后山地域における自然資源の合理的な配置に開する技術的研究」、農村研究 93、154-160 頁。

田辺健一（1986）:『地理学的環境と地域分化の形成』、古今書院。

千葉徳爾（1973）:『はげ山の文化』、学生社。

ニザム, B.（1999）:「中国・新疆ウイグル自港区における農家の営農方式―グルジャ県を事例に」、季刊地理学 51、89-102 頁。

───（2001）:「中国・新疆ウイグル自治区における食糧確保問題と「五統一」政策―グルジャ県の事例を中心に―」、地理学評論 74A-1、19-34 頁。

馬瑞萍（2000）:「中国の開発戦略に関する一考察―「西部大開発」と工業現代化の促進戦略を中心に」、季刊経済研究（大阪市大）24(3)、61 頁。

元木　靖（1990）:「中国の農業と人口」、大来佐武郎（監修）『地球規模の環境問題〈II〉』（講座 地球環境 第 2 巻）、中央法規出版、250-267 頁。

伊寧県農業区画委員会（編）(1983):「伊寧県農業区画」、伊寧県農業区画委員会。

伊寧県史誌弁公室（編）(2002):『伊寧県誌』、伊寧県史誌弁公室。

Nizam, B. (2000): "Spatial Structure of Agriculture and its Changes in Xinjiang Uighur Autonomous Region, Chjna", *Science Reports of Tohoku University 7th Series (Geography)* 50(2)、115-148.

Sumil, V. (1993): *China's Environmental Crisis: An Inquiry into the Limits of National Development*, M. E. Sharpe.［シュミル・V／丹藤佳紀、高井清司(訳)(1996):『中国の環境危機』、亜紀書房］

第16章　棚田世界の地域変容と貧困化問題

—雲南省紅河自治州元陽県—

はじめに

　中国の周辺地域には、前章でみたような西北部の広大な放牧地域とは異なる、南方の山間地帯において少数民族の人々が湿潤な環境を利用した棚田地帯（＝世界）が分布する。本章ではその典型事例として、雲南省南部のベトナムとの国境沿いの哀牢山脈の紅河自治州元陽県の地域変化を取り上げる。この棚田地帯は、焼畑との関連で注目されてきた哀牢(アイラオ)山脈西側と対照的に、稲作起源論の立場からも注目すべき位置にある。ここでは、この棚田地帯について、棚田の分布と実態と棚田世界の構造を明らかにした上で、経済改革下の変容(貧困化)と観光化に向けた動向について考察する。

第1節　元陽県の立地環境

　研究対象地域とした元陽県は、雲南省南部、北回帰線の南(北緯22°49′〜と東経102°27′〜103°13′の間)に位置し、紅河ハニ(哈尼)族イ(彝)族自治州

---

1)　この地帯の棚田(中国では「梯田」)については、王(1999)、哥(2001)、紅河州哈尼学学会編(2001)、雲南民族学会哈尼族研究委員会編(1999)、李(1998)等による優れた研究成果が出版されるようになった。しかし、日本ではこの地域の棚田に焦点が当てられることは極めて少なかった。
2)　例えば、佐々木(1984)、尹／白坂訳(2000)。
3)　例えば、以下の指摘が注目される。「背後に深い森のある丘陵地帯では、谷筋に沿って乾期でもある程度湿地が見られるのである。乾期が強く現れる雨緑林地帯では棚田は難しい。一年生の野生稲が存在するような条件は、乾期が強く現れるところであり、そのようなところでは、湿地における根栽農耕も成立しがたいのである」「イネの株分けによる栽培化が、雲南省の亜熱帯地域から、北タイ、ビルマのシャン高原およびアッサムに至る広い地域において、普及したと考えてもよいと思う。そのような地域は棚田稲作として根づいたのではないかと思われる」(池橋 2002：24-30)。

図16-1 元陽県の位置

（以下、紅河自治州と略す）に属している。元陽県は、省都の昆明市から南約300 kmのところにあり、総面積は約2,190 km^{2}である（図16-1）。同県は、紅河の南岸、哀牢山の北縁に位置する。低平な土地は極めて限られており、8割以上が勾配25度以上の高く険しい山々からなる。[4]哀牢山地の地形は、同県内では全体的には中央部が高く南と北側が低く、北西から東南に傾斜している。県内では標高が一番低いところは約144 m（紅河沿い）、最高峰は2,939 m（白岩子山）で、標高差は2,795 mに達する。

　気候は亜熱帯の季節風帯に属する。しかし、標高差が大きく南北気流の影響を受けるため、気候の垂直変化が著しい。また県中央部の高い山々は東南および西南からの暖かく湿った空気をせき止め、山岳部では地形性降雨が発生する。そのため紅河や藤条江など本流の谷間（低地）に比べると、それらの支流にあたる各河川の上流部が多雨地域となっている。

4）趙(1999)、欠・肖・程(2002)、角・陳・肖(2003)、王(1991)、元陽県観光局の資料を参照。

第 16 章　棚田世界の地域変容と貧困化問題　　　321

写真 16-1　元陽県の県庁所在地
1. 観光マップ、2. 紅河支流の低地に移動した県庁所在地、3. 高地上の旧政府所在地の中心街

　表 16-1 は、紅河に注ぐ麻栗寨河と排沙河の合流点付近の南沙鎮（県政府所在地、標高約 270 m）と新街鎮（旧県庁所在地、標高約 1,670 m）の年平均気温と年降水量は大きな差があり、南沙鎮は高温・少雨（24.6℃、920 mm）、新街鎮は温暖・多雨（16.7℃、1,448 mm）の気候である。なお、最高気温は南沙鎮で 43℃、新街鎮で 32℃ である。

　紅河自治州の統計（2000 年）によると、元陽県の総人口は約 36 万人で、居住民族はハニ族、イ族、漢族、タイ族、ミャオ族、ヤオ族、壮族などから構成されている（表 16-2）。人口数の多いのはハニ族で約 53.2％（19.1 万人）、次いでイ族が 23.9％（8.6 万人）、漢民族が約 12.5％ の順となっている。自治州全体のハニ族の割合が 16.8％ であるのと比べると、元陽県はハニ族の割合が突出して高い。

　ハニ族とイ族は元陽県の人口の 8 割近くを占めるが、彼らは標高約 1,000 m 以上の高位部に居住している。[5] また元陽県では総人口の約 95％ が農業村人口

---
5)　現地での聞き取りによると、県政府所在地の南沙鎮を主とする標高が比較的に低い河谷

表16-1 元陽県の気候

	南沙 (海抜270m)	新街鎮 (海抜1,670m)
最高気温(℃)	43	32
最低気温	7	-2.6
平均気温	24.6	16.7
年降水量(mm)	920	1,448

(紅河自治州統計局の資料により作成)

表16-2 紅河自治州と元陽県の概要(2000年)

	元陽県	自治州全体
面積(km²)	2,190	32,931
総人口(万人)	35.9 (100.0)	394.1 (100.0)
うちハニ族	19.1 (53.2)	66.4 (16.8)
イ族	8.6 (23.9)	92.3 (23.4)
漢族	4.5 (12.5)	175.6 (44.6)
その他	3.7 (10.4)	59.8 (15.2)
耕地面積	20,960 (100.0)	259,618 (100.0)
うち水田	11,680 (55.7)	99,005 (38.1)
畑	9,280 (44.3)	16,0613 (61.9)
農業人口	34.1	324.4
一人当たり 耕地面積(a)	5.8	6.6

(紅河自治州統計局、元陽県観光局の資料により作成)

である。これは紅河自治州の平均(82％)以上である。しかも彼らの生活基盤は水田である。総耕地面積は約2.1万haで、そのうち水田が約56％を占め(自治州平均は38％)、農業が稲作によって特徴づけられている。そして、水田は傾斜地に開かれているので、その形態はほとんどが棚田[6](中国語：梯田)である。2002年現在、元陽県における棚田の面積は約1.1万ha(総耕地面積の約53％)で、紅河自治州では棚田が最も多く分布する県である。棚田は主にハニ族とイ族が経営しているが、ハニ族がその大半を占める[7]。

ところで、元陽県の一人当たりの耕地面積は5.8aで、自治州平均(6.6a)を下回り、州府の個旧市(3.4a)を除くと、一人当たり耕地面積は同自治州内で最も少ない。しかも農民の現金収入は極めて少なく、農民一人当たりの現金収入[8]は1990年には334元、2000年現在でも559元に過ぎない。1990年から2000年までの間

地域(標高144～600m)にはタイ族と漢民族が集中している。壮族は標高600mから1,000m、イ族は1,000mから1,400mの山の中腹、ハニ族の場合は1,400mから2,000mのところに村落を構えている。標高2,000m以上の高山地帯ではミャオ族とヤオ族が暮らしている。
6) ここでの棚田は段々畑を指しており、水田と畑を含む。元陽県における段々畑では、水稲以外にトウモロコシや大豆などの栽培も行われているが、水稲栽培はほとんどである。したがって、本論では同県の段々畑を日本でいう棚田と同質のものとして扱う。
7) ハニ族とイ族それぞれが経営する棚田面積に関しては詳しい統計がみられない。しかし、現地での聞き取りによると、棚田のほとんどはハニ族が経営しているという。
8) 現金収入は賃金収入、農産物の販売収入および利息などを含む。

における現金収入の増加率は、自治州平均が161％に対して元陽県の場合は67％で、同州内では一番低い水準にある。

その結果、農民一人当たりの現金収入は、紅河自治州平均と比較してみると、1990年には5割強であったが2000年には3割強にまで低下している（表16-3）。

以上概観したように、ハニ族は雲南省南部の哀牢山地において農業活動を基盤にした生活をしている民族であるが、経営規模は零細で、現金収入は極めて少なく、今日でも基本的に高度の自給社会を形成しているようにみられる。その基盤として最も重要なのが棚田である。

表16-3 紅河自治州の農民一人当たり現金収入

地域区分		1990年	2000年	増加率（％）
紅河北岸	個旧市	990.6	3090.2	212.0
	開遠市	606.7	1898.6	212.9
	蒙自県	896.3	2398.8	167.6
	建水県	761.9	1925.4	152.7
	石屏県	787.6	2658.1	237.5
	弥勒県	731.0	1679.5	129.8
	濾西県	761.7	1893.6	148.6
	屏辺県	311.9	896.6	187.5
	河口県	319.5	628.4	96.7
紅河南岸	元陽県	334.2	559.5	67.4
	紅河県	477.3	818.9	71.6
	金平県	284.1	714.4	151.5
	緑春県	271.0	551.8	103.6
自治州平均		584.9	1528.7	161.4

（資料: 表16-1参照）

第2節　棚田の分布領域

元陽県における棚田の分布には、次のような特徴を見いだすことができる（図16-2）。

第1に棚田は主要な河川である紅河と藤条江沿いではなく、それらの支流にあたる河谷沿いの斜面に集中している。すなわち、紅河へ北流する大瓦遮河、麻栗寨河、Y多河、馬龍河、楊系河、者那河、および藤条江に対しては南流する阿猛控河などの上流部に多くの棚田が分布している。

第2に棚田は主に標高800mから1,800m付近、とくに1,500m前後の地域を中心に分布している。南沙と新街鎮の間の土地利用は、山地斜面の低位部を中心にゴム園、サトウキビ、柑橘、あるいはバナナ栽培などの土地利用が卓越する。また、斜面低位部で水田は小規模な形で分散的に見られるが、斜面の中腹に向かうにつれて規模が大きくなり、まとまった棚田地帯が存在する。

第Ⅳ編　環　境

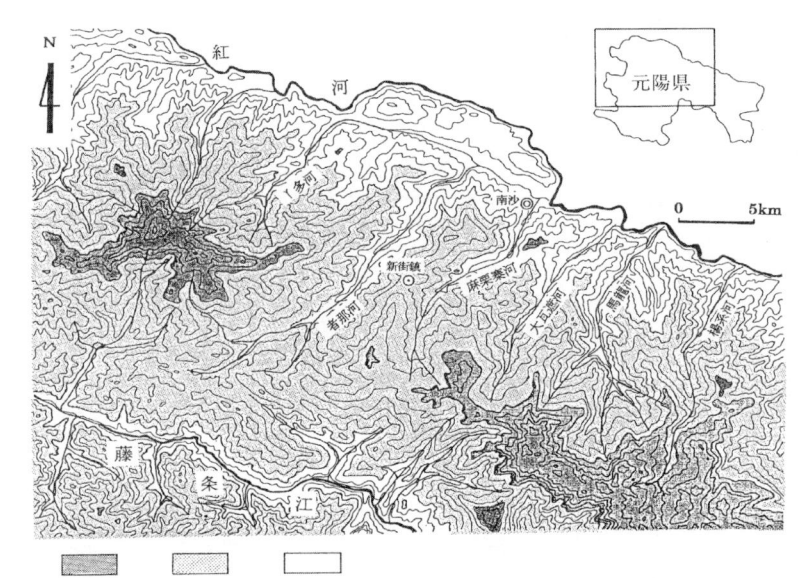

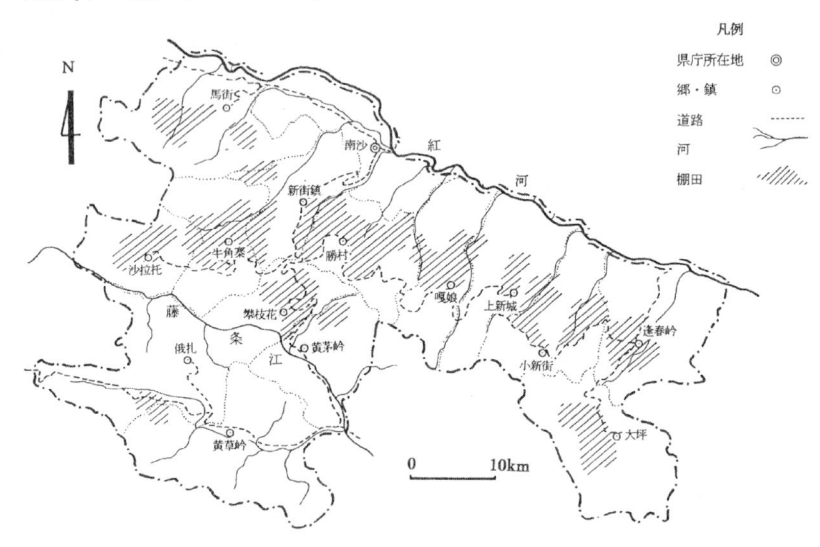

図16-2　元陽県の標高と棚田の分布
（棚田の分布は黄2002により作成）

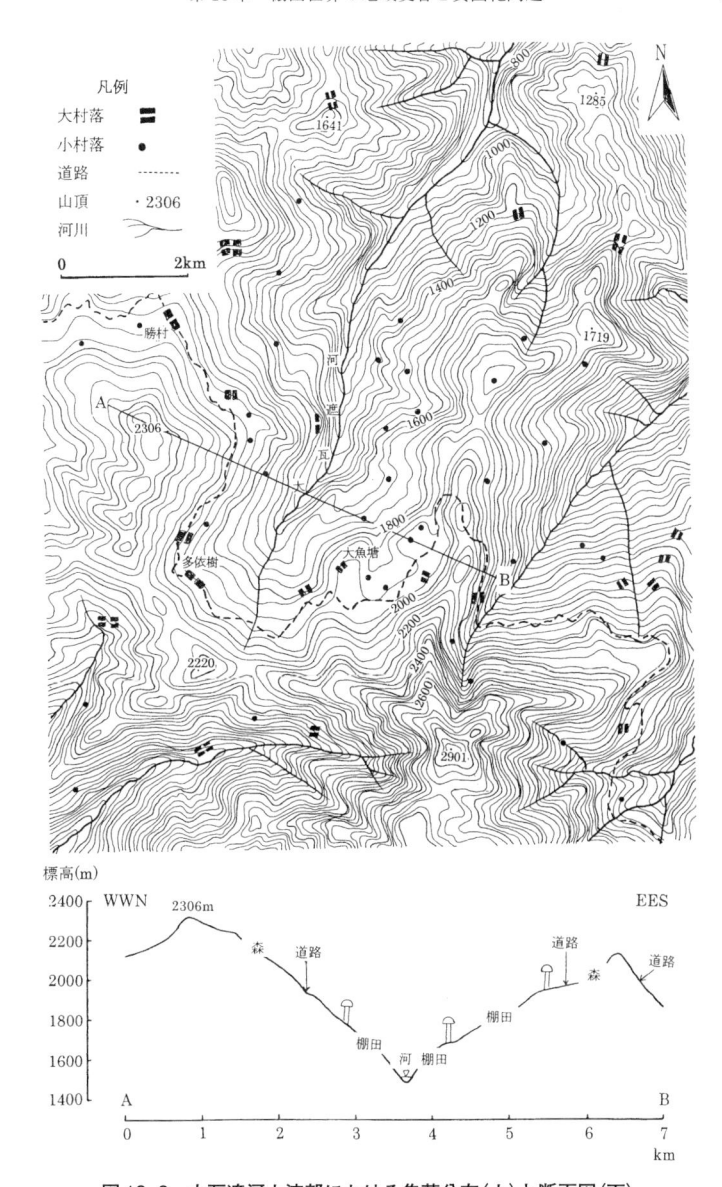

第 16 章　棚田世界の地域変容と貧困化問題　　　325

図 16-3　大瓦遮河上流部における集落分布(上)と断面図(下)

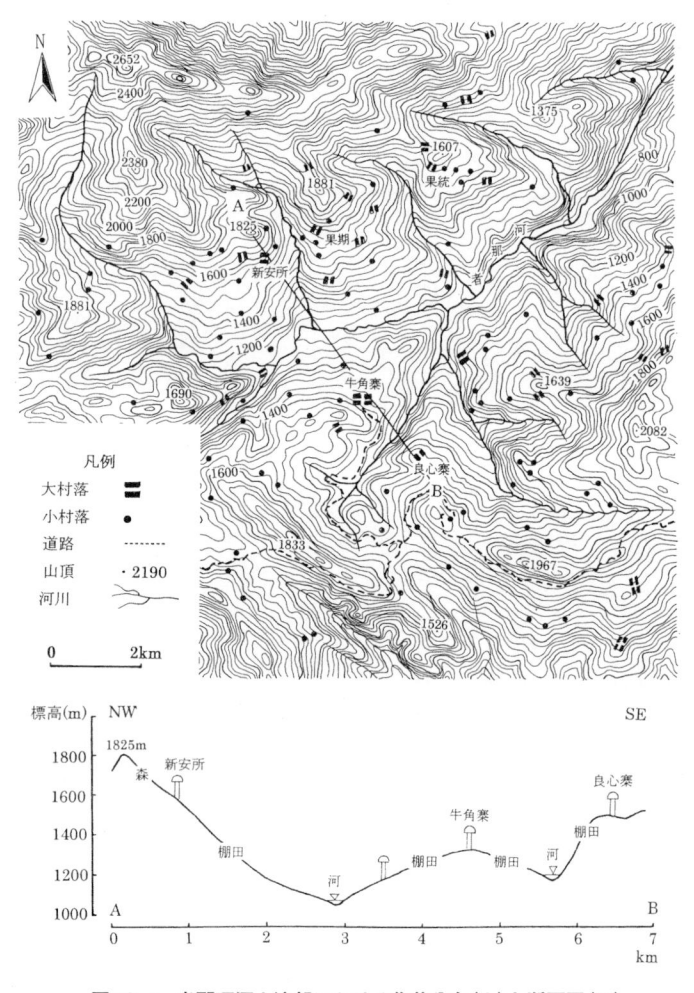

図16-4 者那珂河上流部における集落分布（上）と断面図（下）

　第3にいくつかの例外を除いて、それぞれの郷や鎮の中心地は棚田が分布する範囲内に認められる。白(1994)によれば、ハニ族の棚田は分布区域の海抜高度と気候を基にして、海抜800m以下の熱帯河谷の棚田、海抜800～1,800mの亜熱帯山地の棚田、そして海抜1,800m以上の暖温帯山地の棚田の3類型が区別されるが、熱帯河谷の棚田と暖温帯山地の棚田面積が比較的少なく、亜熱帯山地の棚田が大部分を占めている。

写真 16-2　棚田世界の景観
1. 大瓦遮河上流部の大規模な棚田と集落、2. 箐口集落の聖樹　祭祀の場
3. 勝村郷の共同の水場

　棚田は立地基盤となる山地斜面の方位、傾斜、水利条件さらには村落の配置などと関係して、多様に展開している。しかし、黄(2000a)も指摘するように「多くの集落ではその出口からすぐに棚田が始まる」。元陽県は15の郷・鎮から構成されており、133の行政村と965の自然村が県のほぼ全域に散在する。

　それらの村落の形態は、地形図および現地観察の結果を総合してみると、密集するタイプ、散在するタイプ、そして孤立的な分布をみせるタイプの3つの類型が認められる(例えば、図16-3、図16-4)。このうち、ここで最も特筆すべきは、ハニ族(イ族の場合も同じ)の人々は、基本的に村落の背後(上部)に森林を配して、前面(下部)に広大な棚田を展開させていることであろう。日本の水田農村景観の典型的な特色は、宮口(1995)も指摘したように山麓や台地の森林を背後に農村集落が立地し、その前面の低地には水田が展開している点にある。日本の場合と比較すると、この棚田地域はその立地環境が高位部の山地斜

---
9)　旧ソ連製10万分の1地形図による。

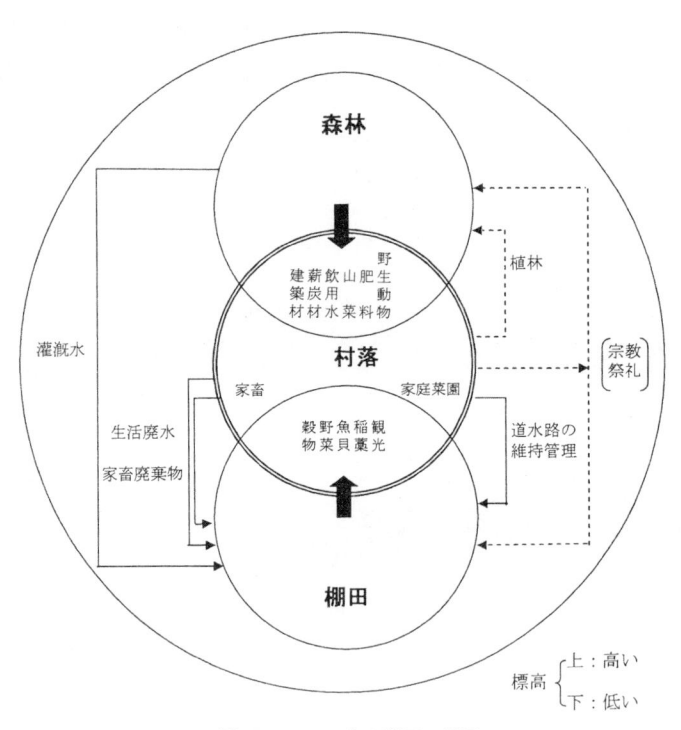

図16-5　ハニ族の棚田の世界
（元木・ニザム 2004）

面であるという点を別とすれば、極めて類似の環境構成になっている。

第3節　棚田世界の維持機構と変容

　さて、以上確認したように山地の中腹から高位部を中心に広がる棚田は、どのように維持されているのであろうか。この地域は低地郎に比べて降水量が豊かで、比較的緩傾斜の地形に恵まれている。しかし、こうした場所に棚田が維持されるためには安定した灌漑水利の条件がなければならない。現地での聞き取りによれば、冬と春の旱魃、夏と秋の水害、低温による冷害、および虫害と風害等の自然災害が頻繁に現れる。旱魃は水源を枯渇させ、水路の水をなくし、稲田を亀裂させる。洪水は山崩れを引き起こしたり、畦を壊して、棚田を破壊

することにもなるという。しかも、このような自然災害がいったん発生すると、被害は甚大なものとなる。

　図16-5は、以上のような特徴を踏まえて、ハニ族の棚田の世界の基本的な姿を概念図として描いたものである。この概念図で強調したのは、棚田が水田として独立に存在するのではなくて、村落の立地や森林、さらにその他の生活関連の諸要素と密接な関連を持って存在していることである。元木(2003: 22)は既述の棚田に関するシンポジウムにおいて、棚田と対照的なクリーク水田の立地環境を比較し、棚田はその景観だけではなく、生産・生活空間の形成原理にも大きな違いがみられること、および棚田地域は(当初段階はともかく)、意外に閉じられた世界ではなく、外部と多様な連携のもとに成り立ってきたことを指摘したが、元陽県の場合も基本的にこのような特徴が認められる。

　確かに、元陽県における棚田の役割は、生産される米(糯米、紅米、紫米、および普通稲等の種類がある)が、食糧総生産量の98.8％を占め、圧倒的に重要な位置にある。しかし、米以外にトウモロコシ、ソバ、小麦などが補助食となっている。また副食品についてはその多くを棚田から得ている。棚田は稲作の場だけでなく魚や田螺、泥鰌等の魚類、また棚田の中や畔から水芹菜、ゼンマイ等の野生植物の採集が可能である。加えて山林からは野生の動植物が食用に供給される。

　したがって、この地域の人々は景観上に表れた棚田の姿以上にそれを維持・管理し、生活を持続してゆくために多様な環境構成要素の諸関連についても、きめ細かな配慮をして生活している。無論、中軸に置かれているのは水田の稲作であって、このことは、ハニ族の節日が根本的に棚田の稲作儀礼に基づく(黄 2000b)ことからも容易に理解することができる。例えば、農暦の2月に村毎に設けられた神樹(聖樹)(写真16-1)の場所で行われる、ハニ族の代表的な祭りは水神祭りであって、水田稲作の農耕儀礼の一環をなすものと考えられる(李 1996)。また、稲作儀礼と人々の信仰生活との関係についていえば、欠端(2003)が日本の新嘗祭(にいなめさい)の原型にもあたるような「家新嘗」の姿がここに認められることを報告しているが、注目すべき見解である。

第4節　棚田の世界のゆくえ

1. 棚田地域形成の史的背景

　ハニ族の棚田の歴史的な背景については、一般に以下のように理解されている[10]。ハニ族の祖先が元は遊牧民であり、青海省や甘粛省、チベット高原の古代羌氏系の民族に属する[11]。紀元前3世紀前後の春秋戦国の時期に秦朝勢力の拡張、侵入により、羌氏系の一部が南下し、四川省の大渡河流域に移り住み、"和夷"と称していた。その後戦乱などによりさらに南下し、秦漢の頃(紀元1世紀)に四川、貴州、雲南三省の境界地域から滇池沿岸に移住し、さらに隋唐(紀元6世紀)以降になって、哀牢山南端の紅河流域に定住し始め"和蛮"と称されるようになった、と言われる。

　この間に、ハニ族の元祖の生活基盤は、2度の大きな転換期を経験している。すなわち、秦漢の頃に遊牧文化から焼畑文化(山地陸稲栽培および畑作雑穀栽培)に転じ、隋唐に入って焼畑から山地棚田での稲作文化に転向した。したがって、ハニ族の棚田の起源は、歴史記録により彼らが哀牢山南端の紅河流域に定住しはじめた紀元6世紀以降とされている。

　このハニ族の棚田について、角・肖・程(2002)は「伝統的な山地農業生産方式の最高の形式」「伝統農業の最高水準」のものであると評価している。採集と狩猟農業、焼畑農業、畑作農業、および棚田稲作農業の4種類の方式のうち、前の3つの耕作は粗放で、技術が低い。したがって生産量も少なく、わずかの人口を養うのみであり、広大な地方に適合する。これに対して棚田稲作農業は一種の集約農業であり、その生産量は前の3者の何倍にも達して、かつ大量の労働力を吸収するので、人口の稠密な山地の伝統的な条件下において、最も効

---

10) 王(1991)、雲南省民族事務委員会(1999)。角・張(2000)、角・肖・程(2002)、毛(1991、2000)、季(1996)を参照。

11) 言語系統的には，漢・チベット族語のチベット語群、イ語系に属する民族で、イ族、リス族、ナーシー族、ラフ族、アチアン族、ペー族、チノー族と同一グループに分類されている。中国国内のハニ族の人口は約125万人(1990年センサス)で、そのうち約7割が哀牢山地区に居住する。

果的な農業生産方式であり、大量の人口を養うことができるというのである。

　それでは、ハニ族はどうして山地の中腹地帯に棚田を形成してきたのか。この理由については、(1)もともと高原民族であった彼らは紅河流域の低地や河谷の暑さに耐えられなかったため標高の高い涼しいところを選んだ、あるいは(2)彼らが紅河の南岸に移住してきたときには、既にタイ族を初めとする南方民族が河谷や標高の低い山麓地帯に入植していたため、ハニ族の開拓可能地は高い山腹にしか残されていなかった、という両説がある。いずれにせよ、彼らの祖先が紅河南岸にやってきたとき、まず傾斜のゆるい斜面を開墾して畑地とし、一定期間耕作をした後で平坦な畑地に改良し、その後に灌漑条件を整え、畑地が熟畑化してから、最後に改めて水田としたという(角・肖・程 2002)。この見方では、棚田稲作に先行する形で必ずしも陸稲稲作の流れを認めていない点が注目される。

　稲作については、まず大渡河流域に移り住んでいた時期に既に水稲栽培を学んでいたという見方がある。一方、白(1994)のように「ハニ族は最も早く野生稲を栽培化した民族の一つである」「ハニ人は 1,000 数百年来、自分たちの労力と英知に頼りながら、三江流域の野生稲を陸稲に順化させ、また陸稲を水稲に改良してきた」「山地斜面における大規模な棚田の開墾と水田耕作は、地球上でハニ族を置いて他にない」という説もある。また李・廬(2000)は、「《ハニ族概史》の言うところによれば、"山地の自然条件を利用して棚田を開いたのはハニ族の特徴である」と指摘している。

　ところで、ハニ族の居住地区においては、梯田(棚田)は一般に山と水に頼って水稲を栽培する段々の水田の事を指すこととされており、常畑(台地と称す)とは厳然と区別され、棚田と畑作のための階段地は耕作方式や自然景観から同一には扱えない。その根拠は比較的粗放で簡単な畑作の場合、多くの労力を投入なく開墾し、一人あるいは一つの家族を養うのみであった。これと比べて棚田開拓は大量の労力の投入を必要とする、という点におかれている。

　このような認識は、哀牢山地の高標高の位置に、気候や地形条件を十分にふまえて、大規模な棚田を開発してきただけでなく、水利を含めた維持管理面での緻密な配慮や生活文化面での特徴、さらに日本における水田開発の具体的な展開の過程(例えば、元木 1997)に照らしてみても、元陽県の棚田は明らかに、

水田稲作を熟知した人々により、組織的にいわゆる開拓の形で成立したものと考えられる。

第5節　貧困化問題と観光化

　元陽県の棚田は、前述の角・肖・程(2002)が強調しているように、伝統的な山地農業の中にあって極めて安定した農業であった。しかしながら棚田世界の現状は、今日の開放経済が進む中国の中では極めて深刻な状況下にあることはすでに指摘した通りである。果たして、棚田に対する高い評価は過剰なものにすぎなかったのであろうか。そうではない。

　現在、湖南省西北部を含めた雲貴高原地域は、中国では貧困地域が最も集中する地域となっている。これは決して棚田が卓越する元陽県の傾向だけではない。菅沼(1997)は、「貧困地域」という概念が中国では貧困県指定のための政策的概念であることを指摘した上で、「貧困地域」問題を、経済成長と市場経済体制への転換過程で生じた地域間格差の拡大現象」とみている、そして、この理由について、「1950年代末から1980年代前後まで続いた人民公社時代においては、農村人口の移動が厳しく制限され、農村労働力の就業の場が農業に限定されたために人口増加→労働力過剰投入→労働生産性低下→農村貧困の定着という悪循環が形成されてきた」と述べている。[12]

　実際、1949年以降、元陽県における棚田の面積は大幅に増加してきた、例えば、1949年に約6,000 haであったが、1985年には11,410 haに達している。これは、人口増加に伴う食糧確保のために傾料地の耕地化か積極的に進められてきた結果である。しかし、この間傾斜地の耕地化および森林伐採が進められた結果、森林の被覆率が低下し、水土流出が深刻な問題となってきた。一方、人口の増加テンポは耕地または棚田造成のペースより速かったため、一人当たりの棚田の面積は1949年の6.7aから1985年の3.6aに低下している。[13] 2000年

---

12) すなわち、1970年代末から始まった農業改革を経て経済成長が進む中で、平野部では貧困県が大幅に減少した反面、大消費地から遠い遠隔地の山間部に集中するようになった。日本の山間地域で生じている問題は人口流出と高齢化であるのに対して、中国の山間地では人口の地域内滞留が問題となっている。

13) 許・田(2003:55)。

に同県における棚田面積は約11,113 haで、一人当たりの棚田面積は約3.1 aである。しかも経済改革以降、元陽県の棚田面積はわずかに減少の傾向を示すようになった。

これには、以下のような理由が考えられる。1つ目は、地形的制約および水の確保などが困難になってきたため棚田の造成が限界に達していること。2つ目は、経済改革以降商品経済の影響が棚田地域に浸透してきたため、商品作物の栽培が増加し棚田を茶畑や果樹園に転換する動きが現われていること。3つ目は、近年中国全国で推進されている「退耕還林」政策の影響である。

元陽県の棚田の世界は、今日、この地域に対して言われてきた伝統的な特色、あるいは生活の原理を少しずつ変容させつつある。例えば、伝統的にこの地域の土地と人々との関係を維持する上で重要な役割を果たしてきた、既述のような各種の民俗的行事に対する関心が薄れつつある。また一方では、元陽県政府は1994年、経済改革の路線の上で当地域管内の経済発展目標を提出した（元陽県県建五十周年曁哈尼文化旅游節組委会編 2001: 26）。その内容は要するに、貧困から抜けだすための方策で、4億元の資金を集め、7年間をかけて、28万人に上る貧困人口を貧困から抜け出させる"4728"脱貧計画である。その一環として、高山区には20万ムーの植林を進め、熱帯区には20万ムーの土地を開発して、高山区から10万人の住民を熱帯に移住させ、貧困から脱出させる"221"計画である。南沙は1995年以後に建設された新しい県庁所在地である。もともとの県庁所在地は新街鎮であったが、1988年に発生した大規模な地すべりのあと、前述の計画に基づいて低地の南沙に新たな政治、経済、文化の中心地が誕生することになったのである。

しかしこれからの棚田の世界を占う上で注目すべき点は次のような動きであろう。まず第一に近年の国家政策の一環にもなっている水土流出問題に対処する対策との関連である。元陽県においても、前述のように山地に開発されてきた一部の耕地を林地に戻す政策（「退耕還林」）が進められている。もちろんこの政策によって、人口と食糧とのバランスが崩れ、問題を緊迫化する危険性があることは言うまでもない。第2に、このような動きの中で、一方では新たな現金収入を求める動きが生じてきている。第1の方向は収益性の高い経済作物（商品作物）栽培の動きである。第2は棚田を観光資源としていく方向である。

写真16-3　棚田に植えられた竹

　これらに共通することは、いずれも外部経済との積極的な関わりを求めることで問題解決を図っていこうということであり、これは山地の中腹に独特の世界を構築してきたハニ族の人々にとっては歴史的な変化といえるものであろう。

1)「退耕還林」

　聞き取りによると、元陽県は2001年以降、雲南省の退耕還林(耕地を林地に還す)事業を試験的に実施する県に指定された。同県では急傾斜地における耕地に竹、果樹、樹木等の植林が進められている。[14]

　元陽県全体でどれぐらいの棚田が退耕還林の対象になっているかは不明である。しかし、標高が比較的高くかつ急な斜面における棚田では退耕還林が行われているのは事実である。現地で確認したところによれば、勝村郷の周辺では、標高約1,900mの等高線に沿った道路の上の方の棚田では竹の植林が行われている。また、道路沿いの棚田の一部が茶畑に変えられている例もみられる。

　元陽県政府によれば、2003年度は引き続き約8,267haの退耕還林が計画され

---

14)　国家の規定により、土地が退耕還林の対象になった農家に対しては1ムー(6.7a)当たり年間150kgの食糧が8年間継続供給される。また、50元の苗木費と20元の医療費が支払われる。

表16-4 元陽県における農作物作付の動向

単位：1000 ha（%）

年	総作付面積	食糧作物	経済作物	野菜	その他
1990	30.7（100）	26.8（87.3）	2.8（9.1）	0.9（2.9）	0.2（0.7）
1995	32.3（100）	26.6（82.3）	3.9（12.1）	1.6（5.0）	0.2（0.6）
2000	41.2（100）	31.4（76.2）	7.3（17.7）	2.4（5.8）	0.1（0.2）

（資料：表16-1参照）

ている[15]。このような植林事業の結果、近年同県における耕地面積は減少傾向にある。反面、退耕還林プロジェクトの効果もあって、元陽県における森林の被覆率は1980年代後半ごろの12％から2000年には27％に上昇し、生態系保護への期待が高まっている。

2）商品農業の推進

元陽県の経済は農業に大きく依存している。当然農民の収入の大部分は農業部門が占めているが、彼らの所得水準は非常に低い。近年都市部への出稼ぎ現象が現れつつあるとはいえ、農村の工業化が進んでいないため非農業部門からの収入確保は難しい。このような状況下で、元陽県政府は農民収入の向上を図るため、山地の地形に合わせた商品性物の導入と、養豚や養魚などの畜産部門の発展に力を入れている。

耕種部門では、商品価値が比較的に高いサトウキビ、茶、野菜、果樹、落花生、キャッサバなどの商品作物の栽培が奨励されている。バナナ、マンゴー、クルミ、茶などの商品性物の面積は1986年に比べると約5,300haも増加している[16]。また、表16-4に示すように、商品作物全体の作付面積は1990年から2000年までに約1.6倍増加し、その農作物の総作付面積に占める割合は1990年の9.1％から2000年には17.7％に上昇している。野菜栽培面積にも同様の増加傾向が認められる。

畜産部門については、元陽県におけるハニ族やイ族の村では豚や鶏などの

15）実は、2002年度の元陽県における退耕還林の総面積は約1,867haとされているが、そのうち植林された耕地面積は933haであった。残りは荒地における植林を指している。2003年度における退耕還林の目標面積においてもその半数程度は荒地の植林などを含んでいると考える。

16）元陽県建県五十年哈尼文化旅游節組委員会（2001）。

写真 16-4　民族村の入り口と伝統的住居と棚田景観

家畜は従来から飼われていた。農村改革以降はさらに豚の飼養頭数が増加し（1986年で約6.6万頭、2000年には16.7万頭）、農民の現金収入源の一つとして貢献している。

また、ハニ族の自給的水田養魚習慣を活用する動きも出ている。すなわち、県政府の資金および人材の面での援助により、実験区域が設けられ、棚田養魚が奨励されている。しかし、棚田稲作における化学肥料および農薬の使用が増加傾向にある中で、魚の安全性が問われるというような新しい課題も現れ始めている。また現地での聞き取りによると、元陽県は農業県であるため若者の就職が難しく、大半の若い農村労働力が外に出稼ぎに出ている。このような状態が続くと、棚田の経営者層の高齢化が進み、後継者不足も予想される。

3）観光化と棚田保全

元陽県には毎年数十万の観先客が訪れる[17]。旧県政府の所在地であった新街鎮は、いまは南沙と連携して観光地となりつつある。新街鎮は"雲霧山城"とも別称される。毎年春節のころになると、河谷内の熱い気流と高山の寒冷気流の相互作用によって、新街鎮上空には大量の霧が発生する。太陽が昇るとそれらに反射して、目の前は一面真っ赤な世界が現れる。そして太陽が高くなると静かに雲海が漂うようになる。また、紅河の熱帯河谷にある南沙に比べ、海抜1,670ｍにある当地は高山温涼気候に属している両者の比高差が大きい。このため"一山分四季、隔離不同天"といわれるような立体（垂直）気候も重要な観光資源としての役割を担っている。

17）元陽県観光局での聞き取りによる。

1999年後半ごろ中央政府が打ち出した「西部大開発」政策をきっかけに、元陽県政府は、以上のような特徴的な気候環境に加えて、棚田を目玉とした地域おこしに力を入れ、地元の経済発展に結びつけようとしている。要するに、ハニ族とイ族をはじめとする少数民族の文化資源と棚田および自然資源を一体化した観光開発に取り組み始めている。箐口村の近年の開発方式はその一つの典型的事例といえよう。元陽県政府は新街鎮から南約6kmに位置する箐口村をハニ族のモデル村に選び、村内の道路、民家などの修繕・整備を行うと供にハニ族の歴史資料館などを設立し、ハニ族に関するテーマパーク的「民族村」の開発に力を入れている。[18] また、最近、イ族の文化・風習をテーマにした「民族村」建設の構想も出ている。棚田の名をブランドにした「棚田酒」（蒸留酒）まで現われ、ハニ族の棚田を売りにした同県の地域振興策への期待の強さが伺われる。

　近年、紅河自治州政府は州内における棚田を世界遺産に登録するための準備にかかっている。同州の棚田は主に紅河の南岸に位置する紅河県、元陽県、緑春県および金平県に集中しているが、元陽県における棚田は世界遺産申請の中心地域である。世界遺産登録への申請に合わせて、紅河自治州政府は2001年10月に「紅河ハニ族イ族自治州におけるハニ族棚田の管理に関する暫定規則（紅河哈尼族彝族自治州紅河哈尼梯田管理暫行弁法）」を公布し、棚田の保護に取り組んでいる。

　同「規則」では、自治州内における棚田を一定区域に分け保護していく方針が定められている。とくに、元陽県内における麻栗寨、バ達（勝村）、多依樹および猛品など4ブロックの棚田が中心的保護区域に指定されている。なお、元陽県内における新街、勝村、牛角寨および攀枝花など4つの郷・鎮の管轄にある棚田は保護区域に選ばれている。なお、この「規則」では保護区域に分布する棚田とそれに関連する山林、村落、水系を含む生態系の保護が明記されて、棚田保護区域内では採鉱、採石および土葬など景観の変化をもたらす活動が禁止されている。さらに、棚田用途変更あるいは棚田耕作の放棄も禁じられ、同

---

18) 箐口は新街鎮管轄にあるハニ族の村で、総面積は約5km^{2}である。総戸数は150戸で、人口は約800人である（邱・曹 2002）。箐口村の入り口にはゲートが設置され、なかに入るのには入場料が必要である。

時に森林伐採、林地の耕地化および野生動物の狩猟なども禁止されている。

　一方、同「規則」により棚田を含む地域の従来の景観、伝統的様式および特徴を保持し、合理的に開発し利用していくことが強調されている。しかし、この「規則」をみると、景勝地に絞った経済開発の色が濃く、いわゆる即物的な観光名所地の形成が意図されているようにもみえる。歴史的な転換期にあるともいえる、この棚田の世界の民族文化資源および自然環境資源を統合して、真の意味の保全と発展を図っていくためには、さらに新しい価値観が必要とされているように思われる。

むすび

　元陽県におけるハニ族の棚田は極めて大規模なもので、標高・地形・水利、あるいは村落との位置関係等からみて、棚田は極めて組織的な形で造成されたものであることが判明した。それに加えて、この地域に残された民俗学的あるいは宗教学的な根拠からみても、棚田は焼畑から自生的に生まれたものではないと考えられる。従来の見解に対していえば、焼畑から常畑、そして水田という変化の形は、実は当初から水田即発を意図した場合でも、一時的にはこのような順序を取ることは開拓にあたっての常道であることも見逃してはならない。土地利用あるいは農耕形態の変容の順序がこのような傾向を示したことと、稲作がそこから自生的に展開したかどうかということは区別して考えられるべきことであろう。

　本稿を通じて、特に指摘しておきたいことは、この地域において創造されてきた水田農耕(棚田)の世界は、山地農業という特色こそあれ、基本的には日本の水田農村の場合と、極めて類似しているという点である。加えて、このようなハニ族の棚田の世界がその地形的立地の故にある意味で孤立的に内部矛盾を内包しつつ存在してきたのである。しかし、中国社会の経済改革の流れの中で、いま極めて大胆な政策的支援(影響)を受けつつ急速に変化してきており、その棚田に対する影響力は極めて大きいものがあると言えよう。

<文　献>

尹紹亭／白坂　蕃(訳)・林紅(翻訳協力)(2000):『雲南の焼畑―人類生態学的研究』、農林統計協会。

池橋　宏(2002):「根菜農耕から出た水田稲作―起源問題の再考―(3)」、農業および園芸、77(12)、24-30頁。

欠端　実(2003):「ハニの新嘗――一家の祭としての新嘗」、アジア民族文化研究1、37-67頁。

佐々木高明(1984):「雲南の焼畑―ハニ族とプーラン族の焼畑を中心に」、佐々木高明(編)『雲南の照葉樹林のもとで』、日本出版放送協会、47-70頁。

菅沼圭輔(1997):「中国の「貧困地城」概念と分析視点」、農村開発企画委員会「『条件不利地域問題』における日本と中国(1)」、13-36頁。

宮口侗廸(1995):「日本の風景を読む―地理学から人間を考える」、ヒューマンサイエンス7(2)、1-18頁。

元木　靖(1997):『現代日本の水田開発―開発地理学的手法の展開』、古今書院。

─────(2003):「農民労働の記念碑としての景観―棚田とクリーク水田」、日本地理学発表要旨集(シンポジウム「日本の棚田・世界の棚田」)、64頁。

白玉宝(1994):「論吟尼族梯田稲作的生態機制」、思想戦線4、43-49頁。

哥布(2001):『大地雕塑―哈尼族的梯田文化解読』、雲南人民出版社。

紅河哈尼学学会(編)(2001):『哈尼族梯田文化論集』、雲南民族出版社。

黄紹文(2000a):「論哈尼族梯田的可持続発展」、紅河州哈尼学学会(編)『哈尼族梯田文化論集』、雲南民族出版社、8-108頁。

────(2000b):「哈尼族節日与梯田稲作礼儀的関係」、雲南民族学院学報17(5)、58-61頁。

季子賢(1996):「紅河流域哈尼族神話与梯田稲作文化」、思想戦線3、45-50頁。

季学良・盧保和(2000):「梯田開拓与近代紅河地区哈尼社会構架的形成」、紅河州哈尼学学会(編)『哈尼族梯田文化論集』、雲南民族出版社、34-43頁。

角媛梅・張家元(2000):「雲貴州大坡梯田形成原因探析―以紅河南岸哈尼族梯田為例」、経済地理20(4)、94-96頁。

角媛梅・肖篤寧・程国棟(2002a):「亜熱帯山地民族文化与自然環境和諧発展実証研究―以雲南省元陽県哈尼族梯田文化景観為例」、山地学報20(3)、266-271頁。

────(2002b):「亜熱帯山地梯田農業景観定性探析―以元陽哈尼族梯田農業景観為例」、雲南師範入学学報23(2)、55-60頁。

許敏・田志勇(2003):「从現代文明角度看哈尼族梯田文化」、蒙自師範高等専科学校学報5(1)、53-57頁。

李克忠 (1998):『寨神―哈尼族文化実証研究』、雲南民族出版社。
毛佑全 (1991):「哈尼族梯田文化論」、農業考古 3、291-299 頁。
─── (2000):「哈尼族南遷与稲作農耕文化」、雲南民族学院学報(哲学社会科学版) 17 (5)、51-57 頁。
邱燕・曹礼昆 (2002):「元陽哈尼族梯田生態村寨研究」、中国園林 3、29-30 頁。
王清華 (1991):「雲南亜熱帯山区哈尼族的梯田文化」、農業考古 3、300-306 頁。
─── (1999):『梯田文化論』、雲南大学出版社。
元陽県県建五十周年曁哈尼文化旅游節組委会(編) (2001):『元陽五十年』。
雲南省民族事務委員会 (1999):『哈尼族文化大観』、雲南民族出版社。
雲南省民族学会哈尼族委員会(編) (1999):『哈尼族文化論从』、雲南民族出版社。
張安明 (2000):「貧困地域の土地問題」、農村工学研究(農村開発企画委員会) 67、133-164 頁。
赵鼎漢 (1999):『雲南方地図冊』、中国地図出版社。

終　章

　本書は、書名を『中国変容論』とした。その最も大きな理由は、今日の中国は変化・変容という見方を加えなければ、恐らくどのような観点からであれ理解することはできない、と考えたところにある。もちろん、変化の「相」は多面的であり、本書で扱った内容はそのごく一面に過ぎない。ただ、副題に示したように、人間生存に関わる最も基本的な「食の基盤と環境」に焦点を当て、その大きな枠組みと具体的な様相を検証することによって、変容する中国の実像にアプローチした。第Ⅰ編は中国の歴史時代を視野に入れて長期的な変容を、第Ⅱ編、第Ⅲ編、第Ⅳ編は主に今日の短期的かつ急速な変容に着目した。具体的には中国の「水」「土地」「食糧」「環境」に関わる事象の変化について、16章に分けて実態を紹介した。各章の論点に対する結論はそれぞれのむすびに示した通りである。

　終章では、各編の総括として、変容する中国を理解する上で基本となる特徴を確認し、併せて日本との比較をふまえ、将来に向けた若干の知見について記しておきたい。

　第1は、中国社会を大きく変容させる契機となった改革開放政策（＝現代化政策）は、明治以来の日本の近代化のプロセスと異なって、経済のグローバル化が急速に進んだ時代に実現してきた点である。中国の歴史に照らしてみるならば、この変化は人民公社の時代をも含めたそれ以前の歴史時代全体と、歴史を二分することができるほど大きなものである。第Ⅰ編を通してみたように、経済改革以前の歴史時代は、ゆっくりとした変化の時代であった。この間に、人々は土地自然への働きかけと、自然からの反作用のもとで試行錯誤を繰り返し、地域に応じた生存の条件（知恵と技術）を確保し、それぞれの地域の限界に近いところまで開発を進めてきた。その姿は長江流域における古代都市文明の発祥地周辺における、水利の環境史（技術の展開）およびその地域差として確認

することができた。

　第2は、改革開放政策以降における中国経済の急速な発展とそれにともなう中国社会の変容は全国的な規模のものである、という点である。沿海地域における産業および土地利用の構造変化と、その一方で発現してきた大気、水、土壌をめぐる環境汚染問題、あるいは沿海地域と内陸地域との経済的な格差問題には多くの注目が集められてきた。しかし、変化・変容という点からいうならば、経済活動が活発な沿海地域や大都市地域だけではなく、そこから離れた周辺地域においても、第Ⅲ編でみたように食糧作物の配置、人口動向、住宅や食生活などの面で巨大な変化が生じている。第Ⅳ編でみたような水利競合、草原の破壊、観光化の動向なども、当該地域にとってはそれぞれ歴史的事件といえるような変化である。全国に張りめぐらされた光ファイバーによる情報網と高速道路や高速鉄道の建設等による交通の発展が大量の資源、物資、人口の流動を可能とし、巨大な変容を生み出していると考えられる。

　第3に、今日の中国の変容は内発的に引き起こされてきたのではなく、急速に進む都市経済文明の形成を基軸として発現していることである。第Ⅱ編で扱った土地資源の問題に即していえば、かつては土地開発や自然災害対策が中心であったが、今日ではいわゆる急速な都市化の進行が農地資源破壊の主要な原因になってきている。第Ⅲ編で扱った「食糧」の面からみた場合、生産地域の分化（配置）の方向性に巨大な変化が生じている。第Ⅳ編でみた各種の環境や地域の問題も、実はそうした一連の変化の延長線上に生じているとみることができよう。ミクロな視点からいうならば、多くの人々が農牧業に従事していたときには、目に見える形で、したがって自己抑制が可能な範囲にあったが、今日では徐々にそうした対応が難しくなる傾向が認められる。

　とくに、農村自体の形成という方面への配慮が少ないままに都市経済が急速に進行しているように思われる。中国では「三農問題」ということが重要な政策課題となっているが、各地のフィールドをみた私の経験でも中国の伝統を踏まえた豊かな農村の形成という場面に遭遇したことは少なかった。日本が工業化・都市化の進行と併行して、農村の土地基盤を整備し、居住環境としての「美しい農村」を作りあげてきたのと比べて、これは大きな差異ではないか、というのが私の偽らざる強い印象である。また、大陸東南部の巨大なデルタを

中心に工業化・都市化が展開し、その影響により歴史的に中国の文明を支えてきた地域的な食の基本構造が転換しつつあることにも、大きな不安定要因を形成しているように感ずる。これらのことは、農村の側からの地域対応力の弱さを示すものであり、今後大きな課題になる可能性を否定できない。

もっとも、今日の日本の場合は、農村から都市への人口流出と農村人口の高齢化が進む中で、将来に向けた農村の持続性への懸念が指摘されて久しいし、すでに崩壊の危機に瀕している例も少なくない。その意味では、日本と中国の農村の変容のプロセスを比べてみると、ベクトルは逆方向にあるが農業・農村問題という点では共通する重要な課題を背負っているといってよい。

第4は、序章において、中国を世界の実験場としてみようと提案した点についてである。長い歴史があり、しかし遅れて近代化を進めた中国ゆえに、近代化を先行してきた国々の反省をも踏まえた、新しい動きが読み取れるかどうかに関心をもってきた。しかし、残念ながらそうした新しい動き、あるいは中国独自の近代文明への挑戦を想起させるような場面には遭遇できなかった。経済発展と環境問題への対応に意を注いでいる、というのが今日の変容する中国の姿であるといってよいのかもしれない。

中国の人々は、もちろん、環境問題をはじめ近代化に伴い発生する諸問題については承知しているが、まずは豊かになることであるという。そして大規模な都市化地域においては、高層化した都市景観、真新しい農村住宅景観、高速道路を自動車が行き交う姿、巨大なマーケットの出現等に象徴されるように、社会生活上のインフラ整備と、生活様式については文明化が著しい。しかし都市住民の食の基盤である農村の状況に照らしてみると、農村には総人口の半数に近い人々が暮らしているにもかかわらず、一見都市と見まがうような「モデル農村」を除いて、そこには「三農問題」として指摘される困難な課題を抱えているところが少なくない。

第5に、中国の変容ということはまだ緒に就いたばかりであることを明記しておかねばならない。本格的にはこれからの中国の変わり方に注目していくことが極めて重要になろう。日本、韓国、台湾には近代化のプラス面とマイナス面の経験が蓄積されており、その意味で、その実態を中国と相互に比較検討することによって、未来につないでゆく道を見いだすことができるのではなかろ

うか。稲作を基調としてきた長期的な歴史があるアジアの変容の上に、経済と技術に過度に頼りきった今日の文明をどのように位置づけ、再評価し、めざすべき新しいアジアの姿を一日でも早く見極める努力をしていくこと。この追求こそがいま最も重要なことではあるまいか。その努力が遅れれば遅れるほど、社会の不安定化や環境問題は深刻化するであろう。こうした文明史的な課題は、抽象的な理論や安易な段階論、さらには単にグローバルスタンダードに合わせることによっては解決できない。このことは、すでに多くの人々が察知していることであろう。政治的な問題から不安定な国際状況が存在するにせよ、近代化の後に見えてきた文明史的な課題に挑戦する方向を見誤ってはならない。このことをこの終章に込め、本書のむすびとしたい。

索　引

索引における中国語の取り扱いについては、日本語の音読みが一般的に通用している文字はそれに従い、それ以外の日本の音読みが一般的ではない文字については中国の拼音（pinyin）を参考に配列した。

事　項

あ

哀牢山地の地形　320
あきたこまち　287, 288
アキヒカリ　287
新しい価値観　338
亜熱帯山地の棚田　326
アルカリ土壌地帯の水田化　234

家新甞　329
育苗・田植期の灌漑水確保　74
以沙圧碱　236
イ族　321, 327, 330, 335
囲田　104, 105
稲作　20, 52, 58, 187, 196, 198, 232, 233, 236, 239, 266, 279, 331
　　——の機械化　233
　　——の季節出稼　232
　　——の潜在的な可能性　239
　　——の北進現象　196, 198
　　——を制約する要因　239
　　——をはじめた効果　236
稲作アジア　26
稲作起源論　319
稲作文化の起源　90
稲作文明社会　29
稲　182, 189, 191, 193, 239, 245, 256, 259

ウイグル族　283, 284
　　——と漢族との人口比　283
　　——の伝統食　284
鵜飼い　38
圩田　94, 104, 105
ウルムチ川の水量の減少　288
ウルムチ市の都市化　288
運河建設　94
雲霧沢　62
雲霧山城　336

鉞　89
沿海部と内陸部　124
沿海部の都市域　134
塩化現象　108
堰塘　72

オアシス　279, 280, 283
　　——の土地利用　283
王家廠ダム　70, 76
大型家畜の放牧の規制　315
大型トラック　310
温水ため池　257

か

海外の資源確保　161
改革開放政策　116, 167, 181, 186, 263, 265, 341
海水の重度汚染域　263
開拓建設兵団　287
開田　229
開発圧力　317
解放前の稲作　74
価格政策　239
化学肥料使用量　184, 268, 270
　　——の地区別推移　270
革命後の人口増加　118
嘉興市　263, 268, 270, 277
　　——の経済発展　274, 275
　　——の水資源利用状況　276
　　——の地域変化　274
火耕水耨　103, 104
河水　282

河川祭祀　34
河川水　273
河川整備　52
河川の整備と利水が進展　234
河川網(クリーク)　266
家畜飼育頭数　299, 300
家畜飼育の振興策　300
家畜の過度放牧　309
過度放牧　306, 307
華北平原の開発　137
河姆渡人　90
河姆渡文化の段階　90
灌漑手段　73
灌漑水利　27, 29
環境管理手法　277
環境構成要素の諸関連　329
環境問題　18
環境史　26, 27, 58, 79
　　──研究　27
官渠堰　45, 48
　　──の再興　48
換金作物　181
観光開発　337
観光資源　333
観光や物売り　312
旱澇保収　40
間接統制　174
乾燥限界地　291
乾燥世界　279
乾燥地区と湿潤地区の境界地帯　65
漢族　229, 283
漢代　74
垸田　60, 70, 72
垸の統合　76
寒冷地における稲作技術　238

機械の導入と耕地の区画との関係　241
気候の垂直変化　320
季節的なバザール　313
北上山地の放牧　317
北上盆地の農業　317
吉林省　194, 205, 248
　　──の農業地域区分　205

　　──の農業的土地利用　216
基盤整備　233
基本農田保護条例　158
旧満州時代　190
京杭運河　94
巨大都市文明　26
玉器の制作　86

草地　306, 311, 314, 315
　　──における放牧期間の制限　315
　　──の使用許可書　306, 314
　　──の破壊　311
　　──の保護対策　314
草地使用権　310, 313, 314
草地別放牧可能頭数　315
クリーク　70, 100, 276
　　──の再位置づけ　111
　　──の整備　85
　　──の問題　106
　　──をめぐる新しい状況　110
クリーク運動　100, 103
クリーク社会　96
クリーク農業の萌芽　91
クリーク方式　85
クリーク網の景観　85
グルジャ県政府　299
グルジャ県の総人口　296

経済改革期　129
経済(商品)作物　239
経済成長期の都市化　139
傾斜地　317
　　──の耕地化　332
涇浜体系　108, 109
原初的稲作　61, 62
建設占用に伴う影響　153
建築ブーム　135
現代化(近代化)　17
現代的な課題　166
現代の都市文明　139
元陽県　319, 321, 322, 335
　　──の経済　335
　　──の総人口　321

索　引

——の一人当たり耕地面積　322
——の立地環境　319

紅河自治州政府　337
黄河と長江　21
黄河流域　26
広漢市　33, 35, 39, 46, 51
　　——の耕地面積　52
　　——の農村　49
　　——の農地　46
広漢市水利局　49
工業・都市文明の流れ　85
後継者不足　336
高亢平原類型　102
耕作放棄　146
後進性の問題　274
構造調整　152, 167, 168
耕地　133, 184, 208
　　——の動向　208
　　——の非農業的土地利用への転換　133
　　——の有効灌漑面積　184
耕地拡張の要因と潰廃の要因　150
耕地減少　132, 135
耕地整備　52
耕地総量の動態平衡　158
耕地動態平衡　52, 153
耕地面積　145, 268
耕地率　154
郷鎮企業　111, 122
　　——の生産額　123
　　——の経営　135
高田地帯　108
江南　106, 107
　　——のクリーク網　107
　　——の米　106
閘(水門)の組織　108
高粱　202, 225
コーンベルト　216
小型のトラクター　241
国際共同交流　237
国土資源部　157
穀物　181
　　——が占める割合　253

——と豆類の組み合わせ　253
——と豆類の播種面積構成　222
——の種類別構成　253
——を中心とした作目構成　253
穀物部門の大幅な後退と単作化　276
黒龍江省農業科学院　233
古蜀国　31, 34
　　——の文明　31
　　——の都　34
国家土地管理局　157
湖蕩平原類型　101
異なった生態環境における開発と保全　317
小麦　119, 171, 174, 177, 181, 184, 300
米の収益性　233
コンバイン　241

さ

最古の都市型遺跡　61
栽培作物の多様化　301
細糧　171
砂州(崗身)　102
三角州平原類型　101
山間部の純遊牧社会　298
産業構造調整　22, 166, 168
産業別就業人口　250
三星堆遺跡　29, 31
　　——外壁の断面　35
　　——近辺の地形環境　36
　　——周辺の水利環境　53
三星堆文明　31, 38
　　——の消滅　53
　　——の衰退　35
三大穀物　184, 187, 245
山地草地の利用形態　315
暫定居住地　311
三農問題　166, 175, 342

GDP格差　250
史記貨殖伝　104
自給社会　323
自給的水田養魚習慣　336
自然灌漑(自流灌漑)　40, 49, 66
自然-人間関係　19, 281

自然流下式の灌漑　53
社会経済的な促進要因　239
社会主義革命　53, 60, 76, 117, 297
車渓郷宝寧村の池沼　71
ジャポニカ米の生産　219, 240, 242
斜面浸食　311
10a当たり粗収入　232
自由米市場　233
集水面積　66
住宅の新築　230
住民居住地（院落）　42
春秋戦国時代　104, 105
小クリーク　108
城市プラン　37
小堰田　42, 46, 47
沼沢型文化　90
城頭山遺跡　61
　　──周辺の地形と池沼分布　68
　　──の成立　79
城頭山周辺の池沼の特徴　64
商品経済の影響　333
商品作物　240, 301
　　──の栽培　333, 335
城壁都市　31
　　──の形成　38
将来の東北稲作の役割　240
初級形式の囲田　105
食肉消費量　174, 175
蜀　31, 34
　　──の時代　31
　　──の文明の中心地　34
　　──文化　31
食糧（糧食）　22, 171
食糧確保の問題　177
食糧基地　83
食糧作物　191, 198
　　──の生産　191
食糧作物中心の構造　198
食糧自給　242
食糧需給　166
食糧生産　166
　　──地域　22
食糧貿易　174

植林　130
飼料向けトウモロコシ生産　300
人為的な潰廃　153
新旧「文明の対立」　85
新疆　280, 283, 284, 289
　　──における稲作　284
　　──のオアシス　280
　　──の土地利用　289
新疆生産建設兵団　283
人工オアシス　281, 291
人口　117, 130, 333
　　──と食糧とのバランス　333
　　──と農業　117
　　──の地理的分布　130
人口圧　22, 63, 115, 117, 124, 131, 148
人口増加　120, 169
人口流出現象　124
神樹（聖樹）　329
神人獣面紋　89
新石器時代遺跡　102
新東北現象　197, 198
秦の治世下　53
「進廠不進城」　122
人民渠　43, 48, 50
人民渠灌区水利事業　48
人民公社　50, 121, 167, 232, 274, 296, 332
　　──時代　53, 110, 119, 332, 341
森林　130, 332
　　──の被覆率　332
森林比率　130

水沟（渠）　62
水源の汚染と生態系の破壊　313
水坑（水溜）　62
　　──と水渠の配置関係　62
水産品生産量　271
水質汚染　277
水質基準類型　273
水車（龍骨車）　73, 75
水車灌漑田の解消　49
水神祭り　329
水田　62, 215
　　──の増加と生産性の向上　215

索　引

水田跡　62
水田農村　338
水稲　62, 78, 181, 187, 191, 196, 201, 219, 226, 287
　　──栽培地域の区分　284
　　──作の北進　195
　　──生産の発展　225, 238
　　──の生産性　78
水土流出問題　333
水網平原類型　101
水利　21, 51, 72, 281
　　──に関する地名　72
　　──の可能性　281
　　──の環境史　21
　　──の環境整備　51
　　──の限界性　281
水利競合　279
水利システム　76, 79
水利条件の改善　204
粗(鋤)耕農業　90

生産手段　241
生産費の内訳　230
生態退耕　151, 152
成長作物　259
成都平原の地形　33
西部開発に伴う問題の本質　317
西部大開発　337
世界遺産申請　337
堰　72
節水灌漑　237
泉井戸　75
泉水　282
泉堰　47

琮　89
桑園の存在　94
双河鎮人民公社　231
早期都市の発生地　58
早期の稲作　103
早期都市(三星堆遺跡)　29, 30, 52
草原地帯を基盤とする遊牧　297
草原の退化防止　314

草原破壊　293
宋代　105
阻害因子　237
蔬菜生産　272, 276
蘇州河の汚染状況　266
粗糧　171

た

耐アルカリ性品種　237
大運河の整備　106
大旱魃　75, 237
大規模河川灌漑　234
大規模な棚田　331
大クリーク　108
退耕還草　151, 169
退耕還林　151, 169, 333, 334
　　──条例　151
　　──政策　152, 161, 333
大洪水の教訓　151
大豆　119, 181, 201, 202, 215
大堰田　42
　　──地域　43
大中型のトラクター　241
耐冷品種「空育」　257
他種水利との競合問題　289
棚田　322, 323, 329, 330, 336, 337
　　──に関するシンポジウム　329
　　──の稲作儀礼　329
　　──の経営者層の高齢化　336
　　──の分布　323
　　──の保護　337
棚田稲作農業　330
棚田世界の現状　332
棚田酒(蒸留酒)　337
棚田保護区域　337
WTO加盟　139, 148, 166, 174, 181, 187, 189, 197, 242, 259, 265
WTO対策　242
暖候期の瀋陽平原　63
淡水養殖　276
単独型扇状地　33

地域間格差　332

地域環境問題　22
地域間人口流動　124
地域区分　19
地域経済　121, 123
　　——の不均等発展　123
地域現象　21
地域偏差　247
地域的偏差を拡大した作物　259
地域内の基本食糧　239
地域分化　85, 256, 268, 273, 291
地域変化　41, 277
地域問題　277
地下水　35, 47, 257, 289
　　——の枯渇問題　289
地下水位　287
地下水利用　284
池沼　59, 64, 66, 75, 79
　　——と揚水技術の組み合わせ　79
　　——の形態と分布　66
　　——の地域的な分布　59
　　——の発達理由　75
池沼景観　68
チャプチャール県の稲作　285
中華人民共和国成立前のオアシスの農業　282
中国　29, 41, 117, 124, 129, 136, 148, 149, 167, 170, 171, 177, 185, 240, 243
　　——における米消費の伸び　240
　　——における人口と食糧生産　170
　　——における人口問題　124
　　——における都市化　148
　　——の経済成長期　149
　　——の耕地面積に関する統計方法　129
　　——の食糧　243
　　——の食糧生産政策　177, 243
　　——の食料輸出と輸入の動向　171
　　——の人口史　117
　　——の土地利用　185
　　——の農業　136
　　——の農業構造　167
　　——の農村　29, 41
　　——の風土　185
中国学　19

中国研究　19
中国最古の都市　58
中国最早的古城址　61
中国社会の経済改革　338
中国農業の地域構造　259
中国版「縁の革命」　171
長江デルタ　83, 101, 102, 103, 252, 259, 263, 268, 277
　　——と東北地区の対比　252, 259
　　——の経済成長　263
　　——の造盆地構造　100
　　——の地形面　102
　　——の土地類型　268
　　——の陸域負荷の問題　277
長江文明　26
長江流域　26
朝鮮族　229
地理学の理論　20
地理的個性　19, 21

常畑　331

低湿地開発　94
梯田（棚田）　331
低田地帯　108
堤防灌漑系統　72
テーマパーク　337
出稼ぎ現象　335
出稼ぎ労働等　231
草原利用　314
デルタの水環境　111
電気排灌施設　76
点源汚染　267
伝統
　　——稲作　75
　　——作物　202
伝統的
　　——灌漑システム　42, 59, 74
　　——食糧作物　190
　　——水利技術　51, 71
天然オアシス　281

塘　74

刀耕火种　90, 130
筒車　47, 73
塔虎城灌排機場　234
塘浦圩田系統　105
東北地区
　──と長江デルタ　249
　──における稲作の起源　195
　──の稲作発展　196
塘浦体系（システム）の瓦解　108, 109
塘浦堤田システム　106, 107, 108
トウモロコシ　119, 130, 171, 184, 191, 201, 211, 226, 300, 301
　──と稲　193
　──と水稲の生産量　202, 203
　──と大豆　216
　──を主軸とする穀物生産　302
　──を主とした土地利用形成　202
トウモロコシ移出省　203
動力脱穀機　241
道路建設による草地の破壊　310
土垣（防洪堤）　93
都江堰　33, 44, 45, 53
　──からの灌漑　45
　──の受益地　48
　──の受益範囲　43
　──の用水　45
都江堰灌漑区　46
都市　21, 53, 124, 266
　──と農村間の格差　124
　──の汚染物質　266
　──の成立のしくみ　53
　──の立地　21
都市化　22, 142, 154, 291
　──と耕地減少の関係　154
　──の影響の少ない地区　291
　──の負の側面　142
都市化率　156
都市革命　26, 27
都市型社会　18, 20
都市経済改革期　264
都市的土地利用　111
都市文明　26
都市用水　54

土砂流出　311
土壌浸食のタイプ　311
土壌の塩類化防止策　285
土壌劣化が最も深刻な地域　142
土地　85, 116
　──と人間活動　85
　──の概念　116
土地管理法　133, 152
土地基盤整備　231, 240
土地資源問題　129, 139
土地生産性　234
土地保全政策　157
土地利用　110, 189, 198, 272
　──の高度化　110
　──構造　189
　──の地域分化　272
土地利用史　215
土地利用変化パターン　272
冬囲水田（冬水田）　46, 47, 49

な

中稲　39, 78, 256, 272
夏草地　307, 308, 309, 310
ナン（小麦料理）　284
南沙と新街鎮の間の土地利用　323
南方の米生産の後退　240
南糧北調　172, 186, 248

新嘗祭の原型　329
二季放牧制　315
肉類生産量　268, 271, 272
水産物生産量　268
日本　131, 139, 146, 288, 331, 338
　──における水田開発　331
　──の寒冷地稲作技術　288
　──の経験　146
　──の総耕地面積　131
　──の農地（＝耕地）面積　139

嫩江の水利開発　235
嫩江の整備　236

農外収入　233

農外就労の機会　141
農業　176, 284
　　──と農村の近代化　176
　　──の引水量　284
農業社会　18
農業就業人口　118
農業水利変容　43
農業生産構造調整　174
農業構造調整　133, 174
農業法　173
農耕社会　212, 293, 297, 298, 302, 303, 316
　　──が牧畜社会に及ぼす影響　298, 312
　　──と牧畜社会の関わり合い　302
　　──における畜産業　316
　　──の家畜飼育　303
　　──の穀物生産量　303
　　──の肥育用家畜の供給源　303
農耕地帯と牧畜地　317
農耕民による家畜飼育　303
農耕民の責任範囲　310
農作物　245, 246, 259
　　──毎の分布の変化　246
　　──の消長　245, 259
　　──の地域的な分布　259
農産物の地域特化政策　175
農村　124, 136
　　──の一人当たりの住宅面積　136
　　──余剰労働力　124
農村集落整備　52
農村改革　119, 121
　　──の矛盾　126
農村経済改革期　264
農地　140, 142, 242, 282
　　──の基盤整備の遅れ　242
　　──の減少をもたらすメカニズム　142
　　──の放棄　140
農地減少　140, 141, 142
農地転用　143
農地保全対策　146
農牧民の収入　299
農民一人平均の年間純収入　123

は

排洪　71
排水地域型　67
ハイブリッド稲　78
ハイブリッド種子の作付け　204
播種面積　182
波状高原状の地形　229
巴蜀の時代　34
莫角山遺跡　87
発展段階論　19
陂塘堰渠灌漑系統　71, 74
ハニ族　321, 322, 326, 329, 331
　　──の節日　329
　　──の祖先　330
　　──の棚田の世界　328, 338
　　──の割合　321
ハヤニシキ　287
春・秋草地　310
　　──の保護対策　315
晩稲　75, 78, 272, 256
半農半遊牧地帯　297

東アジアの都市化　145
一人当たり耕地面積　120, 156
一人っ子政策　118
一人平均の食糧生産量　170
非農業的土地利用への転換　132
貧困人口　333
貧困地域　332

フィールドワーク　21, 59, 210
風蝕による破壊　312
複合扇状地　32, 33, 34, 46, 48
副食品　329
フジヒカリ　233
ブルドーザーによる作業　311
分圩　94, 108
文明史　19, 26

米価の行方　239
米泉市の稲作　286
　　──の特徴　287

米泉市の市域の地形　286
平坦地　317
平地ダム　287
偏差を縮小した作物　259
変容する中国像　20

彭頭山遺跡　61, 62
放牧可能家畜頭数　305, 309
牧畜社会　293, 298, 314, 316
　　――の生活基盤　316
　　――の形態　296
　　――の個別化　314
牧畜道　310
牧畜民による家畜飼育形式　303
牧畜民の定住化　297, 303
北糧南調　172, 248, 259
北方と南方　186, 131
　　――の人口比率　131
ポロ（米料理）　284

ま

豆類　222, 245
マルチ栽培法の導入　204

水環境問題　258
水資源の需給矛盾　284
水の売買や賃貸借　75
岷江　33, 48
　　――の制御　33
　　――の水　48
民族村　337

夢清館　266

メガシティ　145, 148, 263
棉花　78, 245, 252, 265, 289, 290
面源汚染問題　263, 266, 267

もち（糯）米　230, 285, 329
モンスーンアジア　20, 26

や

薬草の採掘　312

有効灌漑地　51
邑制国家時代　130
有銭就蓋房子　135
遊牧　279
遊牧民　296, 330
優良農地　143, 144

揚水地域型　67
楊柳分干支渠　50
余杭市の開発史　92
四季放牧制　315
四嶺ダム　93

ら

駱駝や馬　310
ラグメン（小麦料理）　284

立体（垂直）気候　336
離土不離郷　122, 126
「離土離郷」問題　239
龍骨車　73, 74
良渚遺跡　91, 93
　　――周辺の地理的環境　92
　　――周辺の農村景観　97
　　――の経済的基盤　100
　　――の水系（東苕渓）　90
　　――の立地環境　91
糧食作物　171, 245
良渚鎮　95, 96
　　――以西の低地　95
　　――の生産環境　96
　　――東側に分布する地名　95
良渚文化　90, 95
　　――以後の稲作　90
　　――の生産基盤　90, 95
　　――の要素　89
良渚文明　83, 85, 86
　　――の核心地　86
　　――の性格　86
　　――の発祥地　109
澧県　65, 77

――の水田　65
――の土地利用　77
――の平原の割合　65
澧県志　72
澧陽垸　61, 70
――の用水源　76
澧陽平原　66, 77, 79
――東部のクリーク地帯　79
――の灌漑水利　77
――の灌漑水利の体系　77
――の地形　66
レンガ工場　42, 135

労働力不足　231, 239
労働力流出　233

石原 潤　19, 42
伊東俊太郎　26
伊東正一　219
今井雅浩　229
岩佐和幸　160
殷培红　186

ウィットワー, S　119
内山幸久　26
梅原 猛　29, 89

NHK食糧危機取材班　160

大島一二　173
太田康一　143
岡部 守　147
長田 博　174

わ

輪中　60, 95
早稲　78, 272
――と晩稲の二期作　78
藁・稈による牛飼育の模範県　300

か

カーター, G.　130
欠端 実　329
加地伸行　18, 19

季増民　111
吉良竜夫　139

久保卓哉　130
グリッグ, D. B.　129, 131

湖南師範学院地理系　60
湖南省文物考古研究所　60
龔胜生　74

人　名

欧　字

Byerlee, D.　140
Conacher, A.　141
Conacher, J.　141
Cressey, G. B.　84, 86
Deininger, K.　140
Hart, J. F.　142
Pei, A.　62
Taubmann, W.　125, 148

あ

安志敏　88

厳文明　89
池上彰英　174
池田静夫　86, 104
池橋 宏　319

さ

坂口慶治　144
佐藤武敏　90
澤田裕之　291

石 慶武　196
島田ゆり　229
肖篤寧　330
角媛梅　330
徐朝龍　30, 31

索　引

朔知　89
シュミル, V.　148
邢玉昇　197

水利部太湖流域管理局　266
菅沼圭輔　332
砂田憲吾　267
孫彤　266

宋伟　161

た

田辺健一　317
譚偉　151, 159
鄧小平　265

程国棟　330
銭云　281
赵来军　266
张宏艳　266
中国国務院　151
中国農業部　174
周宏飞　284
長春地理研究所　234
地理調査所地図部　143

崔暁黎　173
鄭正　266

デール, T.　130
デュモン, R.　131

土居晴洋　210
鳥居一康　20
董楚平　88
董雅文　266

な

長瀬 守　94

ニザム, B.　300
西川 治　143
西川大二郎　144

農業基盤整備研究会　144
能 登志雄　85

は

白玉宝　326, 331
郝毓灵　281
バック, J. L.　185
原 正市　229, 230
ハンチントン, S　85

氷見山幸夫　195, 210
平沢明彦　144
平野義太郎　17

胡兆量　131
費孝通　96, 122
霍巍　46
藤田弘夫　140
ブラウン, L. R.　148, 260
フラベガ, E. M.　143
フリードマン, J.　83, 145

別技篤彦　195
ベルク, A　139

黄绍文　327
ボズラップ, E.　117
ホムメル, R. P.　85
堀 直　282

ま

馬湘泳　95

宮口侗廸　327
宮本憲一　160

繆啓愉　105
森 路未央　173

や

安田喜憲　26, 61, 89
山口三十四　124

山内一男　172
山田七絵　266
山本英史　19

唯是康彦　144

余杭市人民政府　93

ら

ラティモア, O　17, 18

李相赫　147
李振泉　196
李冰　33
李炳坤　168
劉世奇　131
陸地測量部参謀本部　93
リヒトフォーフェン, F. v.　33
林慶國　147
凌大燮　130

陸思賢　89

ロケレッツ, W.　143

わ

王建革　109
王朝才　124

地　名

あ

哀牢山　319
アクス地区　284
アメリカ　142, 144

伊犁　281
伊犁(イリ)河　279, 294
インド　176
インドネシア　176

内蒙古自治区　169
ウルムチ市　282, 286

延吉市　213
延吉盆地　213
延辺朝鮮族自治州　212

鴨子河　36, 37
温宿県　285

か

嘉興市　263, 268, 270, 277
カシュガル　291
韓国　145
甘粛省　123, 151
北上山地(日本)　204, 317
吉林省　194, 205, 248
興和郷　231, 233

グルジャ県　293, 294, 298, 300, 302, 309,
　　313, 314

元陽県　319

紅河　321
杭嘉湖平原　91, 94
紅河自治州　319, 322, 337
黄河流域　26
広漢市　35, 39, 46, 51
杭州湾　91
江蘇省　83, 248, 263
江南デルタ　108
黒河市　222
黒龍江省　156, 185, 194, 222, 248
呉興区　108
呉淞江流域　109
湖南省　58
コルガス　293
昆山市　270

索　引

さ

三江平原　137, 225, 232

四川省　151
佳木斯市　225
上海浦東新区　270
上海市　83, 123, 248, 263, 264, 268
ジュンガル盆地　281
松花江　195, 222
昌吉自治州　286
城頭山遺跡　61
松澧圏　60
新街鎮　321
新疆ウイグル自治区　279, 293
秦嶺山脈　185

綏化市　225, 226, 228, 231

成都市　54
成都扇状地　33
成都平原　29, 32, 33, 43, 48, 53, 54
浙江省　83, 248, 263
陝西省　151

双河鎮　231
双河鎮栄花村　231
蘇州市　108, 263, 268, 270, 271
蘇北平原　106

た

大安市　226, 228, 234
太湖　85, 92
太湖平原　83
台湾　145
沱江　32, 34
タリム盆地　281, 282

中国西部　135
中国中部　135
中国東部　135
長江デルタ　83, 101, 103
前郭県　226, 228, 234

箐口村　337

天山　281, 284
天目山系　91

東苕渓　91
東太村　229
洞庭平原　60
東北地区　189, 248
都江堰　33, 44, 45, 53
トルファン　279
トルファン盆地　281
敦化市　214

な

南疆　284, 289
南興鎮　40
南沙鎮　321, 333

日本　338

嫩江　195, 222

は

海倫市　226, 228
八郎鎮　234
莫角山遺跡　87
哈尓濱（ハルビン）市　222, 225, 226

米泉市　285

方正県　257
和田　291
北疆　284

ま

馬牧河　37, 38, 47

岷江　32, 43

や

揚子江　108
余杭市（現・杭州市）　86, 91

余杭鎮　92

ら

雒水(鴨子河)　39

遼河　195
両湖(漢江・洞庭)平原　64
良渚遺跡　91
良渚鎮　86, 97
遼寧省　194, 248

澧県　64
澧陽平原　57, 58, 61, 64
澧陽垸　61, 70

わ

淮河　185

初 出 一 覧

　本書作成の基になった論文の初出は、序章と終章を除いて各編別に列挙すると以下の通りである。掲載に当たって各論文の内容は改変・再構成した。

第Ⅰ編

「城头山遗址周边水田先址环境与传统的水域利灌溉系统―关于长江中游地区套作的基础研究」、何介钧・安田喜宪(主编)『澧县城头山―中日合作澧阳平原环境与有关综合研究』、文物出版社(北京)、135-147(2007)

「長江流域の環境史(1)―成都平原・三星堆遺跡周辺の灌漑水利変容―」、経済学季報(立正大学) 59(4)、87-120 (2010)

「長江流域の環境史(2)―澧陽平原・城頭山遺跡周辺の灌漑水利変容―」、経済学季報(立正大学) 61(1)、41-71 (2010)

「長江流域の環境史(3)―太湖平原・良渚遺跡周辺の灌漑水利変容―」、経済学季報(立正大学) 61(1)、25-62 (2011)

第Ⅱ編

「中国の農村改革―その意義と農村経済に与えた影響―」、歴史と地理 407、1-11(1989)

「中国の農業と人口」、『地球規模の環境問題Ⅱ』(講座《地球環境》第2巻)、中央法規出版、250-267 (1990)

"An Overview of Chinese Farmland, 1949-1990"(Jinsheng LIU と共著), *The Journal of Saitama University* (Social Science) Vol. 42, 1-12 (1994)

「中国における都市化と農地減少」、山下脩二(編)『現代の中国地理研究』(東京学芸大学)、31-37 (1999)

「現代都市文明と農地資源の交換―中国における急速な都市化が農地資源に及ぼす影響―」、経済学季報(立正大学) 62(4)、17-48(2013)

第Ⅲ編

「中国東北地区の稲作概観―東北平原南部の土地利用調査―」、LU／GEC プロジェクト報告書Ⅴ、99-109 (1999)

「吉林省における農業的土地利用の形成と地理的諸条件」、LU/GECプロジェクト報告書Ⅵ、142-156 (2000)

"Changes in the Structure of Agricultural Land Use in Northeast China, with Special Reference to the Role of Rice Paddy Production", K. Otsubo(ed.), *Study on the*

Processes and Impact of Land-Use Change in China（Final Report of the LU/GEC Second Phase（1999-2000），Center for Global Environmental Research/ National Institute for Environmental Studies（Tsukuba），131-145（2002）．
"Transformation of Grain Production and the Rice Frontier in Modernizing China"，*Geographical Review of Japan* 77（12），838-857（2004）
「中国における農業構造調整—食糧生産問題を考える—」、地誌研叢書 40、69-82（2005）
「農作物からみた中国農業の構造変化—長江デルタと東北地区の対比—」、経済学季報（立正大学）62（1）、105-130（2012）

第Ⅳ編

「経済改革下における農耕社会の変化が牧畜社会に及ぼした影響—中国・新疆ウイグル自治区の事例研究—」（ビラルディン・ニザムと共著）、埼玉大学紀要（教養学部）38（2）、157-182（2003）
「ハニ族の棚田—中国・雲南省元陽県の事例研究—」（ビラルディン・ニザムと共著）、埼玉大学紀要（教養学部）39（2）、181-206（2004）
「新疆ウイグル自治区の土地利用—オアシス農業の変化の視点から—」、地理 56（9）、36-49（2011）
「長江デルタの農業構造転換に伴う陸域負荷構造の変化に関する開発地理学的研究」、環境省地球環境研究総合推進費報告書『東シナ海の環境保全に向けた陸域管理手法の開発に関する研究（代表者：越川海）』所収（2012）

著者紹介

元木　靖（もとき・やすし）

1944年　茨城県生。
1968年　東北大学理学部地学科地理学卒業。
　　　　東北大学大学院理学研究科（修士、博士課程）、日本学術振興会奨励研究員、
　　　　埼玉大学教授（1987年）を経て、埼玉大学名誉教授（2009年）、博士（理学）。
現在、立正大学教授（経済学部）、独立行政法人国立環境研究所客員研究員。

著　書

『現代日本の水田開発――開発地理学的手法の展開――』古今書院（1997年）
『食の環境変化――日本社会の農業的課題――』古今書院（2006年）

『地域の科学――水と地域のかかわり合い――』（分担）古今書院（1984年）
『関東Ⅰ・Ⅱ――地図で読む百年――』（共編）古今書院（2003年）
『荒川下流誌』（共著）山海堂（2005年）

Modernizing China:
Its Land, Food, and Environment

ちゅうごくへんようろん
中国変容論
食の基盤と環境

発　行　日	──	2013年 5月 31日　初版第1刷
定　　　価	──	カバーに表示してあります
著　　　者	──	元　木　　　靖
発　行　者	──	宮　内　　　久

海青社　〒520-0112　大津市日吉台2丁目16-4
Kaiseisha Press　Tel. (077) 577-2677　Fax (077) 577-2688
　　　　　　　　http://www.kaiseisha-press.ne.jp
　　　　　　　　郵便振替　01090-1-17991

● Copyright © 2013　● ISBN978-4-86099-295-8 C3036　● Printed in JAPAN
● 乱丁落丁はお取り替えいたします

本書のコピー、スキャン、デジタル化等の無断複製は著作権法上での例外を
除き禁じられています。本書を代行業者等の第三者に依頼してスキャンやデ
ジタル化することはたとえ個人や家庭内の利用でも著作権法違反です。

◆ 海青社の本・好評発売中 ◆

ジオ・パルNEO　地理学・地域調査便利帖
野間晴雄ほか4名 共編著

地理学テキスト「ジオ・パル21」の全面改訂版。大学、高校、義務教育を取り巻く地理学教育環境の変化、IT分野の格段の進歩などを考慮した大幅な改訂・増補版。地図や衛星画像などのカラー16ページ付。
〔ISBN978-4-86099-265-1/B5判/263頁/定価2,625円〕

ジオ・パル21　地理学便利帖
浮田典良ほか4名 共編著

地理学の世界をパノラマにしたユニークな書。地理学徒や教員、他分野の研究者や一般社会人をも対象にして、「地理学」の性格や特色を端的・客観的に伝える「地理学便利帖」。コンピュータ、インターネット関連項目を中心に増補。
〔ISBN978-4-906165-86-5/B5判/207頁/定価2,625円〕

パンタナール　南米大湿原の豊饒と脆弱
丸山浩明 編著

世界自然遺産に登録された世界最大級の熱帯低層湿原、南米パンタナール。その多様な自然環境形成メカニズムを実証的に解明するとともに、近年の経済活動や環境保護政策が生態系や地域社会に及ぼした影響を分析・記録した。
〔ISBN978-4-86099-276-7/A5判/295頁/定価3,990円〕

離島研究Ⅰ
平岡昭利 編著

現代島嶼論の方向を示す論文集「離島研究」第1集。本書では各島の社会や産業の特性、島嶼社会からの移動や本土都市との結びつき、農業・牧畜・漁業を主産業とする島の実態などを取り上げる。
〔ISBN978-4-86099-201-9/B5判/218頁/定価2,940円〕

離島研究Ⅱ
平岡昭利 編著

離島の研究に新風を吹き込む論文集「離島研究」第2集。本書では各島における移動行動や、島嶼間の結びつき、産業構造やその変容、地域社会の生活行動の実態などについて取り上げる。
〔ISBN978-4-86099-212-5/B5判/222頁/定価2,940円〕

離島研究Ⅲ
平岡昭利 編著

離島の研究に新風を吹き込む論文集「離島研究」第3集。本書では各島への進出の歴史的経緯、地域への人口還流、各地の産業とその新しい動向、集落の景観の変化や空間構成などについて取り上げる。
〔ISBN978-4-86099-232-3/B5判/220頁/定価3,675円〕

離島研究Ⅳ
平岡昭利 編著

離島の研究に新風を吹き込む論文集「離島研究」第4集。本書では歴史地理的視点からみた尖閣・八重山諸島といった地域の変容や、現代のツーリズムやIターンをめぐる動向、各地の産業・文化・教育の地域性などを取り上げる。
〔ISBN978-4-86099-242-2/B5判/211頁/定価3,675円〕

離島に吹くあたらしい風
平岡昭利 編

離島地域は高齢化率も高く、その比率が50%を超える老人の島も多い。本書はツーリズム、チャレンジ、人口増加、Iターンなど、離島に吹く新しい風にスポットを当て、社会環境の逆風にたちむかう島々の新しい試みを紹介。
〔ISBN978-4-86099-240-8/A5判/111頁/定価1,750円〕

観光集落の再生と創生
戸所 隆 著

どこの地域にも観光地になる要素・資源がある。著者が活動拠点とする群馬県の歴史的文化地区を事例として、都市地理学・地域政策学の観点から、既存の観光地の再生と地域資源を活用した新たな観光集落の創生の可能性を探る。
〔ISBN978-4-86099-263-7/A5判/201頁/定価2,500円〕

行商研究　移動就業行動の地理学
中村周作 著

移動就業者には水産物・売薬行商人や市商人、出稼ぎ者、山人、養蜂業者、芸能者、移牧・遊牧民などが含まれるが、本書では全国津々浦々で活躍した水産物行商人らの生態から、移動就業行動の地理的特徴を究明する。
〔ISBN978-4-86099-223-1/B5判/306頁/定価3,570円〕

地図で読み解く 日本の地域変貌
平岡昭利 編

古い地形図と現在の地形図の「時の断面」を比較することにより、地域がどのように変貌してかを視覚的にとらえる。全国で111カ所を選定し、その地域に深くかかわってきた研究者が解説。「考える地理」の基本的な書物として好適。
〔ISBN978-4-86099-241-5/B5判/333頁/定価3,200円〕

＊表示価格は5%の消費税を含んでいます。

◆ 海青社の本・好評発売中 ◆

木の考古学 出土木製品用材データベース
伊東隆夫・山田昌久 編

日本各地で刊行された遺跡調査報告書約4500件から、木製品樹種同定データ約22万件を抽出し集積した世界最大級の用材DB。各地の用材傾向の論考、研究史、樹種同定・保存処理に関する概説等も収録。CDには専用検索ソフト付。
〔ISBN978-4-86099-911-7/B5判/449頁/定価11,550円〕

近世庶民の日常食 百姓は米を食べられなかったか
有薗正一郎 著

近世に生きた我々の先祖たちは、住む土地で穫れる食材群をうまく組み合わせて食べる「地産地消」の賢い暮らしをしていた。近世の史資料からごく普通の人々の日常食を考証し、各地域の持つ固有の性格を明らかにする。
〔ISBN978-4-86099-231-6/A5判/219頁/定価1,890円〕

台風23号災害と水害環境
植村善博 著

2004年10月20日に近畿・四国地方を襲った台風23号の京都府丹後地方における被害状況を記載し、その発生要因と今後の対策について考察。さらに、今後の減災への行動に役立つよう、住民、行政への具体的な提言を示した。
〔ISBN978-4-86099-221-7/B5判/103頁/定価1,980円〕

ヒガンバナが日本に来た道
有薗正一郎 著

ヒガンバナの別称は、日本全国で数百にもなるという。これはヒガンバナがいかに日本人に印象深い存在であるかを物語る。ヒガンバナは、日本で農耕が始まった縄文晩期に、中国の長江下流域から渡来した。その渡来期と経路を明らかにする。
〔ISBN978-4-906165-78-0/A5判/106頁/定価1,801円〕

地理学と読図
藤岡謙二郎 編

地形図を通じて、地理学の教養的理解を深めることに主眼をおいた読図集。地理学全般の研究に関する基本的な解説と参考文献を付した。教養地理学のためのテキストとして好評。
〔ISBN978-4-906165-02-5/B5判/55頁/定価630円〕

伝統民家の生態学
花岡利昌 著

最近の住宅はどの地方でもブロック、モルタル、コンクリートで変わりばえがしない。それでよいのだろうか。本書は伝統民家がいかに自然環境に適合しているかを探っている。規格化された建築に反省を促す。
〔ISBN978-4-906165-35-3/A5判/198頁/定価2,650円〕

国宝建築探訪
中野達夫 著

岩手の中尊寺金色堂から長崎の大浦天主堂まで、全国125カ所、209件の国宝建築を木材研究者の立場から語る探訪記。制作年から構造、建築素材、専門用語にも解説。木を愛し木を知り尽くした人ならではのユニークなコメントも楽しめる。
〔ISBN978-4-906165-82-7/A5判/310頁/定価2,940円〕

郊外からみた都市圏空間
石川雄一 著

21世紀初頭における地域の郊外化、超郊外化、多核化、などの各課題と動向を解説し、都市という領域を広域な領域でとらえること、郊外地域からの視点でとらえることに主眼を置き、今後の展望とビジョンを提示する。
〔ISBN978-4-86099-247-7/B5判/241頁/定価3,570円〕

近代日本の地域形成
山根 拓・中西僚太郎 編著

戦後日本の国の在り方を見直す声・動きが活発化している中、多元的なアプローチ(農業・景観・温泉・銀行・電力・石油・通勤・運河・商業・植民地など)から近代日本における地域の成立過程を解明し、新たな視座を提供する。
〔ISBN978-4-86099-233-0/B5判/260頁/定価5,460円〕

日本工業地域論 グローバル化と空洞化の時代
北川博史 著

製造業企業の立地による地域の変容や地域間の関係の再編をテーマとして、特に、電気機械製造業を対象に企業内分業構造やその再編成をふまえ、グローバル化と空洞化の時代における工業地域の実態と地域変容を実証的に解明した。
〔ISBN978-4-86099-219-4/B5判/230頁/定価4,620円〕

日本のため池 防災と環境保全
内田和子 著

阪神大震災は、防災的側面からみたため池研究へのターニングポイントでもあった。また、近年の社会変化は、ため池の環境保全・親水機能に基づく研究の必要性を生んだ。本書はこれらの課題に応える新たなため池研究書である。
〔ISBN978-4-86099-209-5/B5判/270頁/定価4,900円〕

＊表示価格は5％の消費税を含んでいます。

「ネイチャー・アンド・ソサエティ研究」
シリーズ（全5巻）

自然と社会の関係を地理学的な視点からとらえる!!
気鋭の研究者による意欲的な成果をシリーズ化

第5回配本（2013年秋）
第1巻　自然と人間の環境史
編集：宮本真二（岡山理科大学）・野中健一（立教大学）
Ⅰ 環境史と居住史／Ⅱ 人為改変／Ⅲ 天変地異と対処／Ⅳ 自然と人間関係研究の今後

第2回配本（2013年夏）
第2巻　生き物文化の地理学
編集：池谷和信（国立民族学博物館）
Ⅰ 生き物・人関係への地理学の視角／Ⅱ 生き物・人関係の地域諸相／Ⅲ 現代文明と生き物・人関係

第4回配本（2013年秋）
第3巻　身体と生存の文化生態
編集：池口明子（横浜国立大学）・佐藤廉也（九州大学）
Ⅰ 食と生存／Ⅱ 身体適応と文化／Ⅲ 成長とリプロダクション／Ⅳ 世帯人口と環境利用

第3回配本（2013年夏）
第4巻　資源と生業の地理学
編集：横山　智（名古屋大学）
Ⅰ 環境変化と資源／Ⅱ 資源利用の戦略／Ⅲ 資源と制度・政策

第1回配本 ● 好評発売中!!
第5巻　自然の社会地理
編集：淺野敏久（広島大学）・中島弘二（金沢大学）
A5判／315頁／ISBN978-4-86099-275-0／定価3,990円（税込）
Ⅰ 自然と環境をめぐるポリティクス／Ⅱ 自然の社会的構成と地域／Ⅲ グローバル化のもとでの食と環境